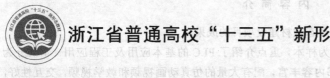

浙江省普通高校"十三五"新形态教材

PLC 技术与应用项目化教程

蔡晓霞　朱　丹　徐伟锋　主编

電子工業出版社.

Publishing House of Electronics Industry

北京·BEIJING

内 容 简 介

本书为浙江省普通高校"十三五"新形态教材建设项目的成果。

本书以三菱 FX3U、FX2N 系列 PLC 为样本,重点介绍了 PLC 的基本应用及工程应用。本书分为 6 个模块,共 26 个任务,26 个案例。本书内容丰富,配有大量的仿真动画视频和教学视频,交互性好,可以有效提升学习者的学习兴趣。本书的编写符合任务驱动式和项目化教学的要求,其中实际工程案例包含系统设计方案、电气原理图、接线图、电气元件及操作面板布置图、电气元件明细表、I/O 地址分配表及 PLC 用户程序等,技术资料齐全,是一本实用性非常强的教材和工程手册。

本书可以作为中高职院校装备制造大类相关专业的教学用书,也可以作为 PLC 控制应用工作人员的参考书。

图书在版编目(CIP)数据

PLC 技术与应用项目化教程 / 蔡晓霞,朱丹,徐伟锋主编. —北京:电子工业出版社,2019.11

ISBN 978-7-121-37994-9

Ⅰ. ①P… Ⅱ. ①蔡… ②朱… ③徐… Ⅲ. ①PLC 技术—高等学校—教材 Ⅳ. ①TM571.61

中国版本图书馆 CIP 数据核字(2019)第 263829 号

责任编辑:郭乃明　　特约编辑:田学清
印　　刷:北京捷迅佳彩印刷有限公司
装　　订:北京捷迅佳彩印刷有限公司
出版发行:电子工业出版社
　　　　　北京市海淀区万寿路 173 信箱　邮编:100036
开　　本:787×1 092　1/16　印张:21.5　字数:550.4 千字
版　　次:2019 年 11 月第 1 版
印　　次:2023 年 7 月第 6 次印刷
定　　价:54.00 元

凡所购买电子工业出版社图书有缺损问题,请向购买书店调换。若书店售缺,请与本社发行部联系,联系及邮购电话:(010)88254888,88258888。

质量投诉请发邮件至 zlts@phei.com.cn,盗版侵权举报请发邮件至 dbqq@phei.com.cn。

本书咨询联系方式:(010)88254561,34825072@qq.com

前　言

本书为校企专家团队合作编写的新形态教材，引入了企业真实的典型工程项目和典型工作流程，遵循了知识体系和项目体系双主线的原则。本书是以职业活动为导向、以提高素质为基础、以提升能力为目标、以学生为主体、以项目为载体、以实训为手段而设计的理实一体化教学内容，充分体现了工学结合的教育理念。

本书充分融合互联网新技术，结合教学方法改革，创新了教材形态，即通过移动互联网技术，以嵌入二维码的纸质教材为载体，融入了微课视频、仿真动画视频、拓展资源、主题讨论等数字资源，将教材、课堂、数字资源三者融合，使教材顺应了当前线上、线下相结合的混合式教学的新趋势。

本书以三菱 FX3U、FX2N 系列 PLC 为样本，介绍了 PLC 的基本应用及工程应用，内容丰富、实用性强。本书选取了认识 PLC、基本指令的应用、步进指令的应用、功能指令的应用、模拟量指令的应用、工程综合应用 6 个学习模块，以工程项目为教学主线，通过设计若干个可独立执行的技能训练任务，将知识点和技能训练融于各个任务之中。而各技能训练任务具有一定的完整性和独立性，每个技能训练任务均配有相应的案例演示，若干个技能训练任务根据相关知识组合成 6 个模块，每个模块都配有相应的知识链接，且知识链接的选取和排序遵循了知识的系统性和完整性原则。本书每一学习模块的编写均采用了"任务单—案例演示—知识链接"的结构框架，这种结构有利于教师开展以行动为导向的教学模式的活动，同时也非常有利于学生的自主性学习。

本书的模块六为工程综合应用，由浙江精功科技股份有限公司等多家知名企业合作编写，将企业的真实生产案例引入教材（如钢板压型机控制系统的设计等），实现了学习任务与工作任务的有机结合。校企双方组建的教材编写团队，根据电气 PLC 控制系统的设计、制作、安装、调试及维护等工作岗位的实际要求，编写了相应的典型工作任务和学习要求，实现了学与用的结合。

本书在编写过程中得到了浙江精功科技股份有限公司高级工程师裘建义（绍兴市专业技术拔尖人才、学术技术带头人）、杭州银界科技有限公司高级工程师钱新标、浙江越宫机械有限公司技术部经理应小东等技术专家的大力支持，同时盛庆元、徐少华、董红平、应金堂、竺秋阳等老师也参与了本书的编写，在此表示诚挚的谢意！

由于编者水平有限，书中难免有不足之处，敬请读者指正。

编　者

目 录

模块一 认识 PLC ·· 1

任务一 了解 PLC ·· 1
  知识链接 1-1
  1.1 PLC 的概述 ·· 3
    1.1.1 PLC 的定义 ··· 3
    1.1.2 PLC 的发展及产品 ··· 3
    1.1.3 PLC 的特点 ··· 5
    1.1.4 PLC 的应用 ··· 6
    1.1.5 PLC 的分类 ··· 9
  1.2 PLC 的硬件系统和编程语言 ·· 12
    1.2.1 PLC 的硬件系统 ·· 12
    1.2.2 PLC 的编程语言 ·· 15
  1.3 PLC 的工作原理 ·· 17
    1.3.1 PLC 的工作方式 ·· 17
    1.3.2 PLC 的扫描周期 ·· 18

任务二 认识 FX 系列 PLC ·· 20
  知识链接 1-2 ·· 22
  1.4 FX 系列 PLC 简介 ·· 22
    1.4.1 FX 系列 PLC 命名 ··· 22
    1.4.2 FX 系列 PLC 主要指标 ··· 23
    1.4.3 FX 系列 PLC 机型构成 ··· 24
    1.4.4 FX 系列 PLC 编程电缆 ··· 24
    1.4.5 FX 系列 PLC 软元件 ·· 25

任务三 简单灯控系统 ·· 28
  案例演示——灯控系统 ·· 29
  知识链接 1-3 ·· 32
  1.5 编程软件的使用 ·· 32
    1.5.1 GX Developer 的使用 ·· 32
    1.5.2 GX Works2 的使用 ·· 41

习题 1 ·· 53

模块二　基本指令的应用···56

　　任务一　电动机点动与长动控制···56

　　　案例演示——电动机自锁控制···58

　　　知识链接 2-1···62

　　　　2.1　辅助继电器、接点指令和梯形图的编程规则·············62

　　　　　2.1.1　辅助继电器···62

　　　　　2.1.2　单个接点指令和输出线圈驱动指令·····················63

　　　　　2.1.3　空操作与程序结束指令··64

　　　　　2.1.4　梯形图的编程规则··64

　　任务二　三台电动机顺序启动控制·······································67

　　　案例演示——电动机延时控制···69

　　　知识链接 2-2···72

　　　　2.2　定时器、置位与复位指令及典型程序·····················72

　　　　　2.2.1　定时器···72

　　　　　2.2.2　置位与复位指令···73

　　　　　2.2.3　定时器的程序···74

　　　　　2.2.4　启动、保持和停止控制程序·······························75

　　　　　2.2.5　顺序启动控制程序··75

　　任务三　电动机 Y/Δ 启动及正反转控制································77

　　　案例演示——电动机正反转控制···79

　　　案例演示——电动机 Y/Δ 启动控制·····································81

　　　知识链接 2-3···84

　　　　2.3　多重输出指令和典型程序··84

　　　　　2.3.1　多重输出指令···84

　　　　　2.3.2　多地控制程序···85

　　　　　2.3.3　互锁控制程序···85

　　　　　2.3.4　集中与分散控制程序··86

　　任务四　五人抢答器控制系统··87

　　　案例演示——两人抢答器控制系统······································88

　　　知识链接 2-4···91

　　　　2.4　回路块指令、主控与主控复位指令·························91

　　　　　2.4.1　回路块指令···91

　　　　　2.4.2　主控与主控复位指令··92

　　任务五　车库自动门控制系统··93

　　　案例演示——感应式水龙头控制系统···································94

　　　知识链接 2-5···95

　　　　2.5　脉冲指令···95

　　　　　2.5.1　脉冲输出指令···95

　　　2.5.2　取脉冲指令 ·································· 96
任务六　灯闪烁控制 ····································· 97
案例演示——简单彩灯控制 ························· 98
知识链接 2-6 ··· 99
　　2.6　计数器和振荡电路程序 ····················· 99
　　　2.6.1　计数器 ·································· 99
　　　2.6.2　振荡电路程序 ························· 100
任务七　"1 位数"数码管显示控制 ················· 101
案例演示——数码管显示控制 ····················· 102
知识链接 2-7 ·· 104
　　2.7　PLC 控制系统的一般设计流程 ············· 104
习题 2 ·· 106

模块三　步进指令的应用 ····························· 109
任务一　液体物料混合控制 ························· 109
案例演示——两种液体混合控制 ··················· 111
知识链接 3-1 ·· 114
　　3.1　顺序功能图 ································ 114
　　　3.1.1　顺序功能图的基本概念及画法 ········· 114
　　　3.1.2　状态器 ································ 115
　　　3.1.3　步进指令 ······························ 116
　　　3.1.4　用 GX Developer 编写顺序功能图 ······ 116
　　　3.1.5　用 GX Works2 编写顺序功能图 ········· 120
任务二　工业洗衣机控制 ··························· 124
案例演示——简单工业洗衣机控制 ················· 125
知识链接 3-2 ·· 126
　　3.2　单流程结构的顺序功能图 ················· 126
　　　3.2.1　顺序功能图的单流程结构 ············· 126
　　　3.2.2　跳转与重复流程 ····················· 128
任务三　十字路口交通信号灯的控制 ··············· 130
案例演示——简单交通信号灯控制 ················· 131
知识链接 3-3 ·· 133
　　3.3　并行结构的顺序功能图 ··················· 133
任务四　复杂交通信号灯控制系统设计 ············· 134
案例演示——自动咖啡机控制 ····················· 135
知识链接 3-4 ·· 137
　　3.4　选择结构的顺序功能图 ··················· 137
任务五　机械手控制系统设计 ····················· 138
案例演示——气动机械手的控制 ··················· 140

知识链接 3-5 ·· 145

　3.5　多工作方式运行的顺序功能图 ·· 145

习题 3 ·· 146

模块四　功能指令的应用 ·· 148

任务一　机械手手动与自动切换控制 ·· 148

案例演示——两台电动机的手动与自动切换控制 ···································· 150

知识链接 4-1 ·· 154

　4.1　功能指令 ·· 154

任务二　多种不同规格的工件检测控制 ·· 162

案例演示——三种不同规格的工件检测控制 ··· 163

知识链接 4-2 ·· 166

　4.2　传送与比较指令 ·· 166

　4.3　触点比较指令 ··· 169

任务三　自动售货机的控制系统 ·· 171

案例演示——合格产品计数装箱控制 ·· 173

案例演示——9s 倒计时钟控制 ·· 175

知识链接 4-3 ·· 176

　4.4　算术与逻辑运算指令和外围设备 I/O 指令 ······································ 176

　　4.4.1　算术与逻辑运算指令 ··· 176

　　4.4.2　外围设备 I/O 指令 ··· 181

任务四　霓虹灯循环闪烁控制 ·· 182

案例演示——简单霓虹灯闪烁控制 ··· 183

知识链接 4-4 ·· 185

　4.5　循环与移位指令和数据处理指令 ·· 185

　　4.5.1　循环与移位指令 ·· 185

　　4.5.2　数据处理指令 ··· 187

任务五　机械臂的水平移动控制 ·· 189

案例演示——简单机械臂的前后移动控制 ··· 191

知识链接 4-5 ·· 194

　4.6　光电编码器 ··· 194

　　4.6.1　光电编码器的概述 ·· 194

　　4.6.2　光电编码器的连接 ·· 194

　4.7　高速计数器 ··· 195

　　4.7.1　高速计数器的功能和分类 ·· 195

　　4.7.2　高速计数器使用时注意的问题 ··· 196

　4.8　步进电动机及其驱动器 ··· 197

　　4.8.1　步进电动机的概述 ·· 197

　　4.8.2　步进电动机驱动器 ·· 198

4.9　高速处理指令 1 ·· 199

任务六　花样喷泉控制系统 ·· 202

案例演示——简单花样喷泉控制系统 ·· 204

知识链接 4-6 ··· 207

4.10　高速处理指令 2 ·· 207

习题 4 ·· 208

模块五　模拟量指令的应用 ··· 209

任务一　热水炉控制系统设计 ·· 209

案例演示——水箱温度控制系统 ·· 211

知识链接 5-1 ··· 214

5.1　模拟量输入模块 FX-4AD ··· 214

任务二　破碎机给料控制系统设计 ··· 220

案例演示——给料控制系统 ·· 221

知识链接 5-2 ··· 224

5.2　模拟量输出模块 FX-2DA ··· 224

习题 5 ·· 227

模块六　工程综合应用 ··· 228

任务一　B 型钢板压型机控制系统 ··· 228

案例演示——A 型钢板压型机控制系统 ··· 230

知识链接 6-1 ··· 243

6.1　基于 PLC 的变频器开关量控制 ··· 243

6.1.1　三菱变频器简介 ··· 243

6.1.2　基于 PLC 的变频器开关量控制应用 ··· 252

任务二　B 型自动印花糊料搅拌机控制系统 ··· 254

案例演示——A 型自动印花糊料搅拌机控制系统 ····································· 255

知识链接 6-2 ··· 263

6.2　基于 PLC 的变频器模拟量控制 ··· 263

6.2.1　三菱变频器的模拟量输入 ··· 263

6.2.2　基于 PLC 的变频器模拟量控制应用 ··· 264

任务三　B 型门式起重机大车自动纠偏控制系统 ·· 267

案例演示——A 型门式起重机大车自动纠偏控制系统 ································ 269

知识链接 6-3 ··· 288

6.3　基于 PLC 的变频器通信控制 ··· 288

6.3.1　FX 系列 PLC 通信 ·· 288

6.3.2　基于 PLC 的变频器通信控制应用 ·· 310

附录 A 常用电气设备的基本文字符号 ………………………………… 314

附录 B 常用电气设备的结构和电气符号 ……………………………… 315

附录 C FX2N 和 FX3U 系列 PLC 基本指令 …………………………… 319

附录 D FX2N 和 FX3U 系列 PLC 功能指令 …………………………… 320

附录 E FX 系列 PLC 的特殊软元件 …………………………………… 326

附录 F 三菱 FR-A700 系列变频器参数 ……………………………… 329

参考文献 ………………………………………………………………… 333

模块一 认识 PLC

任务一 了解 PLC

任务单 1-1

任务名称	了解 PLC

一、任务目标

1. 了解 PLC 的发展、特点、应用及分类；
2. 了解市场上主流 PLC 的品牌、性能及应用等；
3. 了解 PLC 的硬件系统和编程语言；
4. 了解 PLC 的工作原理。

二、任务描述

通过调研电气市场和制造类企业，了解市场上主流 PLC 的品牌、性能及应用等；通过阅读知识链接、上网查阅资料、查阅相关书籍、观察实验实训设备、分组讨论等方法，了解 PLC 的概念、产生背景、硬件系统、编程语言及工作原理等。调研要点如下所示：

实地走访	调研电气市场	PLC 在当地电气市场的销售情况
	调研制造类企业	PLC 在当地制造类企业中的应用情况
查阅资料	PLC 的概念	PLC 的定义
		"PLC" 三个字母的含义
		PLC 的特点
		PLC 的应用场合
		PLC 的发展趋势
	PLC 的产生背景	PLC 的产生原因
		世界上第一台 PLC 生产的时间及企业名称
	PLC 品牌	PLC 产品按地域分成的三大派系
		PLC 按结构形式分类的代表性产品
		PLC 按 I/O 点数分类的代表性产品
	PLC 的硬件系统	PLC 的实质
		PLC 硬件系统的组成
		PLC 输入接口电路的分类
		PLC 输出接口电路的分类

续表

任务名称	了解 PLC	
二、任务描述		

续表

查阅资料	PLC 的编程语言	PLC 编程语言的分类
		梯形图的编程特点
	PLC 的工作原理	PLC 采用的工作方式
		PLC 扫描周期的阶段

三、任务实施

1. 每组学生根据工作任务拟订调研计划；
2. 进行实地、网上、电话调查，并认真记录；
3. 整理记录，完成调研报告。

📖 知识链接 1-1

1.1　PLC 的概述

1.1.1　PLC 的定义

在 1987 年国际电工委员会颁布的 PLC（Programmable Logic Controller）标准草案中对 PLC 做了如下定义："PLC 是一种专门为在工业环境下应用而设计的数字运算操作的电子装置。它在可以编制程序的存储器的内部存储执行逻辑运算、顺序运算、计时、计数和算术运算等操作的指令，并通过数字式或模拟式的输入和输出控制各种类型的机械或生产过程。PLC 及其有关的外围设备都应该按'易于与工业控制系统形成一个整体，易于扩展其功能'的原则而设计。"

PLC 是在继电器控制基础上以 CPU 为核心，将自动控制技术、计算机技术和通信技术融为一体而发展起来的一种工业自动控制装置。目前 PLC 已基本替代了传统继电器控制系统，成为工业自动控制领域中最重要、应用最多的控制装置，位居工业生产自动化三大支柱（PLC、机器人、计算机辅助设计与制造）的首位。

1.1.2　PLC 的发展及产品

1. PLC 的发展

20 世纪 60 年代以前，在工业自动控制领域中占主导地位的是继电器控制系统，其优点是简单易懂、使用方便、价格低；缺点是设备体积大、可靠性差、动作速度慢、功能少、查找和排除故障难、通用性和灵活性差等，难以满足现代生产工艺复杂多变、不断更新的控制要求。

20 世纪 60 年代，计算机技术开始应用于工业控制领域，其优点是功能强大、灵活性和通用性强等。但在当时，其高昂的价格、输入电路与输出电路的不匹配、编程难度大，以及难以适应恶劣工业环境等问题，促使人们寻找一种新的替代产品，将继电器控制系统简单易懂、价格便宜的优点和计算机技术功能强大、通用性和灵活性强的优点结合起来。

1968 年，美国最大的汽车制造商通用汽车公司（GM）为了适应汽车车型的不断更新、生产工艺不断变化的需要，希望有一种比继电器更可靠、功能更齐全、通用性和灵活性更强、响应速度更快的新型工业控制器，且该新型工业控制器必须满足十大技术要求即 GM 十条，其具体如下。

①编程简单，可现场修改程序；
②维护方便，采用插件式结构；
③可靠性高于继电器控制柜；
④体积小于继电器控制柜；
⑤可将数据直接送入（管理）计算机；
⑥成本可与继电器控制柜竞争；
⑦输入采用 115V 交流电（市电）；
⑧输出采用 115V 交流电（市电），可直接驱动接触器等；
⑨通用性强，扩展方便；
⑩程序要能存储，存储器容量大于 4KB。

1969 年，美国数字设备公司（DEC）首先研制成功第一台可编程控制器 PDP-14，并在通用汽车公司的自动装配线上试用成功，从而开创了工业自动控制的新局面。

1971 年，日本从美国引进了这项新技术，并很快研制出了日本第一台可编程控制器。

1973 年，德国西门子（SIEMENS）公司也研制出了德国第一台可编程控制器。

我国从 1974 年开始研制可编程控制器，并于 1977 年实现了工业应用。

早期的可编程控制器是为取代传统继电器控制系统，实现存储程序指令、完成顺序控制而设计的，大部分采用开关量控制，主要用于逻辑运算和计时、计数等顺序控制。因此，早期的可编程控制器通常称为可编程逻辑控制器（Programmable Logic Controller，PLC）。20 世纪 70 年代，随着微电子技术的发展，PLC 采用了通用微处理器，这种控制器除了不再局限于当初的逻辑运算，还具有逻辑控制、过程控制、运动控制、数据处理及联网通信等功能。因此，实际上这种控制器应称为 PC（Programmable Controller），即可编程控制器，但后来个人计算机（Personal Computer，PC）大范围普及，为区分两者，可编程控制器仍称为 PLC。

2．PLC 产品

世界上 PLC 产品按地域分成三大派系：美系、欧系、日系。美国和欧洲的 PLC 技术是在相互隔离的情况下独立研究开发的，因此美国和欧洲的 PLC 产品有明显的差异性。而日本的 PLC 技术是由美国引进的，对美国的 PLC 产品有一定的继承性，但日本主推产品的定位是小型 PLC，而美国和欧洲以大型 PLC 和中型 PLC 闻名。

（1）美国产品

美国是 PLC 生产大国，有 100 多家 PLC 厂商，比较著名的有罗克韦尔（Rockwell）公司、通用电气（GE）公司、莫迪康（MODICON）公司、德州仪器（TI）公司、西屋公司等，其中罗克韦尔公司是美国最大的 PLC 制造商，罗克韦尔 A-B 全系列 PLC 产品规格齐全、种类丰富，约占美国一半的 PLC 市场。

（2）欧洲产品

德国的西门子公司、法国的施耐德电气（Schneider Electric）是欧洲著名的 PLC 制造商。西门子公司的电子产品以性能精良而久负盛名，在中国占有较高的市场份额。西门子 PLC 产品主要包括 LOGO 系列、S7 系列、嵌入式控制器等。S7 系列 PLC 的性价比较高、使用较为广泛，已经发展成了西门子自动化系统的控制核心，S7 系列 PLC 目前主要有 S7-200、S7-1200、S7-300、S7-400、S7-1500 等型号。

（3）日本产品

日本的小型 PLC 最具特色，在小型 PLC 领域中颇具盛名，某些用欧美的中型 PLC 或大型 PLC 才能实现的控制，日本的小型 PLC 也可以解决。日本的小型 PLC 在开发较复杂的控制系统方面明显优于欧美的小型 PLC，所以其格外受用户欢迎。日本有许多 PLC 制造商，如三菱、欧姆龙、松下、富士、日立、东芝等。在世界小型 PLC 市场上，日本产品约占有 70%。

三菱的 PLC 是较早进入中国市场的产品，其中，F1/F2 系列 PLC 是 F 系列 PLC 的升级产品，早期在我国的销量也很大。F1/F2 系列 PLC 加强了指令系统，增加了特殊功能单元和通信功能单元，比 F 系列 PLC 有更强的控制能力。继 F1/F2 系列 PLC 之后，20 世纪 80 年代末三菱推出 FX 系列 PLC，该系列 PLC 在容量、速度、特殊功能、网络功能等方面都有了全面的加强。FX2 系列 PLC 是在 20 世纪 90 年代开发的整体式高性能小型 PLC，它配有各种通信适配器和特殊功能单元。FX2 系列 PLC 具有高速处理、可扩展及满足单个需要的特殊功能模块等特点，为工厂自动化应用提供了最大的灵活性和控制能力。FX3U、FX5U 系列 PLC 是三菱推出的新一代 PLC，其基本性能得到大幅提升，其中 FX5U 系列晶体管输出型 PLC 的基本单元内置了 4 轴独立最高 200kHz 脉冲输出的定位功能，并且增加了新的定位指令，这使得其定位控制功能更加强大，使用更为方便。

三菱的大型和中型 PLC 有 L 系列、Q 系列、iQ-R 系列，都具有丰富的网络功能，I/O 点数可达 8192 点。其中 Q 系列具有较小的体积、丰富的机型、灵活的安装方式、双 CPU 协同处理、多存储器及远程口令等特点，是三菱现有 PLC 中性能较高的系列之一。

（4）国内产品

虽然国内 PLC 厂商众多，但是市场占有率并不高。目前国产品牌主要有台湾的台达、永宏、丰炜和大陆的汇川、和利时、信捷电气、海为等，台湾品牌有着几十年的历史，因此积累了一定的客户，其中台达生产的 PLC 占据国产市场第一的地位。

3. PLC 的发展趋势

PLC 的发展趋势主要有以下几个方面。

（1）向高性能化方向发展。随着 CPU 性能的不断提升，PLC 的运算处理能力将更强、响应速度将更快、整体性能将更好。

（2）向大存储容量方向发展。传统的 PLC 内存容量一般为 1～16KB，新型小型 PLC 的内存容量已达到 64KB，中型和大型 PLC 的内存容量已达几十兆字节，今后随着 PLC 工艺技术的不断发展，PLC 的内部存储容量将进一步扩大。

（3）向多品种方向发展。很多厂家推出高速度、高性能、小型化 PLC 产品，如三菱的 FX3UC-16MR 型 PLC 有 16 点（8 个输入点和 8 个输出点），其外形尺寸仅为 34mm×90mm×89mm，在省空间、省接线的同时也大幅强化了高速处理及定位等内置功能。

（4）向更加规范化、标准化方向发展。早期 PLC 的软件、硬件体系结构是封闭的，各个厂家使用的组态、寻址、编程结构不一致，因此各种品牌的硬件、软件互不兼容。国际电工协会在 1993 年颁布了 IEC61131-3 标准，为 PLC 产品的规范化、标准化奠定了基础。各种品牌的硬件、软件兼容性得到了进一步提升。

（5）向通信网络化方向发展。在工业控制系统中，对于多控制任务的复杂控制系统，不可能单靠增大 PLC 的 I/O 点数或改进机型来实现复杂的控制功能。如果想实现多台 PLC 之间的联网工作，那么在硬件方面要增加通信模块、通信接口、终端适配器、网卡、集线器、调制解调器及缆线等设备或器件；在软件方面要按特定的协议，开发具有一定功能的通信程序和网络系统程序，从而对 PLC 的软件、硬件进行统一管理和调度。

1.1.3 PLC 的特点

1. 可靠性高，抗干扰能力强

高可靠性是电气控制设备的关键性能。PLC 采用了现代大规模集成电路技术、严格的生产制造工艺，以及先进的抗干扰技术，具有很高的可靠性。例如，三菱生产的 F 系列 PLC 平均无故障工作时间高达 30 万小时，一些使用冗余 CPU 的 PLC 平均无故障工作时间则更长。从 PLC 的外部连接电路来说，使用 PLC 构成的控制系统，和同等规模的继电器控制系统相比，电气接线及开关量接点已减少到数百甚至数千分之一，故障率也因此大大降低。此外，PLC 具有硬件故障自诊断功能，出现故障时可及时发出警报。在应用软件中，应用者还可以编入外围器件的故障自诊断程序，使系统中除 PLC 外的电路及设备也获得故障自诊断保护。

2. 配套齐全，功能完善，适用性强

PLC 发展到今天，已经形成了大、中、小各种规模的系列化产品，可以用于各种规模的工业控制场合。除了逻辑处理功能，现代 PLC 大多还具有完善的数据运算能力，可用于数字控制领域。近年来 PLC 的功能单元大量涌现，使 PLC 应用于位置控制、温度控制、CNC 等各种工业控制。随着 PLC 通信能力的增强及人机界面技术的发展，用 PLC 组成各种控制系统变得非常容易。

3. 易学易用，深受工程技术人员欢迎

PLC 作为通用工业控制计算机，是工业生产领域的工控设备，其编程语言易为工程技术人员所接受。梯形图语言的图形符号与表达方式和继电器电路图相当接近，只用少量开关量逻辑控制指令就可以实现继电器电路的功能，为不熟悉电子电路、不懂计算机原理和汇编语言的人从事工业控制提供了方便。

4. 系统设计、制造工作量小，维护方便，容易改造

PLC 用存储逻辑代替接线逻辑，大大减少了控制设备外部的接线，使控制系统设计及制造的周期大为缩短，同时维护也变得更容易。更重要的是，这使同一设备通过改变程序而改变生产过程成为可能，也使 PLC 适合多品种、小批量的生产场合。

5. 体积小，重量轻，能耗低

以三菱超小型 PLC——FX3UC-16MR 为例，其主机外形尺寸为 34mm×90mm×89mm，重量 250g，消耗电量仅为 6W。同时，体积小的 PLC 在机电设备内部方便集成，是实现自动化控制的理想控制设备。

1.1.4　PLC 的应用

目前，PLC 在国内外已被广泛应用于钢铁、石油、化工、电力、建材、机械制造、汽车、轻纺、交通运输、环保及文化娱乐等各个行业。PLC 作为控制系统的核心部件，其输入信号主要为开关量信号、模拟量信号等，输出信号主要用于控制电动机、阀门、指示灯等。PLC 控制系统的应用如图 1-1 所示。

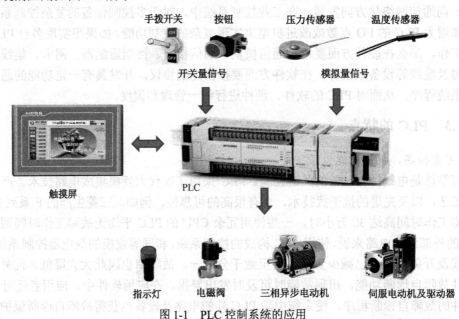

图 1-1　PLC 控制系统的应用

PLC 的技术应用范围大致可归纳为开关量控制、模拟量控制、运动控制、过程控制、数据处理、通信及联网等。

1. 开关量控制

开关量控制是 PLC 最基本、最广泛的应用领域，它取代了传统的继电器控制系统，实现了逻辑控制、顺序控制，既可用于单台设备的控制，也可用于多台设备群控及自动化流水线，如注塑机、印刷机、订书机械、组合机床、磨床、包装生产线、电镀流水线等。PLC 用于高速压型板生产线自动控制系统如图 1-2 所示。

图 1-2 PLC 用于高速压型板生产线自动控制系统

2. 模拟量控制

在工业生产过程中，有许多连续变化的量，如温度、压力、流量、液位和速度等都是模拟量。为了使 PLC 处理模拟量，必须实现模拟量（Analog）和数字量（Digital）之间的 A/D 转换及 D/A 转换。PLC 厂家都会生产配套的 A/D 和 D/A 转换模块，使 PLC 用于模拟量控制。模拟量控制广泛用于冶金、化工、热处理、锅炉控制、水处理等场合。泵站电气控制系统如图 1-3 所示。

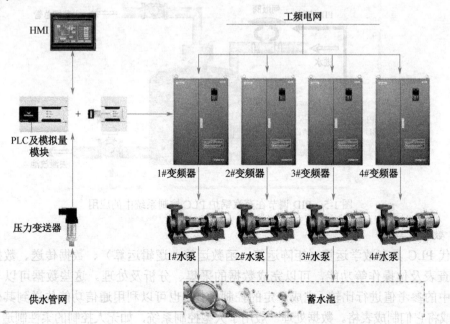

图 1-3 泵站电气控制系统

3. 运动控制

PLC 可以用于圆周运动和直线运动的控制。从控制机构配置来说，早期直接用开关量 I/O 模块连接位置传感器和执行机构，现在一般使用专用的运动控制模块，如可驱动步进电动机、伺服电动机的单轴或多轴位置控制模块。世界上 PLC 厂家的主要产品几乎都有运动控制功能，运动控制广泛用于机械、机床、机器人、电梯等场合。电梯控制柜如图 1-4 所示。

图 1-4　电梯控制柜

4. 过程控制

过程控制是指对温度、压力、流量等模拟量的闭环控制。作为工业控制计算机，PLC 能编制各种各样的控制算法程序，并且能完成闭环控制。PID 调节是一般闭环控制系统中用得较多的调节方法。大型和中型 PLC 都有 PID 模块，目前许多小型 PLC 也具有此功能模块。PID 处理一般是运行专用的 PID 子程序。过程控制广泛用于冶金、化工、热处理、锅炉控制等场合。PID 调节在蒸汽锅炉 PLC 控制系统中的应用如图 1-5 所示。

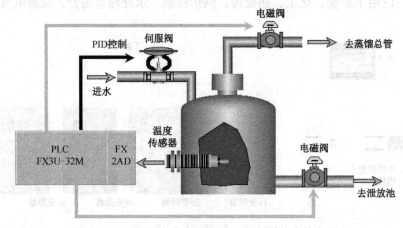

图 1-5　PID 调节在蒸汽锅炉 PLC 控制系统中的应用

5. 数据处理

现代 PLC 具有数学运算（矩阵运算、函数运算、逻辑运算）、数据传送、数据转换、排序、查表及位操作等功能，可以完成数据的采集、分析及处理。这些数据可以与存储在存储器中的参考值进行比较，完成一定的控制操作；也可以利用通信功能传送到其他的智能设备，或将它们制成表格。数据处理一般用于大型控制系统，如无人控制的柔性制造系统。

6. 通信及联网

PLC 通信包括 PLC 间的通信及 PLC 与其他智能设备间的通信。随着计算机技术的发展，工厂自动化网络发展得很快，PLC 厂商都十分重视 PLC 的通信功能，于是纷纷推出各自的网络系统。近期生产的 PLC 都具有通信接口，通信非常方便。PLC 联网通信如图 1-6 所示。

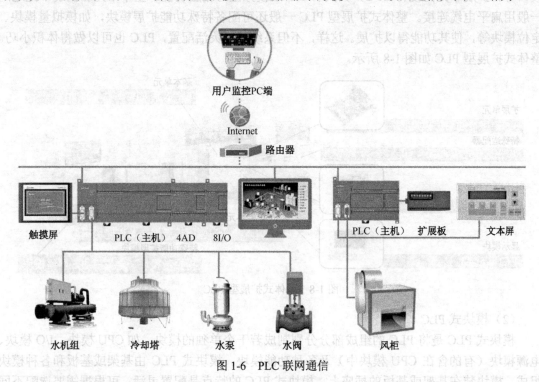

图 1-6 PLC 联网通信

1.1.5 PLC 的分类

PLC 产品种类繁多，其规格和性能也各不相同，可根据 PLC 结构形式的不同、功能的差异和 I/O 点数的多少对 PLC 进行大致分类。

1. 按结构形式分类

根据 PLC 的结构形式，PLC 可分为整体式 PLC、模块式 PLC、嵌入式 PLC。

（1）整体式 PLC

整体式 PLC 又可分为整体式固定 I/O 型 PLC 和整体式扩展型 PLC。

1）整体式固定 I/O 型 PLC。

整体式固定 I/O 型 PLC 是一种整体结构、I/O 点数固定的小型 PLC（也称微型 PLC）。这类 PLC 将电源、CPU、I/O 接口、存储器、通信接口等都安装在基本单元上，I/O 点数不能改变，且无扩展模块接口。

整体式固定 I/O 型 PLC 的特点是结构紧凑、体积小、安装简单，适用于 I/O 控制要求固定且 I/O 点数较少（10～30 点）的机电一体化设备或仪器的控制。整体式固定 I/O 型 PLC 产品种类较少，比较常用的有日本三菱公司的 FX1S-10/14/30 系列。整体式固定 I/O 型 PLC 如图 1-7 所示。

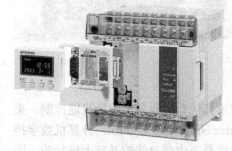

图 1-7 整体式固定 I/O 型 PLC

2）整体式扩展型 PLC。

整体式扩展型 PLC 由不同 I/O 点数的基本单元（又称主机）和扩展单元组成。基本单元内有 CPU、I/O 接口、与 I/O 扩展单元相连的扩展口，以及与编程器或 EPROM 写入器相连的接口等。扩展单元内没有 CPU，只具有 I/O 或模拟量等相应功能。基本单元和扩展单元之间一般用扁平电缆连接。整体式扩展型 PLC 一般还可配备特殊功能扩展模块，如模拟量模块、定位模块等，使其功能得以扩展。这样，不但系统可以灵活配置，PLC 也可以做得体积小巧。整体式扩展型 PLC 如图 1-8 所示。

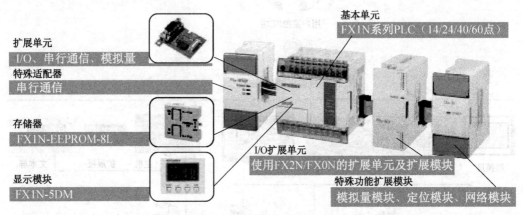

图 1-8　整体式扩展型 PLC

（2）模块式 PLC

模块式 PLC 是将 PLC 的组成部分分别制成若干个单独的模块，如 CPU 模块、I/O 模块、电源模块（有的含在 CPU 模块中）及各种功能模块。模块式 PLC 由基架或基板和各种模块组成。模块装在基架或基板的插座上。模块式 PLC 的特点是配置灵活，可根据需要选配不同规模的系统，而且装配方便，便于扩展和维修。大型和中型 PLC 一般采用模块式结构。三菱 Q 系列 PLC 如图 1-9 所示。

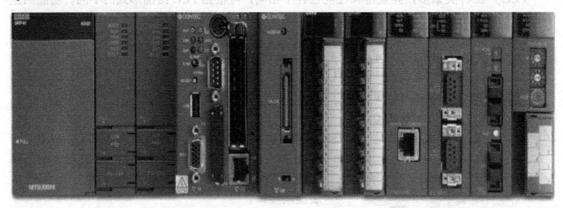

图 1-9　三菱 Q 系列 PLC

（3）嵌入式 PLC

嵌入式 PLC（也称内置式 PLC）一般用于数控机床或其他数控设备的辅助机能控制。采用这种方式的数控系统，在设计之初就将 CNC（Computer Numerical Control，计算机数字控制）和 PLC 结合起来考虑，CNC 和 PLC 之间的信号传递是在内部总线的基础上进行的，因而有较高的交换速度和较宽的信息通道。CNC 和 PLC 可以共用一个 CPU，也可以单独用一个 CPU。从软件、硬件整体上考虑，嵌入式 PLC 和 CNC 之间没有多余的连接导线，增加了系统的可靠性，而且 CNC 和 PLC 之间易实现许多高级功能。PLC 中的信息也能通过 CNC 的显示器显示，这种方式对于系统的使用具有较大的优势。高档次的数控系统一般都采用嵌入式 PLC。博世力士乐 MTX micro 数控系统在卧式铣床的电器配置图如图 1-10 所示，该驱动器集成了 PLC 系统、CNC 系统和电动机驱动器，大大节省了电柜安装空间。

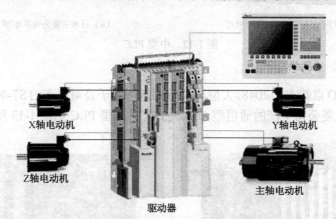

图 1-10　博世力士乐 MTX micro 数控系统在卧式铣床的电器配置图（含嵌入式 PLC）

2. 按 I/O 点数分类

根据 PLC 的 I/O 点数的多少，可将 PLC 分为小型 PLC、中型 PLC 和大型 PLC 三类。

（1）小型 PLC

小型 PLC 的 I/O 点数小于或等于 256，小型 PLC 有日本三菱公司生产的 FX0、FX1S、FX2N、FX3U、FX5U 等系列 PLC，德国西门子公司生产的 S7-200 系列 PLC，法国施耐德电气公司根据中国市场用户使用需求和习惯开发生产的 Modicon 睿易 M100/M200 系列 PLC，以及日本欧姆龙公司生产的 CP1E、CP1L 系列 PLC。小型 PLC 如图 1-11 所示。

  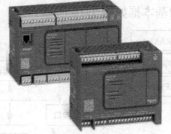 

（a）日本三菱公司　　　（b）德国西门子公司　　　（c）法国施耐德电气公司　　　（d）日本欧姆龙公司

FX3U 系列 PLC　　　　S7-200 系列 PLC　　　　M100/M200 系列 PLC　　　　CP1E 系列 PLC

图 1-11　小型 PLC

（2）中型 PLC

中型 PLC 的 I/O 点数大于 256 且小于 2048，中型 PLC 有德国西门子公司生产的 S7-300 系列 PLC，日本三菱公司生产的基本型 Q 系列 PLC 等。中型 PLC 如图 1-12 所示。

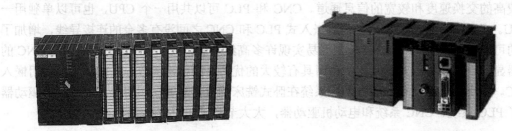

（a）德国西门子公司 S7-300 系列 PLC　　　　　（b）日本三菱公司基本型 Q 系列 PLC

图 1-12　中型 PLC

（3）大型 PLC

大型 PLC 的 I/O 点数大于 2048，大型 PLC 有德国西门子公司生产的 S7-400 系列和 S7-1500系列 PLC，日本三菱公司生产的通用型 Q 系列 PLC。大型 PLC 如图 1-13 所示。

（a）德国西门子公司 S7-400 系列 PLC　　　　（b）日本三菱公司通用型 Q 系列 PLC

图 1-13　大型 PLC

1.2　PLC 的硬件系统和编程语言

1.2.1　PLC 的硬件系统

PLC 的实质是一种工业控制计算机，采用冯·诺依曼结构，其硬件结构与微型计算机的硬件结构基本相同，由 CPU、存储器（ROM/RAM）、I/O 单元、电源、编程器等主要部件组成。PLC 硬件结构基本框如图 1-14 所示。

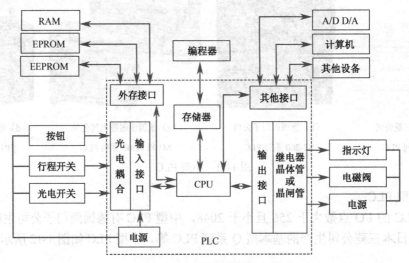

图 1-14　PLC 硬件结构基本框

1. CPU

CPU 是 PLC 的核心，主要由控制器和运算器组成。小型 PLC 通常采用 16 位 CPU；中型和大型 PLC 通常采用 32 位及以上 CPU，还经常采用双 CPU 或多 CPU 的结构。

2. 存储器

PLC 配有系统程序存储器（ROM）、用户程序存储器（RAM），前者用于存放系统的管理程序、命令解释程序、系统调用程序等，是 PLC 正常工作的基本保证；后者主要用于存放用户编制的程序。

3. I/O 单元

I/O 单元是 PLC 与外界连接的接口电路。

（1）输入接口电路

输入接口电路的主要作用是完成外部信号到 PLC 内部信号的转换。通常情况下，来自生产设备或控制现场的各类输入信号，其性质、电压、种类各不相同，有直流开关量、交流开关量、连续模拟电压或电流、数据等。通过输入接口电路，可以将开关量信号转换成 PLC 内部处理所需要的、CPU 能够直接处理的 TTL 电平，将模拟量信号转换成 PLC 内部处理所需要的数字量（A/D 转换）等。

PLC 提供了多种具有操作电平和驱动能力的 I/O 接口，有各种功能的 I/O 接口供用户选择。I/O 接口的主要类型有数字量（开关量）I/O 接口、模拟量 I/O 接口等。

常用的开关量输入接口电路根据电源信号的不同，可分为直流输入接口电路、交流输入接口电路。直流输入接口电路根据 PLC 的供电电源类型的不同，又分为直流电源型直流输入接口电路和交流电源型直流输入接口电路。开关量输入接口电路如图 1-15 所示。

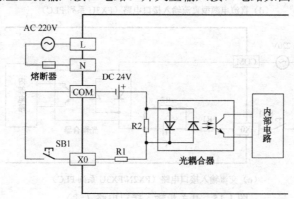

（a）交流电源型直流输入接口电路（FX2N 系列 PLC）

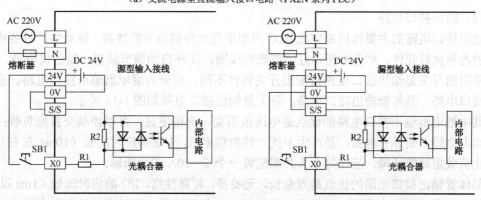

（b）交流电源型直流输入接口电路（FX3U 系列 PLC）

图 1-15 开关量输入接口电路

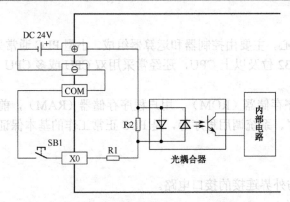

（c）直流电源型直流输入接口电路（FX2N 系列 PLC）

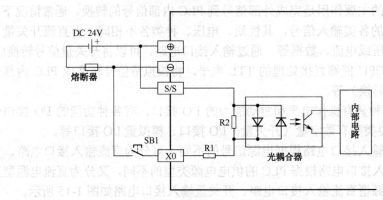

（d）直流电源型直流输入接口电路（FX3U 系列 PLC）

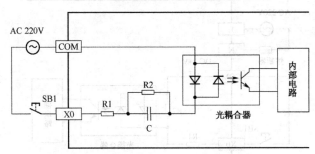

（e）交流输入接口电路（FX2N/FX3U 系列 PLC）

图 1-15　开关量输入接口电路（续）

（2）输出接口电路

输出接口电路的主要作用是完成 PLC 内部信号到外部信号的转换，驱动生产设备或控制现场的各种执行元件，如各种指示灯、电磁阀线圈、闭环自动调节装置、显示仪表等。

常用的开关量输出接口电路按输出开关器件不同，可分为继电器输出接口电路、晶体管输出接口电路、晶闸管输出接口电路，开关量输出接口电路如图 1-16 所示。

其中继电器输出接口电路的优点是电压范围宽，价格便宜，可以控制交直流负载；缺点是触点寿命短，断开有电弧，易产生干扰，转换频率低，I/O 响应时间长（10ms 左右）。为了防止负载短路等故障，应在每个公共端配置一个 5～10A 的熔断器。

晶体管输出接口电路的优点是寿命长，无噪音，可靠性高，I/O 响应时间短（1ms 以下）；缺点是一般只适用于直流驱动的场合，价格高，过载能力差，可以通过外部继电器过渡的方法接入交流负载。为了防止电感性负载的自感电动势损坏晶体管，应在输出负载的两端并联续流二极管。

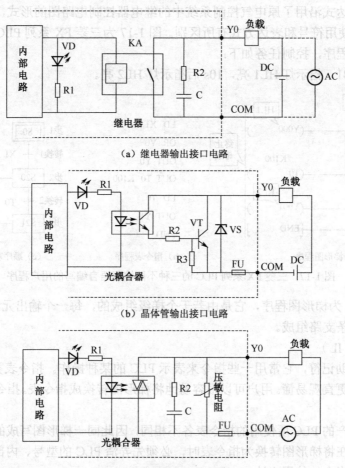

（a）继电器输出接口电路

（b）晶体管输出接口电路

（c）晶闸管输出接口电路

图 1-16 开关量输出接口电路

晶闸管输出接口电路的优点是寿命长，无噪音，可靠性高，I/O 响应时间短（0.2ms 以下）；缺点是仅适用于交流驱动场合，价格高，过载能力较差。

4．电源单元

PLC 内部有一个高性能的稳压电源，对外部电源性能要求不高，允许外部电源电压额定值范围为-15%～10%。一般小型 PLC 的电源包含在基本单元内，大型和中型 PLC 才配有专用电源。PLC 内部还带有作为后备电源的锂电池。

5．编程器

编程器分为简易编程器和图形编程器。可以利用微机作为编程器，这时微机应配有相应的编程软件包，若要直接与 PLC 通信，还要配有相应的通信电缆。

1.2.2 PLC 的编程语言

PLC 目前常用的编程语言有梯形图、指令表、顺序功能图、功能块图和结构化文本；手持编程器多采用指令表；计算机软件编程多采用梯形图，有的也采用顺序功能图、功能块图、结构化文本等语言。

1. 梯形图（LD）

梯形图的表达式沿用了原电气控制系统中的继电器控制电路图的形式，二者的基本构思是一致的，只是使用符号和表达方式有所区别。图 1-17 为三菱 FX 系列 PLC 的三种不同编程语言编写的用户程序，控制任务如下：

按下按钮 SB1，指示灯 HL1 亮，10s 后指示灯 HL2 亮。

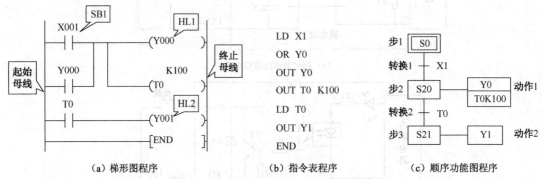

（a）梯形图程序　　（b）指令表程序　　（c）顺序功能图程序

图 1-17　三菱 FX 系列 PLC 的三种不同编程语言编写的用户程序

图 1-17（a）为梯形图程序，它是由若干个梯级组成的，每一个输出元素构成一个梯级，而每个梯级由多条支路组成。

2. 指令表（IL）

指令表又称助记符，它常用一些指令来表示 PLC 的某种操作。指令表类似于汇编语言，但它比汇编语言更直观易懂。用户可以很容易地将梯形图转换成指令表。指令表程序如图 1-17（b）所示。

不同厂家生产的 PLC 所使用的指令表各不相同，因此同一梯形图写成的指令表语句并不一定相同。用户在将梯形图转换为指令表时，必须先弄清 PLC 的型号、内部器件的编号、使用范围及每一条指令的使用方法。

3. 顺序功能图（SFC）

顺序功能图常用来编制顺序控制程序，它包括步、动作、转换三个要素。顺序功能图可以将一个复杂的控制过程按工艺流程的顺序分解为若干个工作状态（或称之为步），并将这些工作状态按功能依次处理后，再把这些工作状态按一定顺序控制要求连接成组合整体的控制程序。顺序功能图程序如图 1-17（c）所示。

4. 功能块图（FBD）

功能块图是一种类似于数字逻辑电路的编程语言，用类似"与"门、"或"门的方框来表示逻辑运算关系，方框左侧为逻辑运算的输入变量，方框右侧为输出变量，输入端、输出端的小圆圈表示"非"运算，信号自左向右流动。类似于电路，"与"门、"或"门等通过导线连在一起。功能块图如图 1-18 所示。

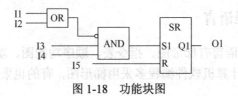

图 1-18　功能块图

5. 结构化文本（ST）

结构化文本是一种根据 IEC1131-3 标准创建的专用的高级编程语言，它可以增强 PLC 的数学运算、数据处理、图形显示、报表打印等功能。结构化文本采用高级语言进行编程，可完成较复杂的控制运算，但需要有一定的计算机高级语言的知识和编程技巧，对工程设计人员的要求较高，且直观性和操作性较差。

1.3 PLC 的工作原理

1.3.1 PLC 的工作方式

PLC 在 RUN 状态时，需要进行大量的操作，这迫使 PLC 的 CPU 只能根据分时操作的方式，每一时刻执行一个操作，并按顺序逐个执行，这种分时操作的方式称为 CPU 的扫描工作方式。PLC 一般采用循环扫描，其扫描过程可分为内部处理自诊断、通信处理、输入采样、用户程序执行、输出刷新等阶段，全过程扫描一次所需时间称为扫描周期，RUN 状态下的扫描过程如图 1-19 所示。

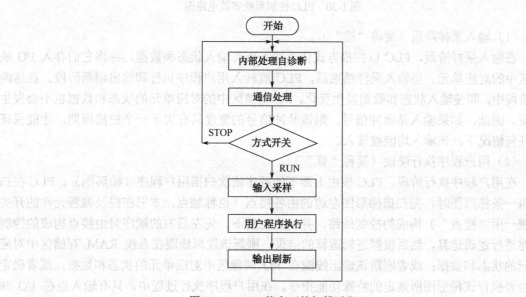

图 1-19　RUN 状态下的扫描过程

PLC 在 STOP 状态时，只循环进行内部处理自诊断和通信处理两个阶段的工作。PLC 在 RUN 状态时，一直循环内部处理自诊断→通信处理→输入采样→用户程序执行→输出刷新过程。为了便于读者理解 PLC 的工作原理与步骤，对于开关量控制的 PLC，可以利用 PLC 控制系统等效电路图（见图 1-20）进行描述。

在等效电路中，PLC 控制系统可以分为输入回路、内部回路、输出回路三个组成部分。其中，输入回路代表了实际 PLC 的输入接口电路、输入采样、输入缓冲等部分；内部回路代表了实际 PLC 的控制程序的执行过程；输出回路代表了实际 PLC 的输出接口电路、输出刷新、输出缓冲等部分。图 1-20 中的电路是为了说明 PLC 工作原理而虚拟的等效电路，与实际 PLC 的内部组成电路、I/O 连接方式、I/O 接口等硬件有一定差别。

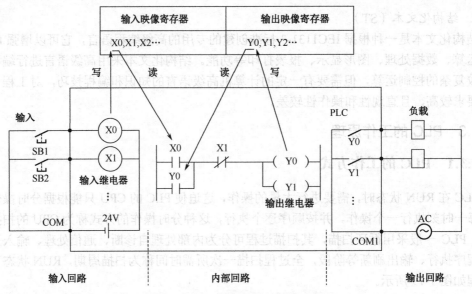

图 1-20　PLC 控制系统等效电路图

（1）输入采样阶段（简称"读"）。

在输入采样阶段，PLC 以扫描方式依次读入所有输入状态和数据，并将它们存入 I/O 映像区中的对应单元。当输入采样结束后，PLC 就转入用户程序执行和输出刷新阶段。在这两个阶段中，即使输入状态和数据发生变化，I/O 映像区中的对应单元的状态和数据也不会发生改变。因此，如果输入是脉冲信号，则该脉冲信号的宽度只有大于一个扫描周期，才能保证在任何情况下，该输入均能被读入。

（2）用户程序执行阶段（简称"算"）。

在用户程序执行阶段，PLC 按由上而下的顺序依次扫描用户程序（梯形图）。PLC 在扫描每一条梯形图时，先扫描梯形图左边的由各接点（也称触点，本书在提及编程元件的开关时统一用"接点"）构成的控制线路，并按先上后下、先左后右的顺序对由接点构成的控制线路进行逻辑运算，然后根据逻辑运算的结果，刷新该逻辑线圈在系统 RAM 存储区中对应单元的状态和数据；或者刷新该输出线圈在 I/O 映像区中对应单元的状态和数据；或者确定是否要执行该梯形图所规定的特殊功能指令。在用户程序执行过程中，只有输入点在 I/O 映像区中的状态和数据不会发生变化，而其他输出点和软元件在 I/O 映像区或系统 RAM 存储区中对应单元的状态和数据都有可能发生变化。

（3）输出刷新阶段（简称"写"）。

当扫描用户程序结束后，PLC 就会进入输出刷新阶段。在此期间，CPU 按照 I/O 映像区中对应单元的状态和数据刷新所有输出锁存电路，再通过输出电路驱动相应的外部设备或控制现场的各种执行元件，这时才是 PLC 的真实输出。

1.3.2　PLC 的扫描周期

把 PLC 全过程扫描一次所需的时间定为一个扫描周期。一个完整的扫描周期可由内部处理（自诊断）时间、通信时间、扫描 I/O 时间和扫描用户程序时间相加得到。

由于同一型号 PLC 的内部处理时间、I/O 扫描时间、用户程序的单步扫描时间是相对固定的，因此我们可以估算扫描周期。以 FX2N-40MR 为例，该型号的 PLC 的开关量输入为 24

点，开关量输出为 16 点，用户程序为 1000 步，不包含特殊功能指令，PLC 运行时不连接上位计算机等外部设备。I/O 的扫描速度为 0.03ms/8 点，用户程序的扫描速度为 0.74μs/步，内部处理时间为 0.96ms。一个扫描周期时间的计算步骤如下。

扫描 40 点 I/O 所需的时间：$T1=0.03\text{ms}/8$ 点×40 点=0.15ms。

扫描 1000 步程序所需的时间：$T2=0.74\text{μs}/步×1000$ 步÷1000=0.74ms。

内部处理所需的时间：$T3=0.96\text{ms}$。

PLC 运行时不与外部设备通信，通信时间：$T4=0$。

所以一个扫描周期：$T=T1+T2+T3+T4=0.15+0.74+0.96+0=1.85\text{ms}$。

三菱 FX 系列 PLC 在实际运行过程中也可以通过监视特殊数据寄存器来确定扫描时间，其当前扫描时间、最小扫描时间、最大扫描时间分别被放在特殊数据寄存器 D8010、D8011、D8012 中。

D8010：当前扫描时间值（0.1ms 为单位）。

D8011：扫描时间最小值（0.1ms 为单位）。

D8012：扫描时间最大值（0.1ms 为单位）。

以上特殊数据寄存器的数据只能读出不能写入。

借助 PLC 的 GX Works2 编程软件，对 FX3U 系列 PLC 的特殊数据寄存器 D8010、D8011、D8012 进行实时监视（见图 1-21），由监视数据可得到该 PLC 当前的扫描时间。

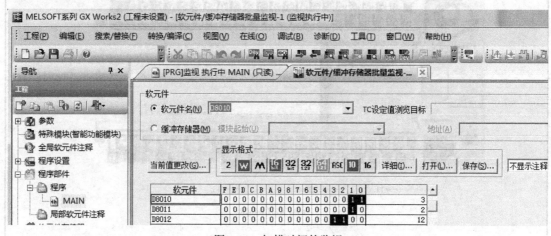

图 1-21　扫描时间的监视

当前扫描时间值（D8010）=0.3ms。

扫描时间最小值（D8011）=0.2ms。

当前时间最大值（D8012）=1.2ms。

任务二　认识 FX 系列 PLC

任务单 1-2

任务名称	认识 FX 系列 PLC

一、任务目标

1. 了解 FX 系列 PLC 的命名方式；
2. 了解 FX 系列 PLC 的主要指标；
3. 了解 FX2N 系列 PLC、FX3U 系列 PLC 的外部结构及各部分的功能；
4. 了解 PLC 输入端子和输出端子的分布；
5. 了解 FX 系列 PLC 的编程电缆。

二、任务描述

　　图 1-22 和图 1-23 分别为 FX 系列 PLC 主机的结构和 FX 系列 PLC 的编程电缆。准确说出 FX 系列 PLC 型号的含义和 PLC 外部结构的名称、功能；区分不同编程电缆；说出 PLC 输入端子和输出端子的分布特点，尤其是输入端子、输出端子中 COM 端的分布特点。

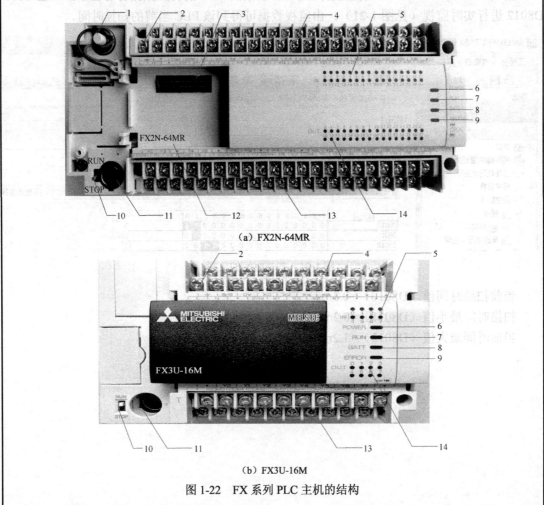

(a) FX2N-64MR

(b) FX3U-16M

图 1-22　FX 系列 PLC 主机的结构

任务名称	认识 FX 系列 PLC

二、任务描述

（a）SC-09　　　　　　　　　　　（b）USB-SC09-FX

图 1-23　FX 系列 PLC 的编程电缆

三、任务实施

1. 通过线上和线下的学习，了解 FX2N 系列 PLC、FX3U 系列 PLC 的外部结构和各部分的功能；

2. 通过实验观察，了解各部分的功能特点、操作要点及安全注意事项；

3. 根据任务要求完成任务单的填写。

四、任务报告

1. 根据任务描述要求写出图 1-22 中所标的各部分的名称；

2. 写出 PLC 输入端子和输出端子的分布情况；

3. 根据图 1-23 写出不同型号编程电缆的区别；

4. 写出实验过程中的安全注意事项。

知识链接1-2

1.4 FX 系列 PLC 简介

1.4.1 FX 系列 PLC 命名

三菱 FX 系列（以下简称 FX 系列）PLC 基本单元和扩展单元的型号名称由字母和数字组成，其命名的基本格式如图 1-24 所示。

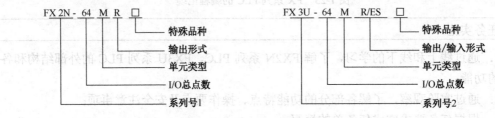

图 1-24 PLC 基本单元和扩展单元的型号命名的基本格式

系列号 1：0、2、2C、0N、1S、1N、2N、2NC 等。

系列号 2：3U、3UC、5U 等。

I/O 总点数：输入与输出的总点数。

单元类型：

M——基本单元；

E——I/O 扩展单元或扩展模块；

EX——输入扩展模块；

EY——输出扩展模块。

输出形式：

R——继电器输出；

T——晶体管输出；

S——晶闸管输出。

输入形式：

ES——AC 电源/DC 24V（漏型/源型）输入；

DS——DC 电源/DC 24V（漏型/源型）输入；

UA1——AC 电源/AC 100V 输入。

特殊品种区：

D——直流电源；

A——交流电源；

S——独立端子（无公共端）扩展模块；

H——大电流输出扩展模块；

V——立式端子排的扩展模块；

F——输入滤波器 1ms 的扩展模块；

L——TTL 输入型扩展模块。

型号名称中若无特殊品种项，则通指 AC 电源，DC 输入，横式端子排，标准输出（继电器输出为 2A/点；晶体管输出为 0.5A/点；晶闸管输出为 0.3A/点）。

FX3U-64MR/ES 型号名称的含义为 FX3U 系列，I/O 总点数为 64，该模块为基本单元，采用继电器输出，AC 电源/DC 24V（漏型/源型）输入。

FX-8EYR 型号名称的含义为 FX 系列，有 8 个继电器输出的扩展模块。

1.4.2 FX 系列 PLC 主要指标

1. FX 系列 PLC 性能比较

尽管 FX 系列中的 FX0S、FX1N、FX2N、FX3U 等型号的 PLC 在外形尺寸上相差不多，但在性能上有较大差别，其中，FX3U 和 FX3UC 系列 PLC 具有的功能是最强的、性能也是最好的。FX 系列 PLC 主要产品的性能比较如表 1-1 所示。

表 1-1　FX 系列 PLC 主要产品的性能比较

型号	I/O 总点数	基本指令执行时间	应用功能指令数量	模拟量模块	通信
FX0S	10～30	1.6～3.6μs	50	无	无
FX0N	24～128	1.6～3.6μs	55	有	较强
FX1N	14～128	0.55～0.7μs	89	有	较强
FX2N	16～256	0.08μs	128	有	强
FX3U	16～256	0.065μs	220	有	强

2. FX 系列 PLC 的环境指标

FX 系列 PLC 的环境指标如表 1-2 所示。

表 1-2　FX 系列 PLC 的环境指标

环境温度	动作时为 0℃～55℃，保存时为-25℃～75℃
相对湿度	5%～95% RH（无凝露）
防震性能	符合 JISC0911 标准，10～55Hz，0.5mm（最大 2G），3 轴方向各 10 次（但用 DIN 导轨安装时为 0.5G）
抗冲击性能	符合 JISC0912 标准，10G，3 轴方向各 3 次
抗噪声能力	用噪声模拟器产生电压为 1000V（峰-峰值）、脉宽为 1μs、频率为 30～100Hz 的噪声
绝缘耐压	AC 1500V，1min（接地端与其他端子间）
绝缘电阻	5MΩ 以上（DC 500V 兆欧表测量，接地端与其他端子间）
接地电阻	D 种接地（不允许与强电系统共同接地）
使用环境	无腐蚀性气体，无尘埃

3. FX 系列 PLC 的输入技术指标

FX3U 系列 PLC 的输入技术指标如表 1-3 所示。

表 1-3　FX3U 系列 PLC 的输入技术指标

输入形式	DC24V 输入型（源型/漏型）	AC 100V 输入型
输入信号电压	AC 电源型为 DC 24V±10%；DC 电源型为 DC 16.8～28.8V	AC 100～120V 10%、−15%　50/60Hz
输入阻抗	3.9kΩ（X0～X5），3.3kΩ（X6、X7），4.3kΩ（X10 以上）	约 21kΩ/50Hz，约 18kΩ/60Hz
输入信号电流	6mA（X0～X5），7mA（X6、X7），5mA（X10 以上）	4.7mA/AC 100V 50Hz，6.2mA/AC 110V 60Hz
输入 ON 电流	3.5mA（X0～X5），4.5mA（X6、X7），3.5mA（X10 以上）	3.8mA 以上
输入 OFF 电流	1.5mA 以下	1.7mA 以下
输入响应时间	约 10ms	25～30ms
输入信号形式	无电压接点输入，PNP 或 NPN 开集电极型晶体管	接点输入
电路隔离	光耦合器隔离	
输入状态显示	输入 ON 时 LED 灯亮	

4. FX 系列 PLC 的输出技术指标

FX 系列 PLC 的输出技术指标如表 1-4 所示。

表 1-4　FX 系列 PLC 的输出技术指标

项目	继电器输出	晶闸管输出	晶体管输出
外部电源	AC 240V 以下或 DC 30V 以下	AC 85~242V	DC 5V~30V
最大电阻负载	2A（输出点），8A（COM 组）	0.5A（输出点，双向 0.3A），0.8A（COM 组）	0.5A（输出点※1），0.8A（COM 组）
最大感性负载	80W	15W/AC 100V，30W/AC 200 V	12W/DC 24V※2
最大灯负载	100W	30W	1.5W/DC 24V
开路漏电流	—	1mA/AC 100V，2mA/AC 200V	0.1mA 以下
响应时间	约 10ms	OFF→ON: 1ms 以下，ON→OFF: 10ms 以下	0.2ms 以下
电路隔离	继电器隔离	光电晶闸管隔离	光耦合器隔离
输出状态显示	输出 ON 时 LED 亮		

注：※1 表示 FX3GC 和 FX3UC 晶体管输出的最大电阻负载输出点 Y0 和 Y1 都为 0.3A，Y2 以后为 0.1A。

　　※2 表示 FX3GC 晶体管输出的感性负载在 38.4W/DC 24V 以下（Y0、Y1 都为 7.2W/点，Y2 以后为 2.4W/点），FX3UC 晶体管输出的感性负载在 38.4W/DC 24V 以下（Y0~Y3 为 7.2W/点，Y4 以后为 2.4W/点）。

1.4.3　FX 系列 PLC 机型构成

FX 系列 PLC 内置电源、CPU、存储器、I/O 接口。PLC 的主机被称为基本单元，可使用 I/O 扩展模块对其进行 I/O 点数扩展。此外 PLC 主机也可以连接用于特殊控制的特殊扩展设备。

FX2N 系列 PLC 的外部结构如图 1-25 所示。

FX3U 系列 PLC 的外部结构如图 1-26 所示。

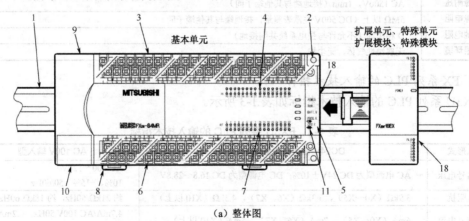

（a）整体图

图 1-25　FX2N 系列 PLC 的外部结构

1.4.4　FX 系列 PLC 编程电缆

FX 系列 PLC 编程电缆主要有 SC-09 电缆和 USB-SC09-FX 电缆。SC-09 电缆连接电脑串口，USB-SC09-FX 电缆连接电脑 USB 口。FX 系列 PLC 编程电缆如表 1-5 所示。

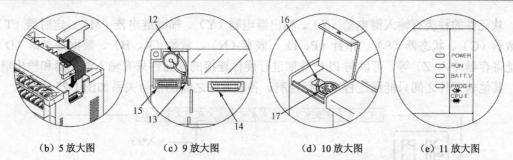

(b) 5 放大图　　　　(c) 9 放大图　　　　(d) 10 放大图　　　　(e) 11 放大图

1—DIN 导轨；2—安装孔；3—电源、供给电源、输入信号端子排；4—显示输入的 LED；5—扩展单元、扩展模块、接线接口、盖板；6—输出信号端子排；7—显示输出的 LED；8—DIN 导轨脱卸用卡扣；9—面板盖；10—连接外围设备的接口、盖板；11—动作指示灯，其中 POWER 为电源指示灯，RUN 为运行指示灯，BATT.V 为低电压指示灯，PROG-E 为程序出错指示灯，CPU-E 为 CPU 出错指示灯；12—锂电池；13—连接锂电池的接口；14—安装存储卡盒选件的接口；15—安装功能扩展板的接口；16—内置 RUN/STOP 开关；17—连接编程设备、GOT 的接口；18—产品型号名称（侧面）

图 1-25　FX2N 系列 PLC 的外部结构（续）

1—电源、输入（X）端子；2—端子台拆装用螺栓；3—端子名称；4—输出（Y）端子

图 1-26　FX3U 系列 PLC 的外部结构

表 1-5　FX 系列 PLC 编程电缆

型号	USB-SC09-FX	SC-09
名称	USB 接口的三菱 PLC FX 编程电缆	RS232 接口的三菱 PLC 编程电缆
实物		
应用范围	仅用于 FX 系列 PLC	用于 FX 系列 PLC 和 A 系列 PLC
应用接口	USB/RS422 接口	RS232/RS422 接口

1.4.5　FX 系列 PLC 软元件

PLC 软元件是指 PLC 中可被程序使用的所有功能性器件。可将各个软元件理解为具有不同功能的内存单元，对这些单元进行操作就相当于对内存单元进行读写。由于 PLC 设计的初衷是替代继电器控制，所以许多名词仍借用了继电器、接触器控制中经常使用的名称，如母线、继电器等。

软元件的种类有输入继电器（X）、输出继电器（Y）、辅助继电器（M）、定时器（T）、计数器（C）、状态器（S）、指针（P、I）、嵌套（N）、常数（K、H）、数据寄存器（D）、变址寄存器（V、Z）等。可以与 PLC 外部进行硬件连接的软元件只有输入继电器和输出继电器，其他软元件之间只能通过程序进行控制。各软元件之间的信号关系如图 1-27 所示。

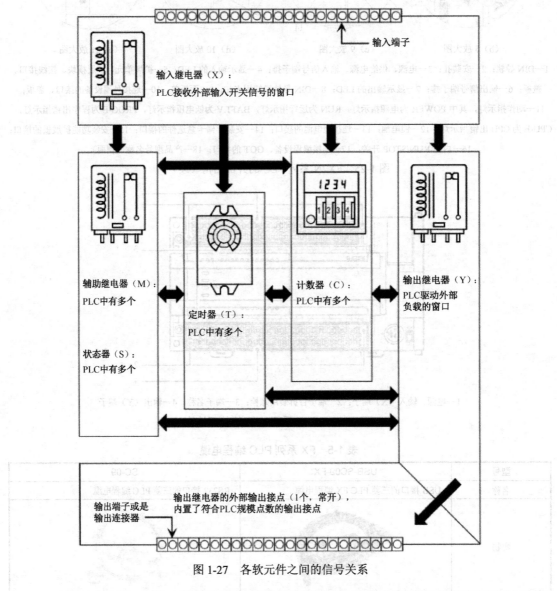

图 1-27　各软元件之间的信号关系

（1）输入继电器（X）。输入继电器是 PLC 专门用来存储系统输入信号的内部虚拟继电器，它又被称为输入映像区，这类继电器的状态不能用程序驱动，只能用输入信号驱动。FX 系列 PLC 的输入继电器采用八进制编号。输入继电器接点的地址是按八进制表示的，程序中输入继电器软接点的使用次数不限。

（2）输出继电器（Y）。输出继电器是 PLC 专门用来将运算结果信号经输出接口电路及输出端子，送至并控制外部负载的虚拟继电器。输出继电器在 PLC 内部直接与输出接口电路相连。外部信号无法直接驱动输出继电器，输出继电器只能用程序驱动。输出继电器是无源的，需要外接电源。每一个输出继电器都有一个外部输出的常开接点（可驱动外部负载）。

输出继电器软接点的使用次数不限。FX系列PLC的输出继电器采用八进制编号，除输入继电器和输出继电器外，PLC的其他软元件均采用十进制编号。

FX2N系列、FX3U系列PLC软元件汇总表如表1-6所示。

表1-6 FX2N系列、FX3U系列PLC软元件汇总表

软元件名称	FX2N系列、FX3U系列						
型号	FX2N-16M FX3U-16M	FX2N-32M FX3U-32M	FX2N-48M FX3U-48M	FX2N-64M FX3U-64M	FX2N-80M FX3U-80M	FX2N-128M FX3U-128M	软元件编号为八进制编号；
输入继电器（X）	X000～X007 8点	X000～X017 16点	X000～X027 24点	X000～X037 32点	X000～X047 40点	X000～X077 64点	扩展并用时输入点数的最大范围为X000～X367；
输出继电器（Y）	Y000～Y007 8点	Y000～Y017 16点	Y000～Y027 24点	Y000～Y037 32点	Y000～Y047 40点	Y000～Y077 64点	扩展并用时输出点数的最大范围为Y000～Y367；I/O点数最大为256点
辅助继电器（M）	M0～M499 500点 一般用※1	M500～M1023 524点 保持用※2	FX2N: M1024～M3071 2048点 FX3U: M1024～M7679 6656点 保持用※3		FX2N: M8000～M8255 256点 FX3U: M8000～M8511 512点 特殊用		
状态器（S）	S0～S499 500点 初始化状态: S0～S9 一般状态: S10～S499 一般用※1		S500～S899 400点 保持用※2		S900～S999 100点 信号报警用※2	FX3U: S1000～S4095 3096点 保持用※3	
定时器（T）	T0～T199 200点 100ms (0.1～3276.7s)		T200～T245 46点 10ms (0.01～327.67s)	T246～T249 4点 1ms (0.001～32.767s) 累计型※3	T250～T255 6点 100ms (0.1～3276.7s) 累计型※3	FX3U: T256～T511 256点 1ms (0.001～32.767s)	
计数器（C）	16位增量计数		32位双向计数		32位高速双向		
	C0～C99 100点 一般用※1	C100～C199 100点 保持用※2	C200～C219 20点 一般用※1	C220～C234 15点 保持用※2	C235～C245 11点 1相1输入※2	C246～C250 5点 1相2输入※2	C251～C255 5点 2相2输入※2
数据寄存器（D）变址寄存器（V、Z）	D0～D199 200点 一般用※1	D200～D511 312点 保持用※2	D512～D7999 7488点 D1000以后可设定作为文件寄存器使用 保持用※3		FX2N: D8000～D8195 256点 FX3U: D8000～D8511 512点 特殊用※3		V0～V7 Z0～Z7 16点 变址用※1
嵌套（N）、指针（P、I）	N0～N7 8点 主控用	FX2N: P0～P127 128点 FX3U: P0～P4095 4096点 跳跃、子程序用、分支使指针		I00*～I50* 6点 输入中断用指针	I6**～I8** 3点 定时器中断用指针	I010*～I060* 6点 计数器中断用指针	
常数（K、H、E）	K（十进制） 16位: −32 768～32 767, 32位: −2 147 483 648～2 147 483 647			H（十六进制） 16位: 0～FFFFH, 32位: 0～FFFFFFFFH			
	E（实数） −1.0×2^128～−1.0×2^−128, 0, 1.0×2^−128～−1.0×2^128, 可以用小数点和指数形式表示						

注：※1 表示非电池保持区域。通过参数设定，可以改变为电池保持区域。

※2 表示电池保持区域。通过参数设定，可以改变为非电池保持区域。

※3 表示电池保持的固定区域。区域特性不可改变。

*表示后面的相关数值。

任务三 简单灯控系统

任务单 1-3

任务名称	简单灯控系统

一、任务目标

1. 掌握 GX Developer、GX Works 2 编程软件的操作和应用；
2. 掌握软元件 X、Y 的使用方法；
3. 掌握简单灯控系统的设计、编程方法；
4. 掌握简单灯控系统的接线、软/硬件调试方法；
5. 掌握电气系统安全操作规范。

二、任务描述

按下按钮 SB0，灯 HL0 亮；按下按钮 SB1，灯 HL1 亮；按下按钮 SB2，灯全灭，请用 PLC 对灯进行控制，分别完成 PLC 的硬件接线、软件编程及系统调试。简单灯控系统示意图如图 1-28 所示。

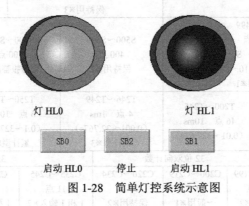

灯 HL0　　　　　　　灯 HL1

1-1 简单灯控系统

（动画演示）

SB0	SB2	SB1
启动 HL0	停止	启动 HL1

图 1-28 简单灯控系统示意图

三、任务实施

1. 认真阅读任务描述，明确所需完成的任务要求；
2. 通过网上搜索等方式查找资料，掌握相关知识点；
3. 学生根据任务制订计划，由组长组织讨论，做出决策并实施；
4. 计划实施结束后进行自我评价、教师评价；
5. 对所完成的任务进行归纳总结，完成任务报告。

四、任务报告

1. 列出 PLC 的 I/O 地址分配表；
2. 绘制 PLC 的 I/O 接线示意图；
3. 编写 PLC 控制程序；
4. 写出 PLC 硬件接线的操作流程；
5. 写入程序并接线调试，总结在实训操作过程中出现的问题。

案例演示——灯控系统

1. 任务描述

按下启动按钮 SB0，灯 HL0 亮；按下停止按钮 SB1，灯 HL0 灭，请用 PLC 对灯进行控制。灯控系统示意图如图 1-29 所示。

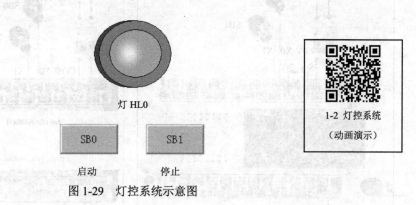

灯 HL0

SB0　　　　SB1

启动　　　　停止

1-2　灯控系统
（动画演示）

图 1-29　灯控系统示意图

2. 任务实施

（1）根据任务分析，确定 PLC 的 I/O 地址分配，并填写现场元件信号对照表，如表 1-7 所示。

表 1-7　现场元件信号对照表

PLC 输入信号				PLC 输出信号			
代号	名称	功能	PLC 端子号	代号	名称	功能	PLC 端子号
SB0	按钮	启动	X0	HL0	灯	亮/灭指示	Y0
SB1	按钮	停止	X1				

（2）绘制 PLC 的 I/O 接线示意图，并进行系统接线。

本系统采用 FX3U 系列 PLC 或 FX2N 系列 PLC 作为控制器，输入接口电路采用直流输入接口电路，输出接口电路采用继电器输出接口电路。PLC 的 I/O 接线示意图如图 1-30 所示。

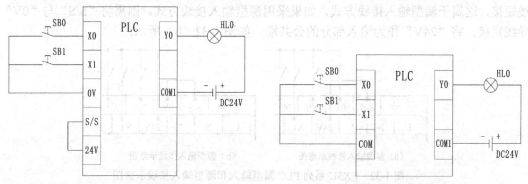

（a）FX3U 系列 PLC 的 I/O 接线示意图　　　（b）FX2N 系列 PLC 的 I/O 接线示意图

图 1-30　PLC 的 I/O 接线示意图

PLC 灯控系统实物接线图如图 1-31 所示。

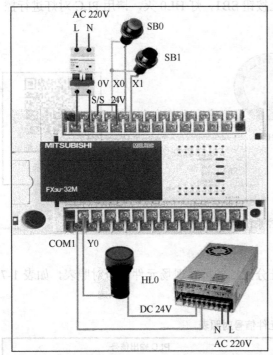

（a）FX3U 系列 PLC 实物接线图

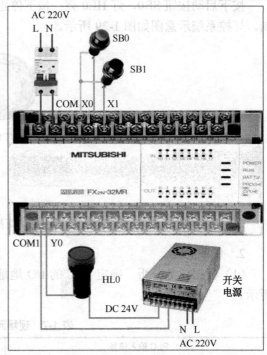

（b）FX2N 系列 PLC 实物接线图

图 1-31　PLC 灯控系统实物接线图

　　FX2N 系列 PLC 与 FX3U 系列 PLC 硬件接线的主要区别在于输入部分。FX3U 系列 PLC 有漏型输入和源型输入两种方式，FX3U 系列 PLC 漏型输入和源型输入接线示意图如图 1-32 所示。漏型输入与源型输入，都是相对于 PLC 输入公共端而言的，电流流入则为漏型，电流流出则为源型。如图 1-32（a）所示的输入部分的公共端为 "0V"，"S/S" 与 "24V" 用导线短接，这属于漏型输入接线方式。如果采用源型输入接线方式，则需将 "S/S" 与 "0V" 用导线短接，将 "24V" 作为输入部分的公共端，如图 1-32（b）所示。

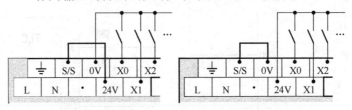

　　（a）漏型输入接线示意图　　　　　　（b）源型输入接线示意图

图 1-32　FX3U 系列 PLC 漏型输入和源型输入接线示意图

　　根据控制系统要求和 PLC 的 I/O 接线示意图进行接线。在接线前，先断开电源，以确保操作安全。接线时，要区分输入回路和输出回路，保证这两个回路的电路不交叉。输入回路不外接电源，输出回路要外接电源。

（3）打开 GX 编程软件，按如图 1-33 所示的灯控梯形图程序，在微机上编写程序，并将程序写入 PLC。

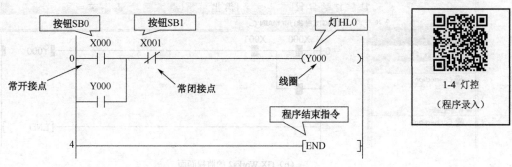

图 1-33 灯控梯形图程序

输入程序如下。

①打开编程软件 GX Developer 或 GX Works2。

②执行"工程"→"创建新工程"命令，弹出"创建新工程"对话框，在"PLC 系列"下拉列表中选择"FXCPU"选项，在"PLC 类型"下拉列表中选择"FX2N（C）"或"FX3U（C）"选择，单击"确定"按钮。

③GX Developer 提供了两种输入显示方式：梯形图方式和指令表方式。用户可以通过单击工具栏中的"梯形图/列表显示切换"按钮在这两种方式之间进行切换。GX Works2 只提供了梯形图方式，没有提供指令表方式。

④程序编辑完成后，先保存，然后执行"在线"→"PLC 写入"命令，将程序写入 PLC。程序录入部分的操作流程详见 1.5 节。

（4）系统调试。

将 PLC 主机上的运行开关拨至 RUN 位置，结合控制要求，操作有关输入信号，观察输出状态。

进入程序监视：单击快捷图标"监视状态" 🔍 或"监视开始" 📷，PLC 进入运行监视状态。当按下按钮 SB0 时，输入继电器 X000 常开接点导通，输出继电器 Y000 线圈得电，且输出继电器 Y000 常开接点闭合。PLC 监视画面如图 1-34 所示。

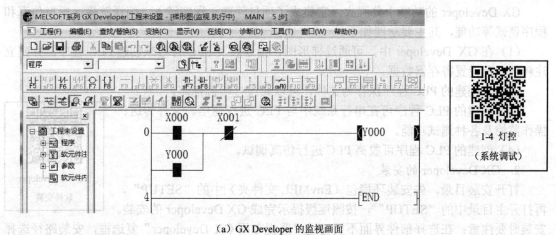

（a）GX Developer 的监视画面

图 1-34 PLC 监视画面

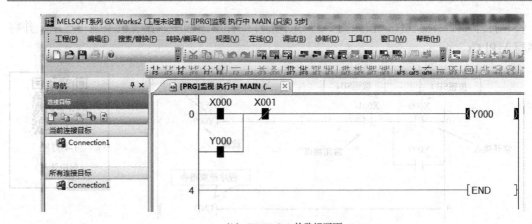

（b）GX Works2 的监视画面

图 1-34　PLC 监视画面（续）

退出程序监视：单击快捷图标"写入状态" ▓ 或"监视停止" ▓，退出监视状态，进入程序编辑状态。

知识链接 1-3

1.5　编程软件的使用

三菱 PLC 的编程软件当中，目前常用的有 GX Developer 和 GX Works2。

1.5.1　GX Developer 的使用

GX Developer 是应用于三菱 PLC 的中文编程软件，适用于 Q、QnU、QnA、AnS、AnA、FX 等系列 PLC 的编程。该编程软件可在 Windows XP 及以上操作系统中运行，Windows10 系统兼容模式运行。

GX Developer 可直接在三菱电动机自动化（中国）有限公司的官网上免费下载和申请安装序列号。

1. 软件功能

GX Developer 的功能十分强大，它集成了项目管理、程序键入、编译链接、模拟仿真和程序调试等功能，其主要功能如下。

（1）在 GX Developer 中，可通过梯形图、指令表及 SFC 符号来创建 PLC 程序，并建立注释数据及设置寄存器数据。

（2）将创建的 PLC 程序保存为文件，可以通过打印机打印。

（3）创建的 PLC 程序可在串行系统中与 PLC 进行通信、文件传送、操作监控及各种测试功能。

（4）创建的 PLC 程序可脱离 PLC 进行仿真调试。

2. GX Developer 的安装

打开安装目录，先安装环境包（EnvMEL 文件夹）中的"SETUP"，再打开主目录中的"SETUP"，按照逐级提示完成 GX Developer 的安装。

1-5 GX Developer
软件安装

安装时要注意：在选择部件界面不要勾选"监视专用 GX Developer"复选框，安装路径选择全英文路径可以避免一些兼容性问题的出现。

安装结束后，在桌面上建立一个和"GX Developer"相对应的图标，同时在桌面的"开始/程序"中建立一个"MELSOFT 应用程序"→"GX Developer"选项。若需增加模拟仿真功能，则在上述安装结束后，再运行安装 GX Simulator，打开安装文件夹中的"SETUP"，按照逐级提示完成模拟仿真功能的安装。

3. GX Developer 的界面

双击桌面上的"GX Developer"图标，启动 GX Developer，其界面如图 1-35 所示。GX Developer 的界面由项目标题栏、下拉菜单、快捷工具栏、编辑窗口、管理窗口、状态栏等部分组成。在调试模式下，可打开远程运行窗口、数据监视窗口等。

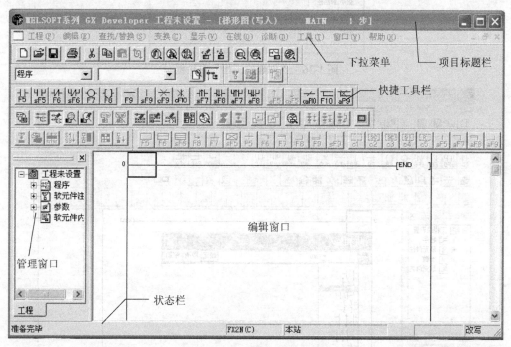

图 1-35 GX Developer 的界面

我们所编写的 PLC 程序在 GX Developer 中被称为工程。

1-6 GX Developer 软件的基本操作

4. GX Developer 工程的创建和调试范例

1）创建新工程

执行"工程"→"创建新工程"命令，或者按"Ctrl+N"组合键，在弹出的"创建新工程"对话框中单击"PLC 类型"下拉列表按钮，如选择"FX2N（C）"选项，然后单击"确定"按钮，如图 1-36 所示。

2）编程操作

（1）梯形图程序的编制。

常用的梯形图的输入方法有以下两种。

一种是图形输入法。在编辑区中双击，弹出"梯形图输入"对话框，单击下拉列表按钮选择图形符号，并单击"确定"按钮，即可在对话框中输入相应的元件符号，如图 1-37 所示。

图 1-36 "创建新工程"对话框

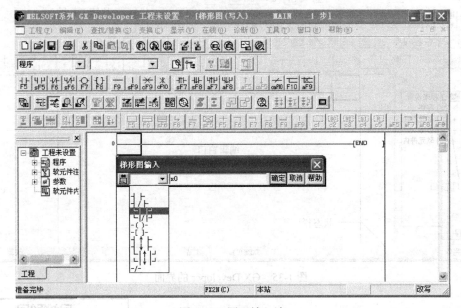

图 1-37 图形输入法

另一种是指令输入法。这种方法可以直接在编辑区中输入指令，因此录入速度较快，比较适合熟练者及程序的初次录入，如图 1-38 所示，注意指令和操作元件之间应有空格。

编辑好的程序在执行"变换"→"变换"命令后或按下"F4"键完成变换后，才能保存。在变换过程中显示梯形图变换信息，如果在没有完成变换的情况下关闭梯形图窗口，新创建的梯形图将不被保存。

（2）指令表编辑程序。

指令表编辑程序是指在"列表输入"对话框中直接输入指令，并以指令的形式显示的编程方式。指令表编辑程序不需要进行变换，就可直接生成梯形图，指令输入如图 1-39 所示。

（3）程序的诊断、写入、读取、运行、监视及调试

1）程序的诊断。

执行"诊断"→"PLC 诊断"命令，弹出"PLC 诊断"对话框，进行程序诊断，如图 1-40 所示。

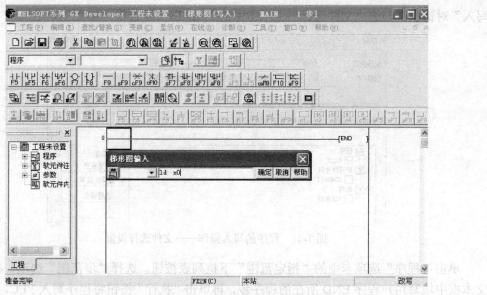

图 1-38　指令输入法

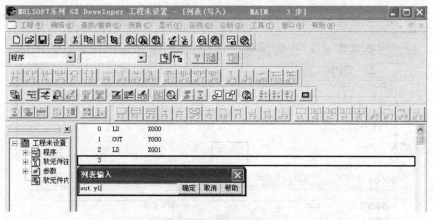

图 1-39　指令输入

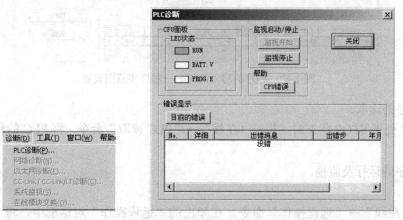

图 1-40　程序的诊断操作

2）程序的写入。

当 PLC 处于 STOP 状态或 RUN 状态时，执行"在线"→"PLC 写入"命令，弹出"PLC

写入"对话框，勾选"文件选择"选项卡中的"MAIN"复选框，如图 1-41 所示。

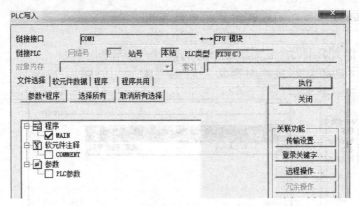

图 1-41　程序的写入操作——文件选择设置

单击"程序"选项卡中的"指定范围"下拉列表按钮，选择"步范围"选项，在"结束"文本框中填写用户程序 END 所在的程序步，再单击"执行"按钮将程序写入 PLC，如图 1-42 所示。

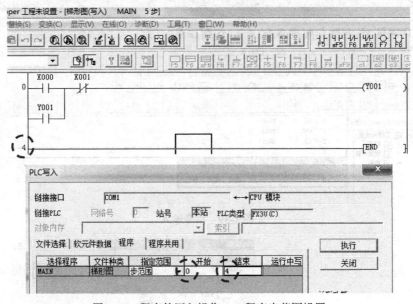

图 1-42　程序的写入操作——程序步范围设置

3）程序的读取。

当 PLC 处于 STOP 状态时，执行"在线"→"PLC 读取"命令，将 PLC 的程序传输到计算机。

4）程序的运行及监视。

①运行。

执行"在线"→"远程操作"命令，在弹出的"远程操作"对话框中，将"PLC"设置为"RUN"，如图 1-43 所示，程序开始运行。

②监视。

在程序运行时，执行"在线"→"监视"命令，如图 1-44 所示，可对 PLC 的运行过程进行监视。结合控制程序，操作有关输入信号，观察输出状态。

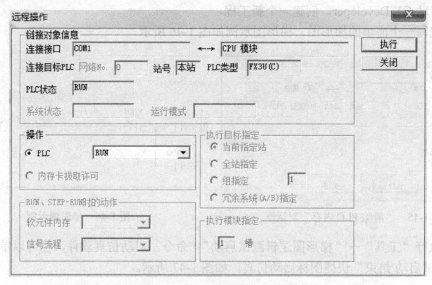

图 1-43 "远程操作"对话框

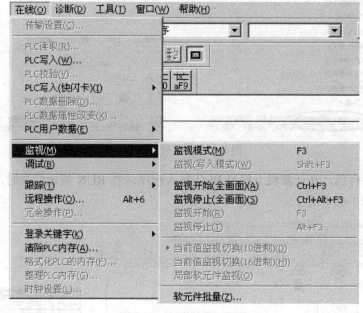

图 1-44 程序的监视操作

5）程序的调试。

程序运行过程中出现的错误有以下两种。

一般错误：运行的结果与设计的要求不一致，需要修改程序。先执行"在线"→"远程操作"命令，在弹出的"远程操作"对话框中将"PLC"设置为"STOP"；再执行"编辑"→"写模式"命令，重新输入正确的程序。

致命错误：PLC 停止运行，PLC 上的 PROG-E 指示灯亮，需要修改程序。先执行"在线"→"清除 PLC 内存"命令，将 PLC 中的错误程序全部清除后，再重新输入正确的程序。"清除 PLC 内存"对话框如图 1-45 所示。

（4）三菱 PLC 仿真软件 GX Simulator 的使用方法

1）启动 GX Developer，创建一个新工程。

2）编写一个简单的梯形图。梯形图示例如图 1-46 所示。

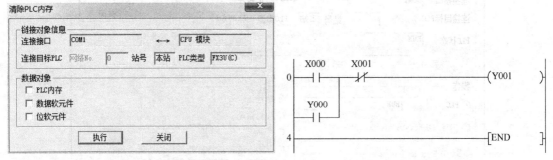

图 1-45　"清除 PLC 内存"对话框　　　　图 1-46　梯形图示例

3）执行"工具"→"梯形图逻辑测试启动"[①]命令，启动仿真软件，也可以单击"梯形图逻辑测试启动/结束"快捷图标启动仿真，如图 1-47 所示。

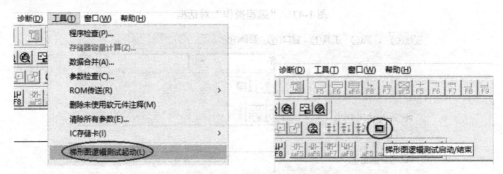

图 1-47　仿真软件启动

启动仿真软件后，在计算机上模拟 PLC 写入程序，当 RUN 指示灯亮时，程序进入模拟运行状态，如图 1-48 所示。

图 1-48　软件处于 RUN 状态

4）继电器内存的监视。

方法一：在如图 1-49（a）所示的面板中，执行"菜单启动"→"继电器内存监视"命令，弹出如图 1-49（b）所示的窗口，执行"软元件"→"位软元件窗口"→"X"/"Y"命令。

---

① 正文中"启动"与图中"起动"不一致，正确形式应为"启动"，因此修改。

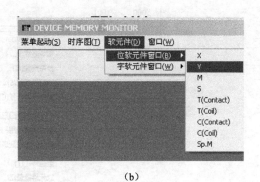

(a)　　　　　　　　　　　　(b)

图 1-49　启动继电器内存监视

双击 X 软元件窗口中的"0000"，则相应梯形图中的输入继电器 X000 导通，输出继电器 Y001 线圈得电，接点 Y001 导通，如图 1-50 所示。

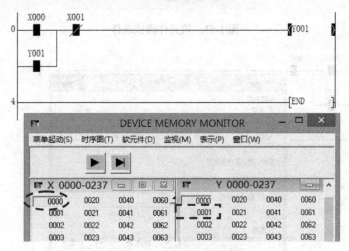

图 1-50　继电器内存监视

此时监视到所有输出继电器的状态，处于 ON 状态的为黄色，处于 OFF 状态的不变色。用同样的方法，可以监视到 PLC 所有软元件的状态，对于位软元件，双击即可强制置 ON，再双击即可强制置 OFF；对于数据寄存器，可以直接置数；对于定时器、计数器也可以修改当前值，因此调试程序非常方便。

方法二：右击编辑窗口的空白处，弹出如图 1-51 所示的快捷菜单，单击"软元件测试"选项，弹出"软元件测试"对话框。

在"软元件测试"对话框中，单击"软元件"下拉列表中的"x0"选项，然后单击"强制 ON/OFF 取反"按钮，如图 1-52 所示，观察编辑窗口梯形图的仿真情况。

5）退出 PLC 仿真运行。

在对程序进行仿真调试时，通常需要对程序进行修改，这时需要退出 PLC 仿真运行，重新对程序进行编辑修改。退出方法：执行"工具"→"梯形图逻辑测试结束"命令，单击"确定"按钮，退出仿真运行，但此时的光标还是蓝块，这表示程序处于监视状态，不能对程序进行编辑，所以需要单击"写入状态"快捷图标，光标变成方框，可以对程序进行编辑，如图 1-53 所示。

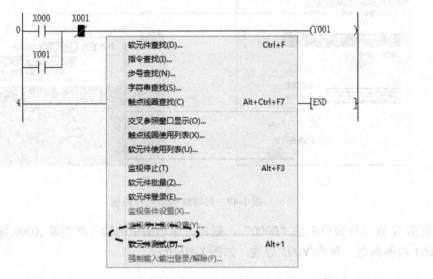

图 1-51　软元件测试选择

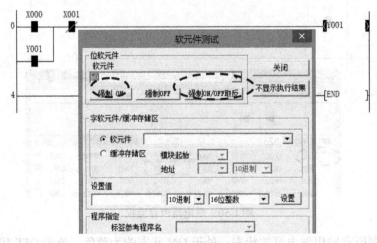

图 1-52　软元件测试设置

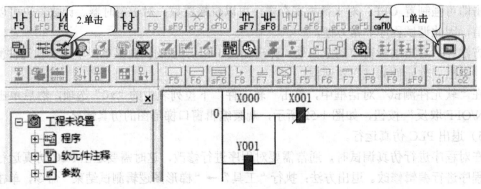

图 1-53　退出 PLC 仿真运行

1.5.2 GX Works2 的使用

GX Works2 是三菱公司推出的应用于三菱 PLC 的综合编程软件,该软件可在 Windows XP 及以上操作系统中运行,用于程序设计、调试及维护。GX Works2 与传统的 GX Developer 相比较,不但在编程功能和操作性能方面有所提高,而且变得更加容易使用。同时,GX Works2 支持的三菱 PLC 系列及类型要比 GX Developer 多,还兼容 GX Developer 编写的程序,可对其进行编辑,而且程序可用 GX Developer 格式保存。GX Works2 支持的三菱 PLC 系列及类型如表 1-8 所示。

表 1-8 GX Works2 支持的三菱 PLC 系列及类型

三菱 PLC 系列	三菱 PLC 类型
QCPU (Q 模式)	基本型 QCPU(Q00J、Q00、Q01)
	高性能型 QCPU(Q02、Q02H、Q06H、Q12H、Q25H)
	通用型 QCPU(Q00UJ、Q00U、Q01U、Q02U、Q03UD、Q03UDE、Q03UDV、Q04UDH、Q04UDEH、Q04UDV、Q06UDH、Q06UDEH、Q06UDV、Q10UDH、Q10UDEH、Q13UDH、Q13UDEH、Q13UDV、Q20UDH、Q20UDEH、Q26UDH、Q26UDEH、Q26UDV、Q50UDEH、Q100UDEH)
	通用型过程 CPU(Q04UDPV、Q06UDPV、Q13UDPV、Q26UDPV)
	远程 I/O(QJ72LP25、QJ72BR15)
	过程 CPU(Q02PH、Q06PH、Q12PH、Q25PH)
	冗余 CPU(Q12PRH、Q25PRH)
LCPU	L02S、L02S-P、L02、L02-P、L06、L06-P、L26、L26-P、L26-BT、L26-PBT、LJ72GF15-T2、LJ72MS15
FXCPU	FX0S、FX0、FX0N、FX1、FX1S、FX1N、FX1NC、FX2、FX2C、FX2N、FX2NC、FX3S、FX3G、FX3GC、FX3U、FX3UC

1. 软件功能

GX Works2 不仅具有 GX Developer 的功能,还具有简单工程和结构化工程两种编程方式,支持梯形图、顺序功能图、结构化文本及结构化梯形图等编程语言,具有程序编辑、参数设定、网络设定、智能功能模块设置、程序监视、调试及在线更改等功能,该软件还支持三菱电动机的工控产品 iQ Platform 综合管理软件 iQ-Works,并且具有系统标签功能,可以实现 PLC 数据与 HMI、运动控制器的数据共享。

2. 系统配置

1)计算机

CPU 虚拟内存可用空间建议在 1GB 以上;GX Works2 在安装时硬盘可用空间建议在 1GB 以上,而其在运行时的虚拟内存可用空间建议在 512MB 以上;显示器的分辨率建议在 1024 像素×768 像素以上。

2)通信接口

通信接口可采用 RS-232 端口、USB 端口或以太网端口。

3)通信电缆

采用 RS-232 端口进行通信时,可通过连接电缆及转换器的组合实现通信,如 F2-232CAB-2 电缆+FX-232AWC 转换器+FX-422CAD0 电缆。而采用 USB 端口进行通信时,可通过连接 FX-USB-AW 或 FX3U-USB-BD+USB 电缆实现通信(适用于 FXCPU)。

3. GX Works2 的安装

运行安装盘中的"SETUP",按照提示完成 GX Works2 的安装。安装

1-7 GX Works2
软件安装

结束后，在桌面上建立一个和"GX Works2"相对应的图标，同时在桌面的"开始/程序"中建立一个"MELSOFT 应用程序"→"GX Works2"选项。

4. GX Works2 的界面

双击桌面上的"GX Works2"图标，启动 GX Works2，其界面如图 1-54 所示。GX Works2 的界面由项目标题栏、下拉菜单、快捷工具栏、编辑窗口、管理窗口等部分组成。在调试模式下，可打开远程运行窗口、数据监视窗口等。

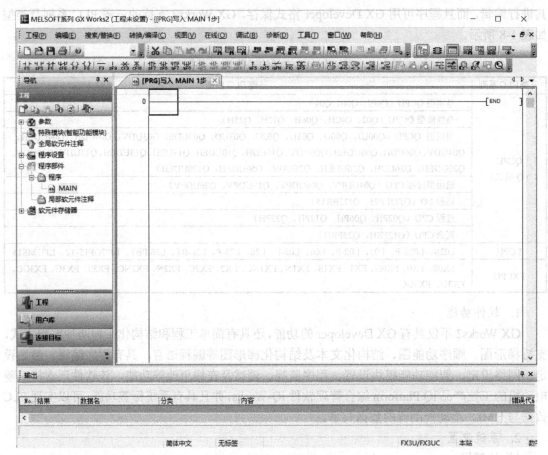

图 1-54　GX Works2 的界面

5. GX Works2 的工程创建和调试范例

（1）创建新工程

执行"工程"→"新建"命令，或者按"Ctrl+N"组合键，在弹出的"新建"对话框（见图 1-55）中选择"机型"，如"FX3U/FX3UC"，然后单击"确定"按钮。

（2）编程操作

1）梯形图程序的编制。

GX Works2 常用的梯形图输入方法与 GX Developer 常用的梯形图输入方法类似，有图形输入法和指令表输入法两种。在编辑区中双击，弹出"梯形图输入"对话框，单击下拉列表按钮选择图形符号，或在对话框中输入相应的元件符号或指令，单击"确定"按钮，如图 1-56 和图 1-57 所示。

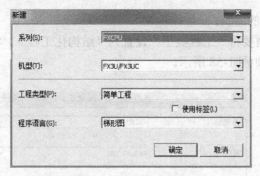

1-9 GX Works2
软件的基本操作

图 1-55 "新建"对话框

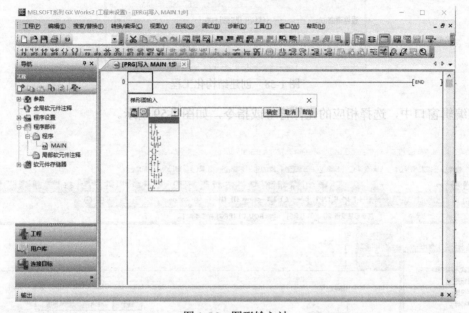

图 1-56 图形输入法

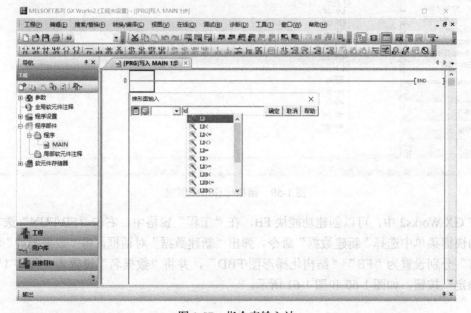

图 1-57 指令表输入法

2）结构化梯形图的编制。

在新建工程时，需要将"工程类型"设置为"结构化工程"，将"程序语言"设置为"结构化梯形图/FBD"，如图 1-58 所示。

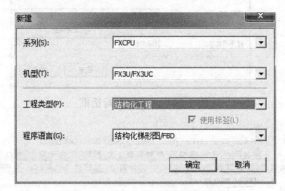

图 1-58　创建结构化工程

在编辑窗口中，选择相应的元件符号或指令，如图 1-59 所示。

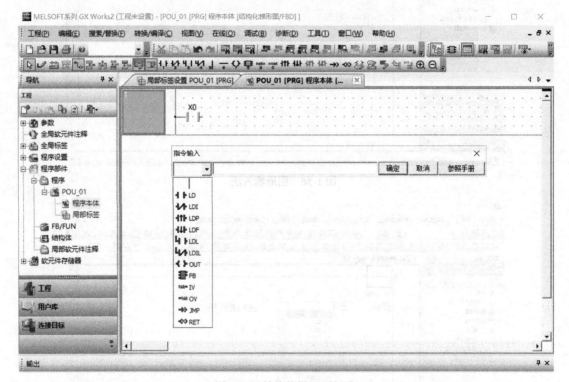

图 1-59　结构化梯形图创建

在 GX Works2 中，可以创建功能块 FB，在"工程"窗格中，右击"FB/FUN"选项，在弹出的快捷菜单中选择"新建数据"命令，弹出"新建数据"对话框，将"数据类型"和"程序语言"分别设置为"FB""结构化梯形图/FBD"，并将"数据名"设置为"程序 1"，单击"确定"按钮，如图 1-60 和图 1-61 所示。

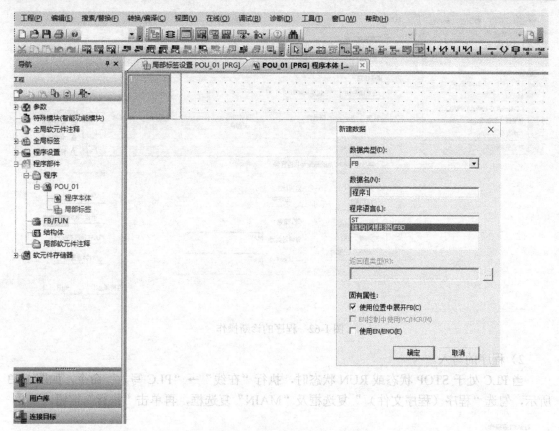

图 1-60 创建功能块 FB（一）

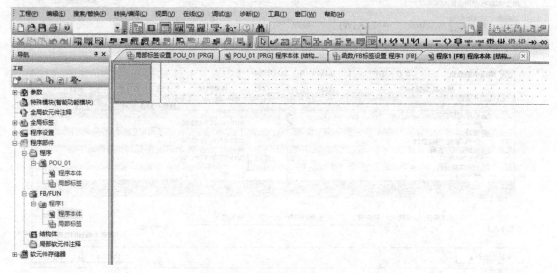

图 1-61 创建功能块 FB（二）

（3）程序的诊断、写入、读取、运行、监视及调试

1）程序的诊断。

执行"诊断"→"PLC 诊断"命令，弹出"PLC 诊断"对话框，进行程序诊断，如图 1-62 所示。

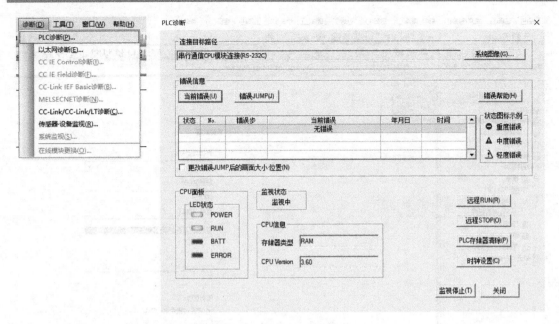

图 1-62　程序的诊断操作

2）程序的写入。

当 PLC 处于 STOP 状态或 RUN 状态时，执行"在线"→"PLC 写入"命令，如图 1-63 所示，勾选"程序（程序文件）"复选框及"MAIN"复选框，再单击"执行"按钮。

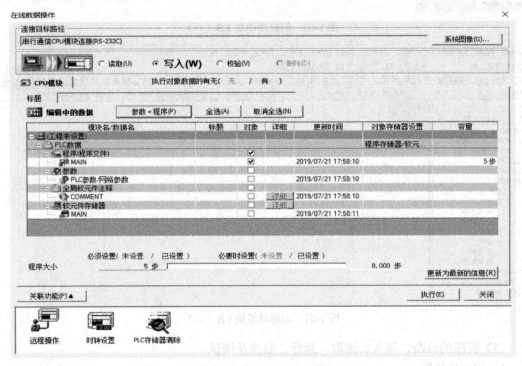

图 1-63　程序的写入操作

3）程序的读取。

当 PLC 处于 STOP 状态时，执行"在线"→"PLC 读取"命令，将 PLC 中的程序发送到计算机。程序的读取操作如图1-64所示。

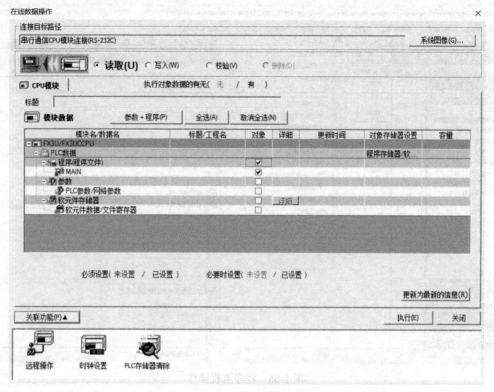

图1-64　程序的读取操作

4）程序的运行及监视。

①运行。

执行"在线"→"远程操作"命令，弹出"远程操作"对话框，单击"RUN"按钮，程序运行，如图1-65所示。

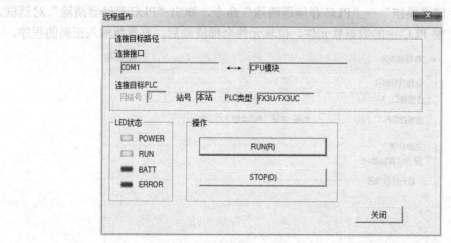

图1-65　程序远程操作

②监视。

在程序运行时，执行"在线"→"监视"命令，如图1-66所示，可对PLC的运行过程进行监视。结合控制程序，操作有关输入信号，观察输出状态。

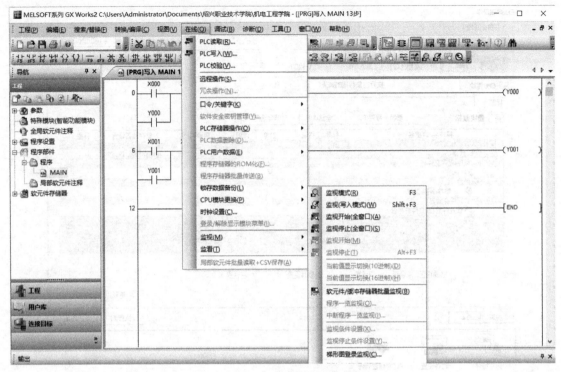

图 1-66   程序监视操作

5）程序的调试。

程序运行过程中出现的错误有以下两种。

一般错误：运行的结果与设计的要求不一致，需要修改程序。先执行"在线"→"远程操作"命令，将 PLC 设为 STOP 模式，再重新输入正确的程序。

致命错误：PLC 停止运行，PLC 上的 ERROR 指示灯亮，需要修改程序。先执行"在线"→"PLC 存储器操作"→"PLC 存储器清除"命令，弹出"PLC 存储器清除"对话框，如图 1-67 所示。将 PLC 中的数据软元件、位软元件全部清除后，再重新输入正确的程序。

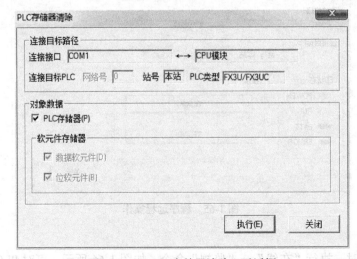

图 1-67   "PLC 存储器清除"对话框

（4）程序仿真的使用方法

GX Works2 具有仿真功能，不用单独安装仿真软件，就可以直接对编写好的程序进行仿真。

1）启动 GX Works2，创建一个新工程。

2）编写一个简单的梯形图。梯形图示例如图 1-68 所示。

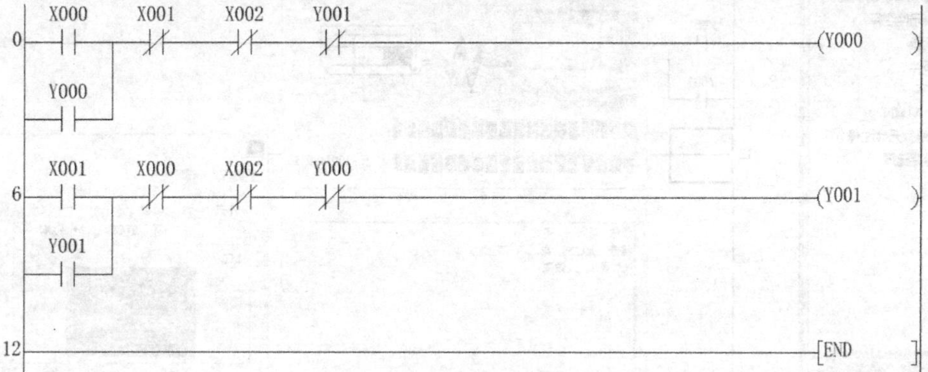

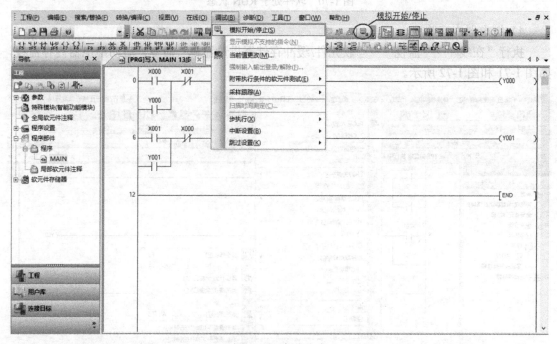

图 1-68 梯形图示例

3）可通过执行"调试"→"模拟开始/停止"命令，启动仿真；也可通过单击"模拟开始/停止"快捷图标启动仿真，如图 1-69 所示。

图 1-69 启动仿真

启动仿真后，在计算机上模拟 PLC 写入程序，当 RUN 指示灯亮起时，程序进入模拟运行状态，如图 1-70 所示。

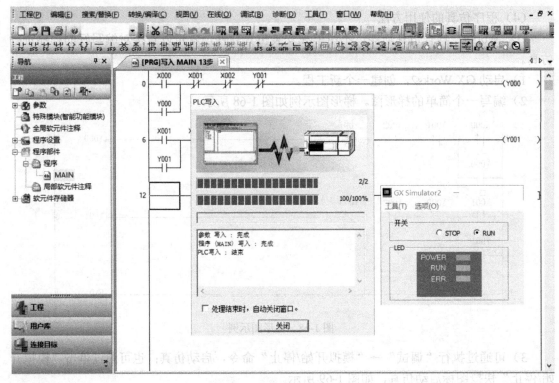

图 1-70　软件处于 RUN 状态

4）继电器内存监视。

执行"在线"→"监视"→"软元件/缓冲存储器批量监视"命令，启动继电器内存监视，如图 1-71 和图 1-72 所示。

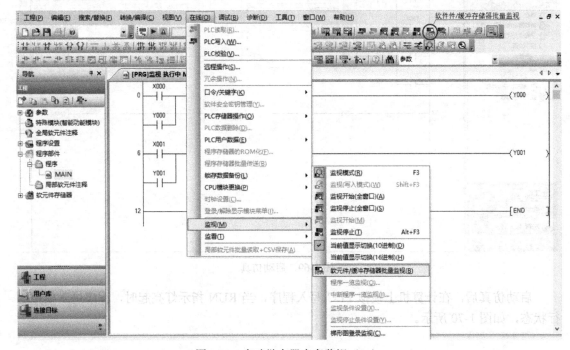

图 1-71　启动继电器内存监视（一）

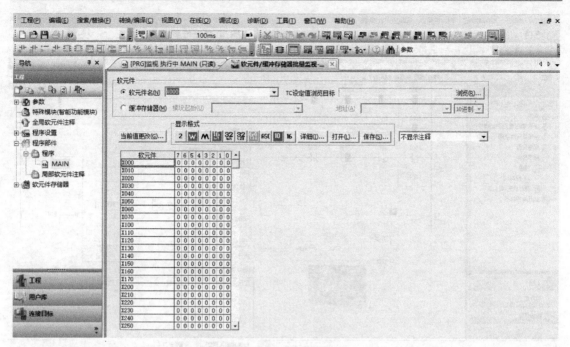

图 1-72　启动继电器内存监视（二）

同时，在仿真中想要改变各软元件的当前值，可以通过执行"调试"→"当前值更改"命令实现，如图 1-73 所示。例如，单击"软元件/标签"下拉列表中的"X0"选项，然后单击"ON"按钮，如图 1-74 所示，那么梯形图中的输入继电器 X000 导通，输出继电器 Y000 线圈得电。

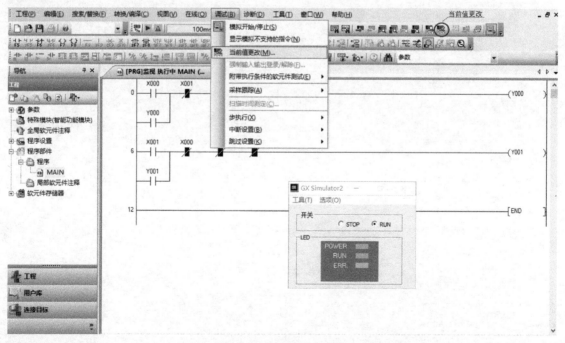

图 1-73　仿真更改当前值

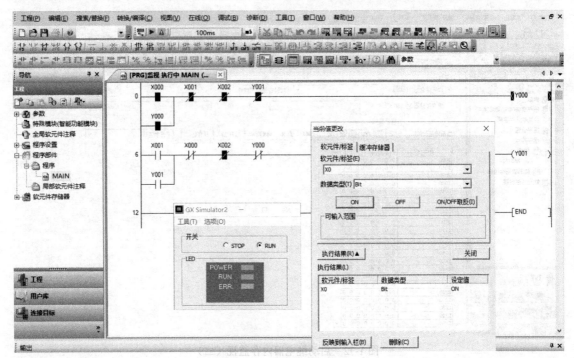

图 1-74　继电器内存监视

5）退出 PLC 仿真运行。

在对程序进行仿真调试时，通常需要对程序进行修改，这时需要退出 PLC 仿真运行，重新对程序进行编辑修改。执行"工具"→"模拟开始/停止"命令，即可退出仿真运行。

习 题 1

一、判断题

1. PLC 是一种数字运算操作的电子系统，是专为在工业环境下应用而设计的。（ ）

2. 在工业控制领域中，最早出现的控制系统为 PLC 系统。（ ）

3. 可编程控制器在最初出现时被称为可编程逻辑控制器（Programmable Logic Controller）。
（ ）

4. PLC 能实现逻辑控制，但不能实现模拟量的控制。（ ）

5. PLC 在硬件和软件两方面都采用了屏蔽、滤波、隔离、故障诊断和自动恢复等措施。
（ ）

6. 晶闸管输出型的 PLC 控制系统的输出回路只能是直流电。（ ）

7. PLC 的继电器输出适应于要求高速通断、快速响应的工作场合。（ ）

8. PLC 输入器件提供的信号分为模拟信号、数字信号和开关信号。（ ）

9. PLC 对电源的要求很高，一般工业电源不符合 PLC 的要求。（ ）

10. 同一厂家的不同型号的 PLC 的输入点数是相同的。（ ）

11. 大型 PLC 一般采用整体式结构。（ ）

12. 目前大多数 PLC 都采用梯形图编程。（ ）

13. 顺序扫描是 PLC 的工作方式。（ ）

14. PLC 扫描周期的长短除了取决于 PLC 的机型，还主要取决于用户程序的长短。
（ ）

15. 在没有外部的信号输入时，PLC 一定处于停止工作状态。（ ）

16. 在使用编程器时，必须先将指令转变成梯形图，使之成为 PLC 能识别的语言。
（ ）

17. PLC 程序的语句表一定可以转换为梯形图和功能块图。（ ）

18. 理论上梯形图中的线圈可以带无数个常开接点及无数个常闭接点。（ ）

19. FX3U-64MR/ES 型 PLC 的输出形式是继电器接点输出形式。（ ）

20. PLC 配置有较强的监控功能，能记忆某些异常情况，或当发生异常情况时自动中止运行。（ ）

21. PLC 晶体管输出的最大优点是适应高频动作，且响应时间短。（ ）

22. PLC 是以并行方式进行工作的。（ ）

23. 电气隔离是在 CPU 与 I/O 回路之间采用的防干扰措施。（ ）

24. PLC 的 I/O 总点数是指某台 PLC 能够输入 PLC 和从 PLC 向外输出的开关量、模拟量的总点数。（ ）

25. 在三菱 FX2N-64MR 中，64 代表 I/O 总点数，可以是 40 路输入、24 路输出。（ ）

26. 输入继电器用于接收外部输入设备的开关信号，因此在梯形图程序中不会出现其线圈和接点。（ ）

27. 常见 PLC 的输入软元件都是八进制的。（ ）

28. PLC 的内部继电器可以直接驱动外部负载。　　　　　　　　　　（　　）

29. PLC 只能由外部信号驱动。　　　　　　　　　　　　　　　　（　　）

30. PLC 的输出继电器接点只能用于驱动外部负载，不可以在程序内使用。（　　）

31. PLC 的输出线圈可以放在梯形图逻辑行中的任意位置。　　　　　（　　）

32. 在梯形图中，输入接点和输出线圈为现场的开关状态，可直接驱动现场的执行元件。
　　　　　　　　　　　　　　　　　　　　　　　　　　　　　（　　）

33. PLC 输出带感性负载，负载断电时会对 PLC 的输出造成浪涌电流的冲击。（　　）

34. 当外部输入信号的变化频率过高时，因信号来不及被处理，将造成信号的丢失。
　　　　　　　　　　　　　　　　　　　　　　　　　　　　　（　　）

二、选择题

1. 可编程控制器是 20 世纪 60 年代末在（　　）首先出现的。
　　（A）美国　　　　　（B）英国　　　　　（C）日本　　　　　（D）德国

2. PLC 控制系统、继电器控制系统、微机控制系统三者相比，下列说法不正确的选项是
（　　）。
　　（A）PLC 控制系统比微机控制系统抗干扰能力强
　　（B）继电器控制系统比 PLC 控制系统环境适应性差
　　（C）PLC 控制系统比继电器控制系统和微机控制系统可靠性差
　　（D）微机控制系统比 PLC 控制系统维护技术难度高

3. 从 PLC 的定义来看，PLC 是一种用（　　）来改变控制功能的工业控制计算机。
　　（A）程序　　　　（B）硬件接线　　　（C）外部电路　　　（D）内部储存器

4. 下列 PLC 产品型号不属于三菱公司的是（　　）。
　　（A）FX 系列　　　（B）Q 系列　　　（C）CPM 系列　　　（D）A 系列

5. 第一台可编程控制器于（　　）面世。
　　（A）1959 年　　　（B）1969 年　　　（C）1971 年　　　（D）1979 年

6. PLC 编程语言中最直观的编程语言是（　　）。
　　（A）梯形图　　　（B）指令语句表　　（C）C 语言　　　（D）BASIC 语言

7. PLC 的基本系统组成需要的模块为（　　）。
　　（A）CPU 模块　　　　　　　　　　　（B）存储器模块
　　（C）电源模块和 I/O 模块　　　　　　（D）以上都要

8. 触摸屏用于实现替代（　　）的功能。
　　（A）传统继电控制系统　　　　　　　（B）PLC 控制系统
　　（C）工控机系统　　　　　　　　　　（D）传统开关按钮型操作面板

9. PLC 的（　　）输出是有接点输出，既可控制交流负载又可控制直流负载。
　　（A）继电器　　　（B）晶闸管　　　（C）单结晶体管　　　（D）二极管

10. PLC 输出形式有继电器输出形式、晶体管输出形式、（　　）输出形式。
　　（A）二极管　　　（B）单结晶体管　　（C）晶闸管　　　（D）发光二极管

11. （　　）输出接口电路的响应时间最长。
　　（A）继电器　　　（B）晶闸管　　　（C）晶体管　　　（D）可控硅

12. 一般而言，FX 系列 PLC 的 AC 输入电源电压范围是（　　）。

（A）DC 24V　　　　　　　　　　　　　（B）AC 86～264V

（C）AC 220～380V　　　　　　　　　　（D）AC 24～220V

13．PLC 按结构分类可分成三种，FX2N 属于（　　）。

（A）模块式　　　　　　　　　　　　（B）整体式固定 I/O 型

（C）整体式扩展型　　　　　　　　　　（D）嵌入式

14．FX3U-32MR 型号的 PLC 的基本单元中输入点数是（　　）。

（A）32 点　　　　（B）16 点　　　　（C）20 点　　　　（D）64 点

15．FX3U-64MR 的"M"是指（　　）。

（A）特殊功能模块　　　　　　　　　　（B）扩展模块

（C）基本单元　　　　　　　　　　　　（D）继电器输出

16．FX2 系列 PLC 输入点数最多可扩展至 X0～X177，共（　　）点。

（A）178　　　　　（B）177　　　　　（C）127　　　　　（D）128

17．FX3U-40MT 的"T"是指（　　）。

（A）继电器输出　　　（B）定时器　　　（C）晶体管输出　　　（D）晶闸管输出

18．PLC 的工作方式是（　　）。

（A）扫描工作方式　　　　　　　　　　（B）循环扫描工作方式

（C）中断工作方式　　　　　　　　　　（D）等待工作方式

19．FX2N 系列 PLC 中唯一能驱动外部负载的软元件是（　　）。

（A）X　　　　　　（B）M　　　　　　（C）T　　　　　　（D）Y

20．FX3U 系列 PLC 面板上的 RPOG-E 指示灯闪烁说明（　　）。

（A）设备正常运行　　　　　　　　　　（B）忘记设置定时器或计数器常数

（C）程序错误　　　　　　　　　　　　（D）在通电状态下进行存储卡盒的装卸

21．PLC 的内部辅助继电器是（　　）。

（A）内部软件变量，非实际对象，可多次使用

（B）内部微型电器

（C）一种内部输入继电器

（D）一种内部输出继电器

22．PLC 的特殊辅助继电器指的是（　　）。

（A）提供具有特定功能的内部继电器　　（B）断电保护继电器

（C）内部定时器和计数器　　　　　　　（D）内部状态指示继电器和计数器

23．下面无法由 PLC 的软元件代替的是（　　）。

（A）热保护继电器　　　　　　　　　　（B）定时器

（C）中间继电器　　　　　　　　　　　（D）计数器

24．在编程时，PLC 的内部接点（　　）。

（A）可作常开接点使用，但只能使用一次

（B）可作常闭接点使用，但只能使用一次

（C）可作常开接点和常闭接点反复使用，无限制

（D）只能使用一次

模块二　基本指令的应用

任务一　电动机点动与长动控制

任务单 2-1

任务名称	电动机点动与长动控制

一、任务目标

1. 掌握 LD、LDI、AND、ANI、OR、ORI、OUT、END 指令的使用方法；
2. 掌握 X、Y、M 等软元件的使用方法；
3. 掌握梯形图、指令表的编程特点及规则；
4. 掌握电动机点动与长动的 PLC 控制系统的电气原理图和外部接线图的绘制；
5. 掌握电动机点动与长动的 PLC 控制系统的编程方法、硬件接线及软/硬件调试。

二、任务描述

图 2-1 为电动机点动与长动控制的主电路，SB1 为长动启动按钮，SB2 为长动停止按钮，SB3 为点动按钮。

长动运行：当按下长动启动按钮 SB1 时，电动机启动运行，松开长动启动按钮 SB1，电动机仍保持运行状态；当按下长动停止按钮 SB2 时，电动机停止运行。

点动运行：当按下点动按钮 SB3 时，电动机运行，当松开点动按钮 SB3 时，电动机停止运行。

请用 PLC 对电动机点动与长动进行控制。

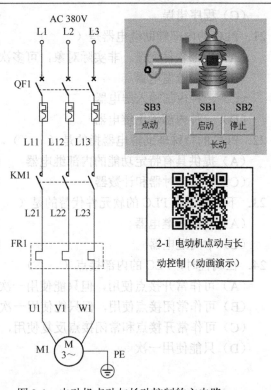

2-1 电动机点动与长动控制（动画演示）

图 2-1　电动机点动与长动控制的主电路

任务名称	电动机点动与长动控制

三、任务实施

1. 认真阅读任务描述，明确所需完成的任务要求；

2. 通过网上搜索等方式查找资料，掌握相关知识点；

3. 学生根据任务制订计划，由组长组织讨论，做出决策并实施；

4. 计划实施结束后进行自我评价、教师评价；

5. 对所完成的任务进行归纳总结，并完成任务报告。

四、任务报告

1. 列出 PLC 的 I/O 地址分配表；

2. 绘制 PLC 的 I/O 接线示意图；

3. 编写 PLC 控制程序；

4. 写入程序并接线调试，总结在实训操作过程中出现的问题。

案例演示——电动机自锁控制

1. 任务描述

图 2-2 为电动机自锁传统控制电路图，SB1 为长动启动按钮，SB2 为长动停止按钮。按下长动启动按钮 SB1，接触器 KM1 线圈得电，接触器 KM1 的常开主触头和常开辅助触头闭合，电动机启动连续运行；按下长动停止按钮 SB2，接触器 KM1 线圈失电，接触器 KM1 的常开主触头和常开辅助触头断开，电动机停止转动。请用 PLC 对电动机进行自锁控制。

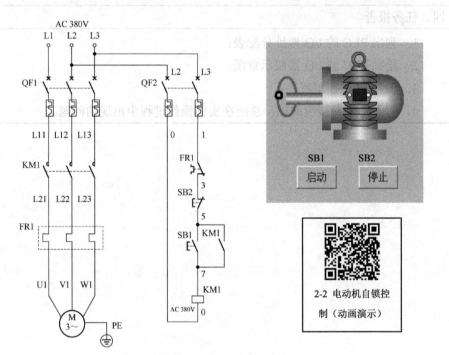

图 2-2　电动机自锁传统控制电路图

2. 任务实施

（1）根据任务分析，确定 PLC 的 I/O 地址分配，并填写现场元件信号对照表，如表 2-1 所示。

表 2-1　现场元件信号对照表

PLC 输入信号				PLC 输出信号			
代号	名称	功能	PLC 端子号	代号	名称	功能	PLC 端子号
FR1	热继电器	过载保护	X0	KM1	接触器	控制电动机的启停	Y0
SB1	按钮	启动	X1				
SB2	按钮	停止	X2				

（2）绘制电动机自锁控制主电路和 PLC 控制电路图，如图 2-3 所示，并进行系统接线。电动机自锁 PLC 控制实物接线示意图如图 2-4 所示。

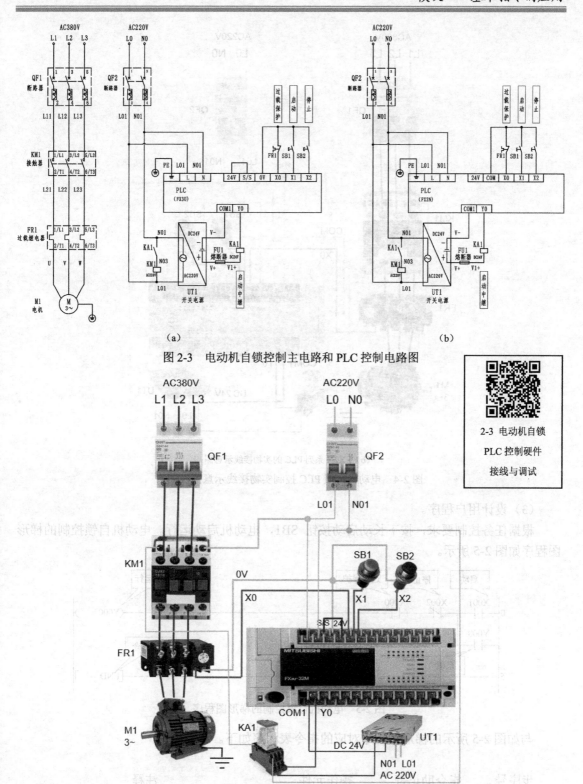

（a）　　　　　　　　　　　　　　　　（b）

图 2-3　电动机自锁控制主电路和 PLC 控制电路图

2-3 电动机自锁
PLC 控制硬件
接线与调试

（a）FX3U 系列 PLC 的实物接线示意图

图 2-4　电动机自锁 PLC 控制实物接线示意图

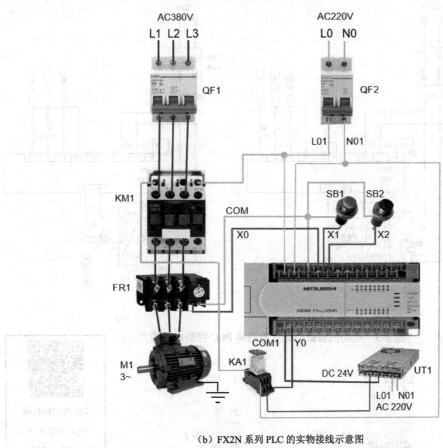

（b）FX2N 系列 PLC 的实物接线示意图

图 2-4　电动机自锁 PLC 控制实物接线示意图（续）

（3）设计用户程序。

根据任务控制要求，按下长动启动按钮 SB1，电动机启动运行。电动机自锁控制的梯形图程序如图 2-5 所示。

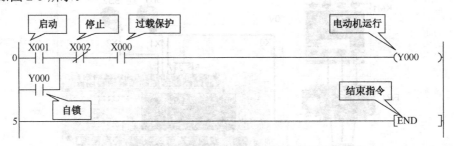

图 2-5　电动机自锁控制的梯形图程序

与如图 2-5 所示的梯形图程序对应的指令表程序如下。

步序号	指令助记符	操作元件	注释
0	LD	X001	LD 为取指令，单个常开接点与母线连接
1	OR	Y000	OR 为或指令，并联单个常开接点
2	ANI	X002	ANI 为与非指令，串联单个常闭接点

3	AND	X000	AND 为与指令，串联单个常开接点
4	OUT	Y000	OUT 为线圈输出指令
5	END		END 为结束指令

（4）输入程序。

通过编程软件 GX Developer 或 GX Works2 在微机上编写梯形图程序，并将程序写入 PLC。

（5）系统调试。

将 PLC 主机上的运行开关拨至"RUN"位置，运行程序。在系统调试时，应打开 GX 软件上的"监视"模式，结合控制程序，操作有关按钮输入信号，并观察其输出状态。

图 2-6 为电动机自锁 PLC 控制系统信号传递过程示意图，PLC 的输入接点 X0（热继电器 FR1）和输入接点 X2（停止按钮 SB2）的状态信号传入 PLC，即 X2 常闭接点导通、X0 常开接点闭合；当手动按下长动启动按钮 SB1 时，该按钮信号通过 PLC 的输入接点 X1（长动启动按钮 SB1）传入 PLC，触发输出继电器 Y0 线圈得电，Y0（接触器 KM1）自锁接点闭合，并通过 PLC 的 Y0 输出接口电路输出信号，驱动接触器 KM1 线圈得电吸合，接触器 KM1 的主触头闭合，电动机通电运行。

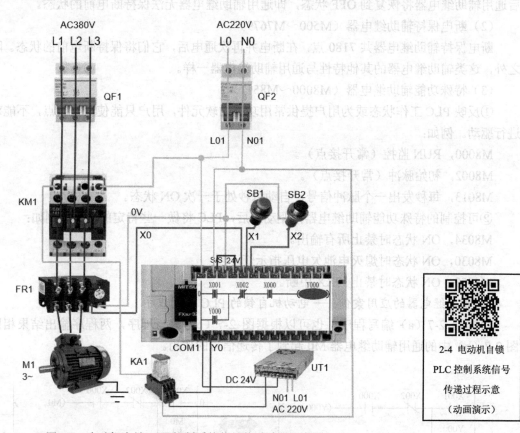

2-4 电动机自锁 PLC 控制系统信号传递过程示意（动画演示）

图 2-6　电动机自锁 PLC 控制系统信号传递过程示意图

知识链接 2-1

2.1 辅助继电器、接点指令和梯形图的编程规则

2.1.1 辅助继电器

在 PLC 中有很多辅助继电器。辅助继电器的线圈与输出继电器的线圈一样，由 PLC 中的各软元件的接点驱动。辅助继电器的软接点使用次数不限，可以在 PLC 中自由使用。但是，这些接点不能直接驱动外部负载，外部负载的驱动必须由输出继电器执行。在逻辑运算中经常需要采用中间继电器进行辅助运算。内部辅助继电器中还有一类特殊的辅助继电器，它有许多特殊功能，如定时时钟、进/借位标志、通信状态、出错标志等。

1. FX3U 系列 PLC 的辅助继电器按照其功能分类

（1）通用辅助继电器（M0～M499）。

通用辅助继电器共 500 点，若条件满足被触发，则处于 ON 状态，但在断电并再次通电后通用辅助继电器将恢复到 OFF 状态，即通用辅助继电器无法保持断电前的状态。

（2）断电保持辅助继电器（M500～M7679）。

断电保持辅助继电器共 7180 点，在断电并再次通电后，它们将保持断电前的状态。除此之外，这类辅助继电器的其他特性与通用辅助继电器一样。

（3）特殊功能辅助继电器（M8000～M8511）。

①反映 PLC 工作状态或为用户提供常用功能的软元件，用户只能使用其接点，不能对其进行驱动。例如：

M8000，RUN 监控（常开接点）。

M8002，初始脉冲（常开接点）。

M8013，每秒发出一个脉冲信号，自动每秒处于一次 ON 状态。

②可控制的特殊功能辅助继电器，驱动之后，PLC 将做一些特定的操作。例如：

M8034，ON 状态时禁止所有输出。

M8030，ON 状态时熄灭电池欠电压指示灯。

M8050，ON 状态时禁止 I0XX 中断。

2. 辅助继电器的应用案例——电动机自锁的 PLC 控制程序

根据图 2-7（a）编写程序，也可以根据图 2-7（b）编写程序，两程序输出结果相同，图 2-7（b）中的通用辅助继电器 M0 起到了传递信号的作用。

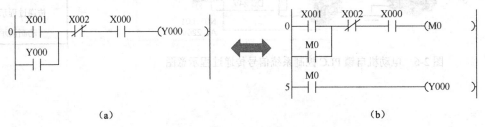

（a）　　　　　　　　　　　　　　　　　　　　（b）

图 2-7　电动机自锁 PLC 控制的等效梯形图程序

2.1.2　单个接点指令和输出线圈驱动指令

1. 逻辑取与输出线圈驱动指令

LD（取）：常开接点与母线连接指令。

LDI（取反）：常闭接点与母线连接指令。

OUT（输出）：线圈驱动指令。

逻辑取与输出线圈驱动指令如表 2-2 所示，指令说明如下。

表 2-2　逻辑取与输出线圈驱动指令

指令名称	指令功能	操作码	操作数	梯形图及指令
取	常开接点与母线连接	LD	X、Y、M、S、T、C	
取反	常闭接点与母线连接	LDI		
输出	线圈驱动	OUT	Y、M、S、T、C	

（1）LD 指令和 LDI 指令用于使接点与母线相连。这些指令与 ANB 指令和 ORB 指令配合，可以作为分支起点指令。目标元件为 X、Y、M、T、C、S。

（2）OUT 指令用于驱动输出继电器、辅助继电器、定时器、计数器、状态器，但是不能用于驱动输入继电器。目标元件为 Y、M、T、C、S。

（3）OUT 指令可以并行输出，相当于线圈并联。需要注意的是，输出线圈不能串联使用。

（4）在对定时器、计数器使用 OUT 指令后，须设置参数（常数或指定数据寄存器的地址）。

2. 接点串联指令

AND（与）：常开接点串联指令。

ANI（与非）：常闭接点串联指令。

接点串联指令如表 2-3 所示，指令说明如下。

（1）AND 指令和 ANI 指令用于使单个接点串联，串联接点的数量不限，该指令的使用次数不限。

（2）目标元件为 X、Y、M、T、C、S。

表 2-3　接点串联指令

指令名称	指令功能	操作码	操作数	梯形图及指令
与	常开接点串联连接	AND	X、Y、M、S、T、C	
与非	常闭接点串联连接	ANI		

3. 接点并联指令

OR（或）：常开接点并联指令。

ORI（或非）：常闭接点并联指令。

接点并接指令如表 2-4 所示，指令说明如下。

（1）OR 指令和 ORI 指令引起的并联是从 OR 指令和 ORI 指令一直并联到前面最近的 LD

指令和 LDI 指令上的，并联的接点数量不受限制。目标元件为 X、Y、M、S、T、C。

（2）OR 指令和 ORI 指令只能用于单个接点并联连接，若要将两个以上接点串联而成的电路块并联，则要用到 ORB 指令。

表 2-4　接点并联指令

指令名称	指令功能	操作码	操作数	梯形图及指令
或	常开接点并联连接	OR	X、Y、M、S、T、C	LD X000 / ORI X001 / OR Y000 / OUT Y000 / END
或非	常闭接点并联连接	ORI		

2.1.3　空操作与程序结束指令

NOP（空操作）：空一条指令（或删除一条指令）。

END（结束）：程序结束指令。

在程序调用过程中，恰当地使用 NOP 指令和 END 指令会给用户带来很大方便。

空操作与程序结束指令如表 2-5 所示，指令说明如下。

（1）在程序中加入 NOP 指令，可以预留存储地址而不进行任何操作，其作用是在变更程序或增加指令时，使步号变更较少。

（2）END 指令用于结束程序，PLC 执行用户程序的顺序是先从第一条开始执行到 END 指令，然后循环扫描。END 表示程序结束。在调试程序时，可以将 END 指令暂时插在各段程序之后，然后分段调试，在调试成功后删除插入的 END 指令即可。

表 2-5　空操作与程序结束指令

指令名称	指令功能	操作码	操作数	梯形图
空操作	空操作	NOP	无	无
结束	程序结束，返回程序开头	END		─[END]─

2.1.4　梯形图的编程规则

梯形图从上到下按行编写，每一行按从左到右的顺序编写。PLC 将按从上到下、从左到右的顺序执行程序。梯形图左侧的竖直线为起始母线（左母线），右侧的竖直线为终止母线（右母线）。PLC 梯形图编程应该遵循以下基本原则。

1. 同一编号的接点使用次数无限制

输入继电器、输出继电器、定时器、计数器等元件的接点可多次重复使用，无须用复杂的程序结构来减少接点的使用次数。

2. 线圈右边无接点，线圈左边需接点

梯形图每一行都是从左母线开始的，线圈接在最右边，接点不能接在线圈的右边，线圈不能直接与左母线相连。接点与线圈的位置如图 2-8 所示。

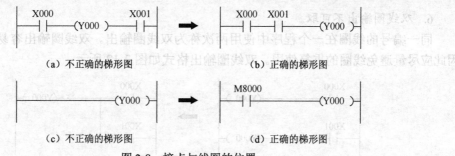

图 2-8　接点与线圈的位置

3. 线圈只能并联，不能串联

两个或两个以上的线圈可以并联输出，但不能串联输出。多线圈格式如图 2-9 所示。

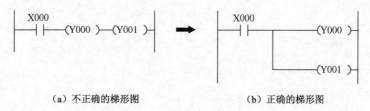

图 2-9　多线圈格式

4. 接点多上，并左

串联多的电路尽量放在上面，并联多的电路尽量靠近左母线。按这样规则编制的梯形图可减少用户程序的步数，缩短扫描周期。多接点格式如图 2-10 所示。

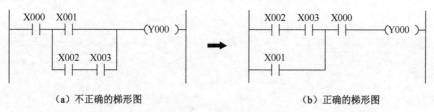

图 2-10　多接点格式

5. 梯形图程序必须符合顺序执行的原则

梯形图必须按从左到右、从上到下的顺序执行程序，如不符合顺序执行的电路，那么就不能直接编程。桥式回路格式如图 2-11 所示。

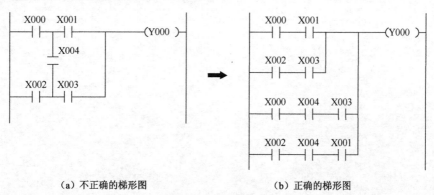

图 2-11　桥式回路格式

6. 双线圈输出不可取

同一编号的线圈在一个程序中使用两次称为双线圈输出。双线圈输出容易引起误操作，因此应尽量避免线圈的重复使用。双线圈输出格式如图 2-12 所示。

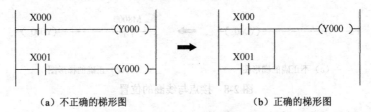

（a）不正确的梯形图　　　　　　　　　（b）正确的梯形图

图 2-12　双线圈输出格式

任务二 三台电动机顺序启动控制

任务单 2-2

任务名称	三台电动机顺序启动控制

一、任务目标

1. 掌握软元件 T、K、M 的使用方法;

2. 掌握 SET 指令、RST 指令的使用方法;

3. 掌握电动机顺序启动的 PLC 控制系统的电气原理图和外部接线图的绘制。

二、任务描述

某搅拌系统有三台电动机,分别是 M1、M2、M3,三台电动机顺序启动控制主电路图如图 2-13 所示。控制要求:按下启动按钮,电动机 M1 立即启动,运行 5s 后,电动机 M2 启动,再继续运行 5s 后,电动机 M3 启动。按下停止按钮,电动机全部停止运行。请用 PLC 对该搅拌系统的三台电动机进行顺序启动控制。

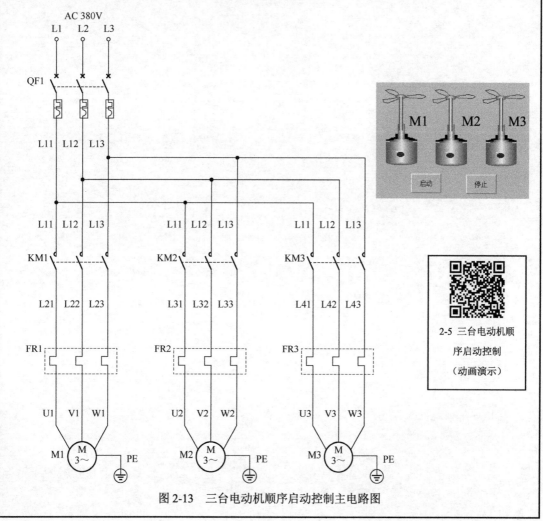

2-5 三台电动机顺序启动控制(动画演示)

图 2-13 三台电动机顺序启动控制主电路图

三、任务实施
1. 认真阅读任务描述，明确所需完成的任务要求；
2. 通过网上搜索等方式查找资料，掌握相关知识点；
3. 学生根据工作任务制订计划，由组长组织讨论，做出决策并实施；
4. 计划实施结束后进行自我评价、教师评价；
5. 对所完成的任务进行归纳总结，并完成任务报告。

四、任务报告
1. 列出 PLC 的 I/O 地址分配表；
2. 绘制 PLC 的 I/O 接线示意图；
3. 编写 PLC 控制程序；
4. 写入程序并接线调试，总结在实训操作过程中出现的问题。

案例演示——电动机延时控制

1. 任务描述

图 2-14 为电动机延时控制电路图，按下启动按钮 SB1，中间继电器 KA1 和时间继电器 KT1 导通，中间继电器 KA1 辅助接点闭合自锁，时间继电器 KT1 计时开始，5s 后，时间继电器 KT1 延时接点导通，接触器 KM1 线圈得电，接触器 KM1 主触头吸合，电动机通电转动；按下停止按钮 SB2，电动机停止转动。请用 PLC 对电动机进行延时控制。

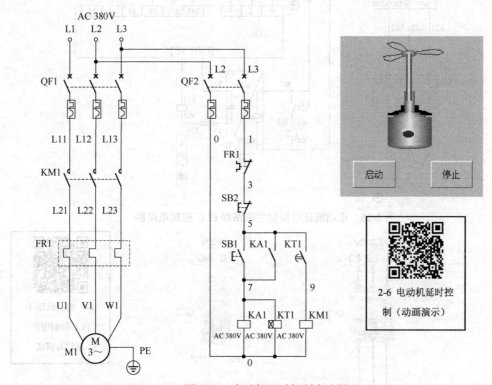

图 2-14　电动机延时控制电路图

2-6 电动机延时控制（动画演示）

2. 任务实施

（1）根据任务分析，确定 PLC 的 I/O 地址分配，填写现场元件信号对照表，如表 2-6 所示。

表 2-6　现场元件信号对照表

PLC 输入信号				PLC 输出信号			
代号	名称	功能	PLC 端子号	代号	名称	功能	PLC 端子号
FR1	热继电器	过载保护	X0	KM1	接触器	控制电动机启停	Y0
SB1	按钮	启动	X1				
SB2	按钮	停止	X2				

（2）绘制电动机延时控制主电路和 PLC 控制电路图，如图 2-15 所示，并进行系统接线。电动机延时 PLC 控制实物接线图如图 2-16 所示。

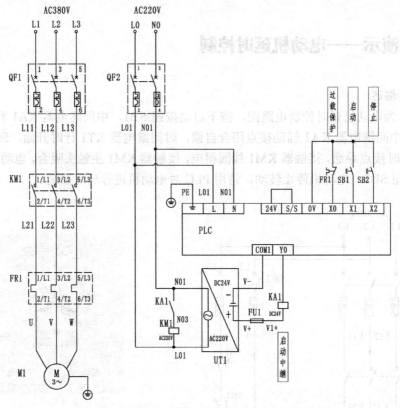

图 2-15　电动机延时控制主电路和 PLC 控制电路图

图 2-16　电动机延时 PLC 控制实物接线图

2-7 电动机延时 PLC 控制硬件接线与调试

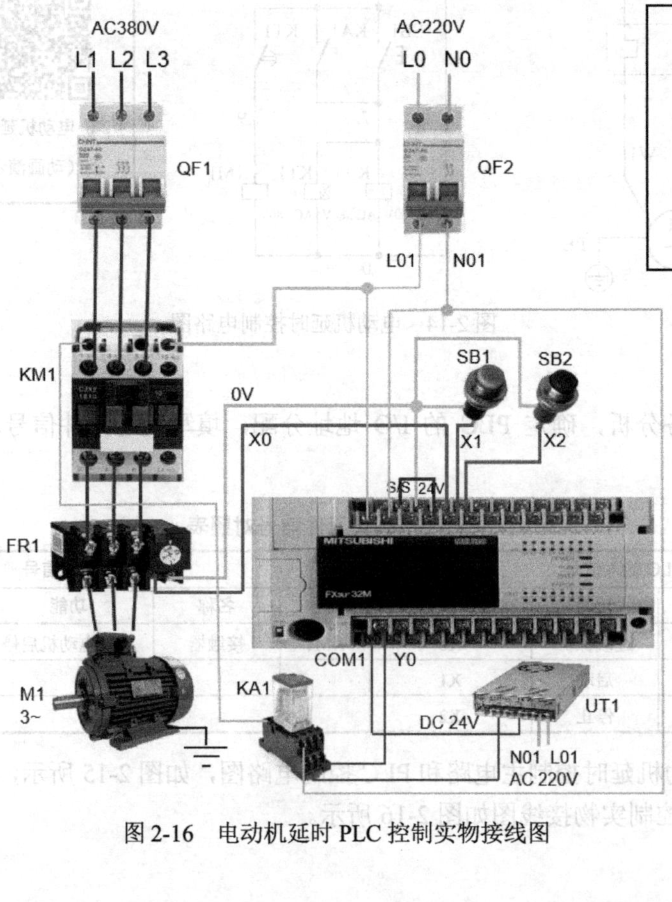

（3）设计用户程序。

方案一：采用典型的启停延时控制程序实现电动机延时控制，其梯形图程序如图 2-17 所示。

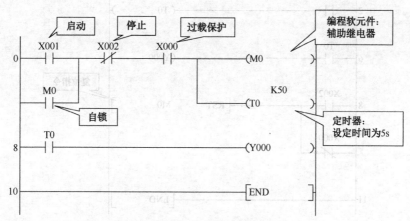

图 2-17　电动机延时控制的梯形图程序（方案一）

与梯形图程序对应的指令表程序如下。

步序号	指令助记符	操作元件	注释
0	LD	X001	
1	OR	M0	
2	ANI	X002	
3	AND	X000	
4	OUT	M0	OUT 为线圈输出指令，M0 为辅助继电器
5	OUT	T0　K50	T0 为定时器，T0 的时钟脉冲周期为 0.1s，设定时间为 5s
8	LD	T0	当 T0 线圈计时到 5s 时，T0 常开接点闭合
9	OUT	Y0	
10	END		

方案二：采用 SET 指令、RST 指令实现电动机延时控制，其梯形图程序如图 2-18 所示。
与梯形图程序对应的指令表程序如下。

步序号	指令助记符	操作元件	注释
0	LD	X001	
1	SET	M0	SET 为置位指令
2	LD	M0	
3	OUT	T0 K50	定时器 T0 采用的时钟脉冲周期为 0.1s，设定时间为 5s
6	LD	T0	当 T0 线圈计时到 5s 时，T0 常开接点闭合
7	OUT	Y000	
8	LD	X002	
9	ORI	X000	
10	RST	M0	RST 为复位指令
11	END		

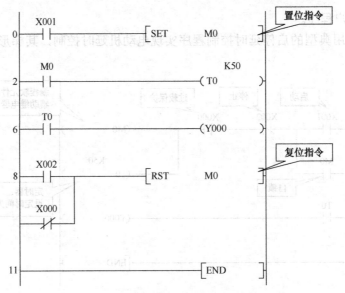

图 2-18　电动机延时控制的梯形图程序（方案二）

（4）输入程序。

通过编程软件 GX Developer 或 GX Works2 在微机上编写梯形图程序，并将程序写入 PLC。

（5）系统调试。

结合控制要求，操作有关输入信号，并观察其输出状态。

知识链接 2-2

2.2　定时器、置位与复位指令及典型程序

2.2.1　定时器

1. 定时器

定时器的作用相当于通电延时的时间继电器，它由一个设定值寄存器、一个当前值寄存器和一个用来存储其输出接点的映像寄存器（一个二进制位）组成，这三个量使用同一地址编号。当定时器的使用场合不一样时，意义也就不同。

FX3U 系列 PLC 定时器可分为通用定时器和积算定时器两种。定时器的时钟脉冲周期有 100ms、10ms、1ms 三种。

（1）通用定时器（T0～T245、T256～T511）。

通用定时器不具有断电保持功能，即当输入电路断开或停电时定时器复位。通用定时器的时钟脉冲周期有 100ms、10ms、1ms 三种。通用定时器示例如图 2-19 所示。

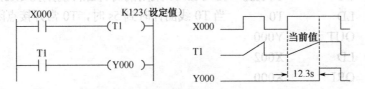

图 2-19　通用定时器示例

（1）T0~T199：200 个点，100ms，设定范围为 0.1~3276.7s。

T200~T245：46 个点，10ms，设定范围为 0.01~327.67s。

T256~T511：256 个点，1ms，设定范围为 0.001~32.767s。

（2）积算定时器（T246~T255）。

积算定时器具有计数累积功能，即当输入电路断开或停电时，积算定时器将保持当前的计数值（当前值），在通电或定时器线圈状态为 ON 后继续累积，即其当前值具有保持功能，只有将积算定时器复位，当前值才变为 0。

T246~T249：4 个点，1ms，设定范围为 0.001~32.767s。

T250~T255：6 个点，100ms，设定范围为 0.1~3276.7s。

积算定时器示例如图 2-20 所示。

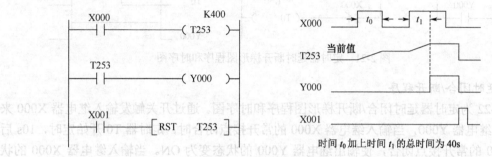

图 2-20　积算定时器示例

2. 常数（K、H）

常数在 PLC 的存储器中占有一定的空间，一般用于定时器、计数器的设定值或数据操作，最常用的有十进制和十六进制两种形式。

（1）K：表示十进制数，如 K23 表示十进制数 23。

（2）H：表示十六进制数，如 H64 表示十六进制数 64，对应十进制数 100。

2.2.2　置位与复位指令

SET（置位）：置位指令。

RST（复位）：复位指令。

SET 指令和 RST 指令分别用于元件 Y、S 和 M 等的置位和复位，还可在用户程序的任何地方对某个状态或事件设置标志或清除标志。置位与复位指令如表 2-7 所示。置位与复位指令说明如下。

表 2-7　置位与复位指令

指令名称	指令功能	操作码	操作数	梯形图及指令	时序图
置位	动作保持	SET	Y、M、S	X000 ├─┤ ┤─[SET Y000]　LD X000　SET Y000　X001 ├─┤ ┤─[RST Y000]　LD X001　RST Y000	X000 / X001 / Y000
复位	解除保持的动作，清除当前值及寄存器	RST	Y、M、S、T、C、D、V、Z		

（1）SET 指令具有动作保持功能，RST 指令具有解除保持动作功能。

（2）RST 指令的目标元件，除与 SET 指令相同的 Y、M、S 外，还有 T、C、D、V、Z。

2.2.3 定时器的程序

1. 延时断开程序

图 2-21 为定时器延时断开梯形图程序和时序图。当拨动开关将输入继电器 X000 导通时，输出继电器 Y000 导通；当输入继电器 X000 断开时，输出继电器 Y000 过 5s 后断开。

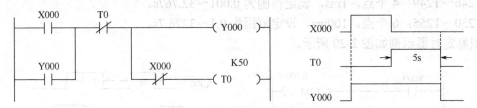

图 2-21　定时器延时断开梯形图程序和时序图

2. 延时闭合/断开程序

图 2-22 为定时器延时闭合/断开梯形图程序和时序图。通过开关触发输入继电器 X000 来控制输出继电器 Y000，当输入继电器 X000 的常开接点闭合时，定时器 T0 开始定时，10s 后定时器 T0 的常开接点闭合，使输出继电器 Y000 的状态变为 ON。当输入继电器 X000 的状态为 ON 时，其常闭接点断开，使定时器 T1 复位；当输入继电器 X000 的状态变为 OFF 时，定时器 T1 开始定时，5s 后定时器 T1 的常闭接点断开，使输出继电器 Y000 的状态变为 OFF，定时器 T1 也被复位。

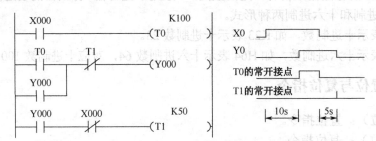

图 2-22　定时器延时闭合/断开梯形图程序和时序图

3. 定时范围扩展程序

FX3U 系列 PLC 单个定时器的最长定时时间为 3276.7s，如果需要更长的定时时间，可以采用以下方法。

（1）多个定时器组合程序。

图 2-23 为多个定时器组合梯形图程序和时序图。当开关触发输入继电器 X000 导通时，定时器 T0 线圈得电并开始延时，当延时到设定的时间 30s 时，定时器 T0 常开接点闭合，从而使定时器 T1 线圈得电并开始延时，当定时器 T1 计时结束时，定时器 T1 常开接点闭合，使定时器 T2 线圈得电并开始延时，当定时器 T2 计时结束时，定时器 T2 常开接点闭合，输出继电器 Y000 导通。从开关触发输入继电器 X000 导通到输出继电器 Y000 导通共计延时 90s。

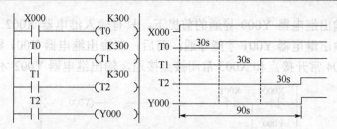

图 2-23　多个定时器组合梯形图程序和时序图

（2）定时器和计数器组合程序。

图 2-24 为定时器和计数器组合梯形图程序和时序图。当输入继电器 X000 的状态为 ON 时，定时器 T0 开始定时，30s 后定时器 T0 的常闭接点断开，此时定时器 T0 复位且当前值变为 0，同时定时器 T0 再次定时开始，这样定时器 T0 将循环工作，产生一系列脉冲信号，脉冲周期等于定时器 T0 的设定值，直至输入继电器 X000 的状态变为 OFF，定时器 T0 才停止工作。程序第一行是产生的脉冲列传送到计数器 C1 的计数（计数器的相关知识详见灯闪烁相关知识链接），当计数器 C1 的当前值等于设定值 3 时，计数器 C1 常开接点闭合，输出继电器 Y000 导通，同时，当输入继电器 X000 的状态为 OFF 时，计数器 C1 复位且当前值变为 0。

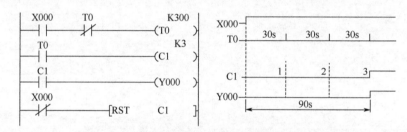

图 2-24　定时器和计数器组合梯形图程序和时序图

2.2.4　启动、保持和停止控制程序

输出继电器 Y000 的启动、保持和停止控制的等效梯形图程序如图 2-25 所示。这两种梯形图程序均能实现启动、保持和停止的功能。输入继电器 X000 为启动信号，输入继电器 X001 为停止信号。如图 2-25（a）所示的程序是利用输出继电器 Y000 常开接点实现自锁保持的，而如图 2-25（b）所示的程序是利用 SET 指令、RST 指令实现自锁保持的。

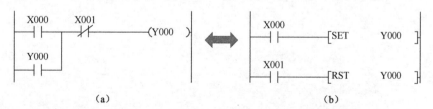

图 2-25　输出继电器 Y000 的启动、保持和停止控制的等效梯形图程序

2.2.5　顺序启动控制程序

图 2-26 为顺序启动控制的梯形图程序。输入继电器 X000、X002、X004 分别对应启动按钮 SB0、SB2、SB4，输入继电器 X001、X003、X005 分别对应停止按钮 SB1、SB3、SB5。首先，当输入继电器 X000 常开接点和输入继电器 X001 常闭接点接通时，输出继电器 Y000

导通；接着，在输出继电器 Y000 导通的前提下，只有输入继电器 X002 常开接点和 X003 常闭接点接通，输出继电器 Y001 才能导通；而后，在输出继电器 Y001 导通的前提下，只有输入继电器 X004 常开接点和 X005 常闭接点接通，输出继电器 Y002 才能导通。

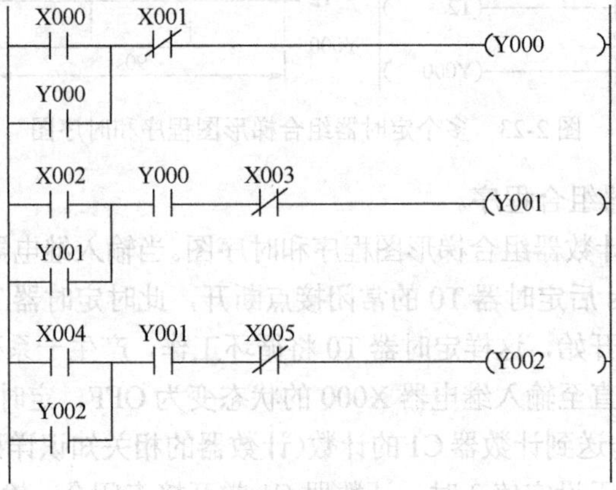

图 2-26　顺序启动控制的梯形图程序

任务三 电动机 Y/△ 启动及正反转控制

任务单 2-3

任务名称	电动机 Y/△ 启动及正反转控制

一、任务目标

1. 掌握 MPS 指令、MRD 指令、MPP 指令的使用方法;
2. 掌握自锁、互锁控制的方法;
3. 掌握电动机 Y/△ 控制的方法;
4. 掌握电动机 Y/△ 启动及正反转的 PLC 控制系统的电气原理图和外部接线图的绘制;
5. 掌握电动机 Y/△ 启动及正反转的 PLC 控制系统的编程方法、硬件接线及软/硬件调试。

二、任务描述

图 2-27 为电动机 Y/△ 启动及正反转控制主电路。当按下正转启动或反转启动按钮时,电动机正转或反转启动(接触器 KM1 或 KM2 主触头闭合),并运行在 Y 形接法(低速运行,接触器 KMY 主触头闭合),5s 后接触器 KMY 断开,电动机运行在 △ 形接法(全速运行,接触器 KM△ 主触头闭合)。

当按下停止按钮时,电动机停止转动。

请用 PLC 对该电动机进行 Y/△ 启动及正反转控制。

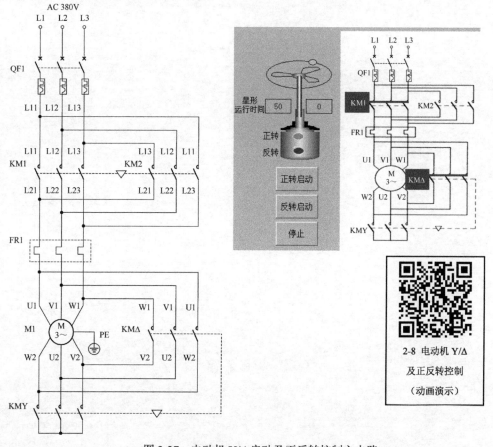

2-8 电动机 Y/△ 及正反转控制(动画演示)

图 2-27 电动机 Y/△ 启动及正反转控制主电路

任务名称	电动机 Y/Δ 启动及正反转控制

三、任务实施

1. 认真阅读任务描述，明确所需完成的任务要求；
2. 通过网上搜索等方式查找资料，掌握相关知识点；
3. 学生根据任务制订计划，由组长组织讨论，做出决策并实施；
4. 计划实施结束后进行自我评价、教师评价；
5. 对所完成的任务进行归纳总结并完成任务报告。

四、任务报告

1. 列出 PLC 的 I/O 地址分配表；
2. 绘制 PLC 的 I/O 接线示意图；
3. 编写 PLC 控制程序；
4. 写入程序并接线调试，总结在实训操作过程中出现的问题。

案例演示——电动机正反转控制

1. 任务描述

图 2-28 为电动机正反转传统控制电路图。SB1 为正转启动按钮，SB2 为反转启动按钮，SB3 为停止按钮。当按下正转启动按钮 SB1 时，电动机正转启动；当按下反转启动按钮 SB2 时，电动机反转启动；当按下停止按钮 SB3 时，电动机停止转动。请用 PLC 对电动机进行正反转控制。

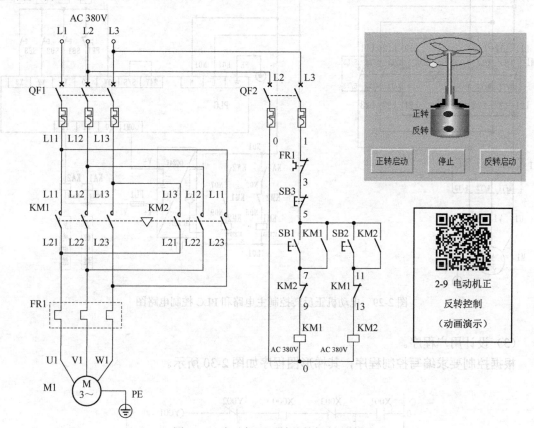

图 2-28 电动机正反转传统控制电路图

2. 任务实施

（1）根据任务分析，确定 PLC 的 I/O 地址分配，填写现场元件信号对照表，如表 2-8 所示。

表 2-8 现场元件信号对照表

PLC 输入信号				PLC 输出信号			
代号	名称	功能	PLC 端子号	代号	名称	功能	PLC 端子号
FR1	热继电器	过载保护	X0	KM1	接触器	电动机正转	Y1
SB1	按钮	正转启动	X1	KM2	接触器	电动机反转	Y2
SB2	按钮	反转启动	X2				
SB3	按钮	停止	X3				

（2）绘制电动机正反转控制主电路和 PLC 控制电路图，如图 2-29 所示，并进行系统接线。

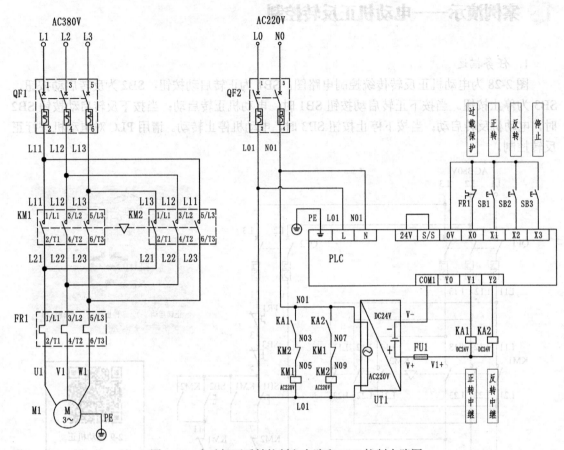

图 2-29　电动机正反转控制主电路和 PLC 控制电路图

（3）设计用户程序。

根据控制要求编写控制程序，其梯形图程序如图 2-30 所示。

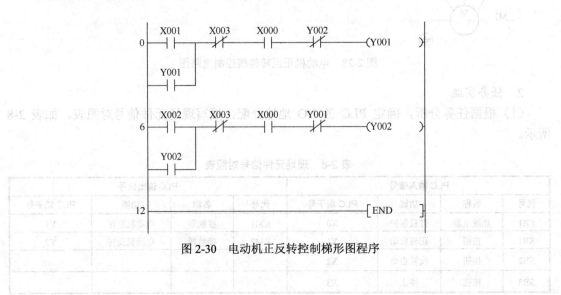

图 2-30　电动机正反转控制梯形图程序

与梯形图程序对应的指令表程序如下。

步序号	指令助记符	操作元件	注释
0	LD	X001	
1	OR	Y001	
2	ANI	X003	
3	AND	X000	
4	ANI	Y002	反转互锁接点
5	OUT	Y001	
6	LD	X002	
7	OR	Y002	
8	ANI	X003	
9	AND	X000	
10	ANI	Y001	正转互锁接点
11	OUT	Y002	
12	END		

（4）输入程序。

通过编程软件 GX Developer 或 GX Works2 在微机上编写梯形图程序，并将程序写入 PLC。

（5）系统调试。

结合控制要求，操作有关输入信号，并观察其输出状态。

案例演示——电动机 Y/Δ 启动控制

1. 任务描述

图 2-31 为电动机 Y/Δ 启动传统控制电路图。SB1 为启动按钮，SB2 为停止按钮，定时器 KT 的设定时间为 5s。按下启动按钮 SB1，接触器 KM1、接触器 KMY、定时器 KT 线圈得电，电动机 Y 形启动，定时器 KT 计时 5s 后，接触器 KMY、定时器 KT 线圈失电，接触器 KMΔ 线圈得电，电动机为 Δ 形运行状态；按下停止按钮 SB2，电动机停止转动。请用 PLC 对电动机进行 Y/Δ 启动控制。

2. 任务实施

（1）根据任务分析，确定 PLC 的 I/O 分配地址，填写现场元件信号对照表，如表 2-9 所示。

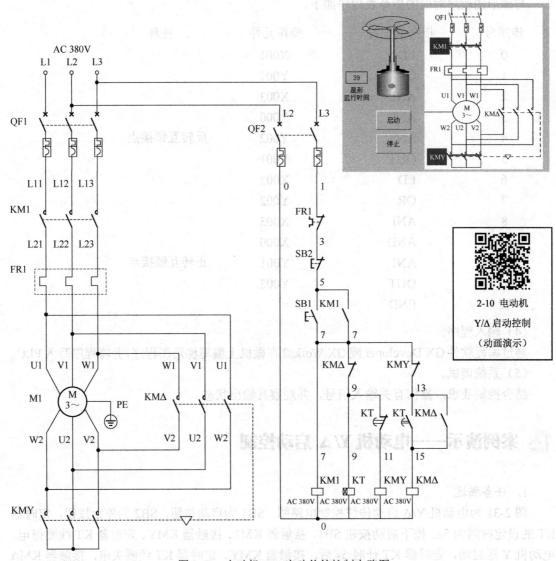

图 2-31　电动机 Y/Δ 启动传统控制电路图

表 2-9　现场元件信号对照表

PLC 输入信号				PLC 输出信号			
代号	名称	功能	PLC 端子号	代号	名称	功能	PLC 端子号
FR1	热继电器	过载保护	X0	KM1	接触器	通断电源	Y0
SB1	按钮	启动	X1	KMY	接触器	Y 形启动	Y1
SB2	按钮	停止	X2	KMΔ	接触器	Δ 形运行	Y2

（2）绘制电动机 Y/Δ 启动控制主电路和 PLC 控制电路图，如图 2-32 所示，并进行系统接线。

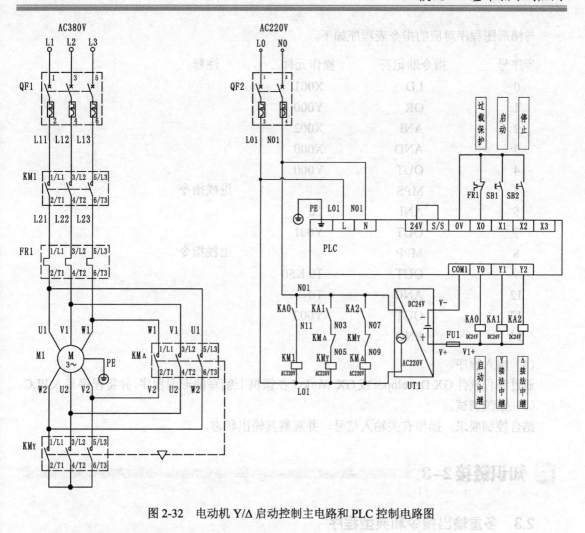

图 2-32　电动机 Y/△ 启动控制主电路和 PLC 控制电路图

（3）设计用户程序。

根据控制要求编写控制程序，其梯形图程序如图 2-33 所示。

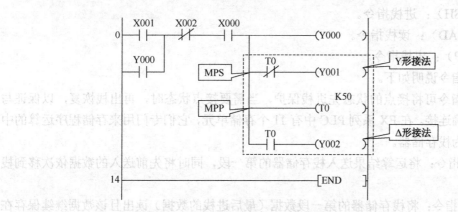

图 2-33　电动机 Y/△ 启动控制的梯形图程序

与梯形图程序对应的指令表程序如下。

步序号	指令助记符	操作元件	注释
0	LD	X001	
1	OR	Y000	
2	ANI	X002	
3	AND	X000	
4	OUT	Y000	
5	MPS		进栈指令
6	ANI	T0	
7	OUT	Y001	
8	MPP		出栈指令
9	OUT	T0 K50	
12	AND	T0	
13	OUT	Y002	
14	END		

（4）输入程序。

通过编程软件 GX Developer 或 GX Works2 在微机上编写梯形图程序，并将程序写入 PLC。

（5）系统调试。

结合控制要求，操作有关输入信号，并观察其输出状态。

 知识链接 2-3

2.3 多重输出指令和典型程序

2.3.1 多重输出指令

MPS（PUSH）：进栈指令。

MRD（READ）：读栈指令。

MPP（POP）：出栈指令。

多重输出指令说明如下。

（1）这组指令可将接点的状态先进栈保护，当需要接点状态时，再出栈恢复，以保证与后面的电路正确连接。在 FX 系列 PLC 中有 11 个存储单元，它们专门用来存储程序运算的中间结果，被称为栈存储器。

（2）MPS 指令：将运算结果送入栈存储器的第一段，同时将先前送入的数据依次移到栈的下一段。

（3）MRD 指令：将栈存储器的第一段数据（最后进栈的数据）读出且该数据继续保存在栈存储器的第一段，栈内的数据不发生移动。

（4）MPP 指令：将栈存储器的第一段数据（最后进栈的数据）读出且该数据从栈中消失，同时将栈中其他数据依次上移。

（5）MPS 指令和 MPP 指令应配对使用，连续使用次数小于或等于 11。

多重输出指令如表 2-10 所示。

表 2-10 多重输出指令

指令名称	指令功能	操作码	操作数	梯形图及指令	
进栈指令	进栈	MPS		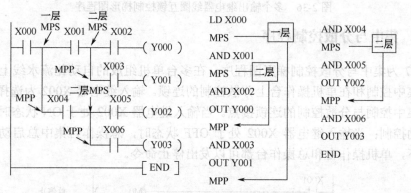	0 LD X000 1 MPS 2 AND X001 3 OUT Y001 4 MRD
读栈指令	读栈	MRD	无		5 AND X002 6 OUT Y002 7 MPP
出栈指令	出栈	MPP			8 AND X003 9 OUT Y003

MPS 指令、MPP 指令的用法如图 2-34 所示。

图 2-34 MPS 指令、MPP 指令的用法

2.3.2 多地控制程序

图 2-35 为两地控制一个输出继电器线圈的梯形图程序，其中，输入继电器 X000 和输入继电器 X001 分别对应一个地方的启动控制按钮和停止控制按钮，输入继电器 X002 和输入继电器 X003 分别对应另一个地方的启动控制按钮和停止控制按钮。

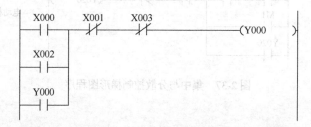

图 2-35 两地控制一个输出继电器线圈的梯形图程序

2.3.3 互锁控制程序

图 2-36 为多个输出继电器线圈互锁控制梯形图程序，其中，输入继电器 X000、输入继

电器 X001 和输入继电器 X002 分别对应三个启动按钮,输入继电器 X003 对应停止按钮。由于输出继电器 Y000、输出继电器 Y001、输出继电器 Y002 每次只能有一个导通,所以将输出继电器 Y000、输出继电器 Y001、输出继电器 Y002 的常闭接点分别串联到其他两个线圈的控制电路,进行互锁控制。

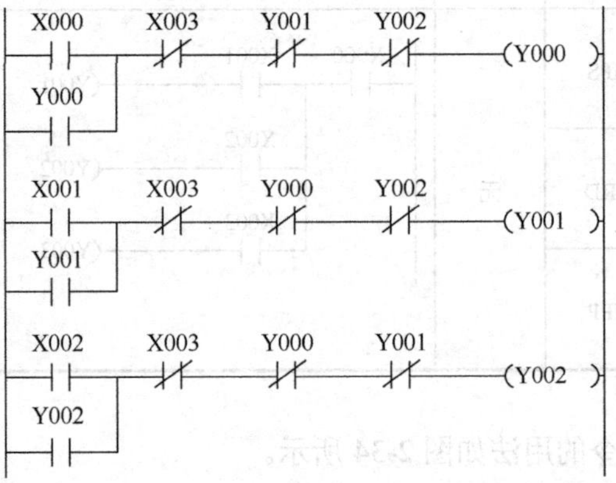

图 2-36　多个输出继电器线圈互锁控制梯形图程序

2.3.4　集中与分散控制程序

图 2-37 为集中与分散控制梯形图程序。在多台单机组成的自动化流水线上,有在总操作台上的集中控制和在单机操作台上分散控制的连锁。输入继电器 X002 为选择开关,以其接点作为集中控制与分散控制的连锁接点。当输入继电器 X002 处于 ON 状态时,单机操作台分散启动控制;当输入继电器 X002 处于 OFF 状态时,总操作台集中总启动控制。在这两种情况下,单机操作台和总操作台都可以发出停止命令。

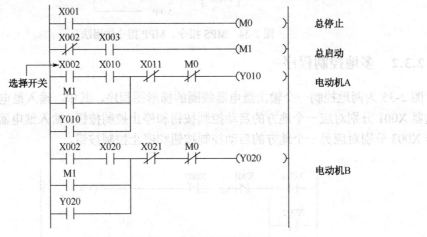

图 2-37　集中与分散控制梯形图程序

任务四 五人抢答器控制系统

任务单 2-4

任务名称	五人抢答器控制系统

一、任务目标

1. 掌握 ANB 指令、ORB 指令的使用方法；
2. 掌握 MC 指令、MCR 指令的使用方法；
3. 掌握软元件 N 的使用；
4. 掌握五人抢答器 PLC 控制系统的电气原理图和外部接线图的绘制；
5. 掌握五人抢答器 PLC 控制系统的编程方法、硬件接线及软/硬件调试。

二、任务描述

请用 PLC 设计一个五人抢答器控制系统，五人抢答器控制系统示意图如图 2-38 所示。竞赛者若要回答主持人所提问题时，则必须先按下桌上的抢答按钮。

（1）若抢答成功，则抢答者桌前的绿色指示灯亮。

（2）只有竞赛者在主持人合上开关 10s 之内抢先按下抢答按钮，抢答才有效；如果在主持人合上开关 10s 之内无人抢答，则有声音警示，同时红色指示灯亮，表示竞赛者放弃该题。

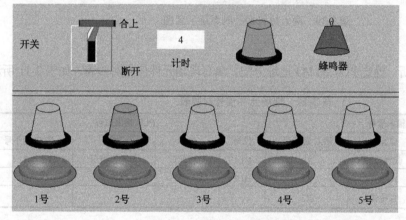

2-11 五人抢答器
控制系统
（动画演示）

图 2-38 五人抢答器控制系统示意图

三、任务实施

1. 认真阅读任务描述，明确所需完成的任务要求；
2. 通过网上搜索等方式查找资料，掌握相关知识点；
3. 学生根据任务制订计划，由组长组织讨论，做出决策并实施；
4. 计划实施结束后进行自我评价、教师评价；
5. 对所完成的任务进行归纳总结并完成任务报告。

四、任务报告

1. 列出 PLC 的 I/O 地址分配表；
2. 绘制 PLC 的 I/O 接线示意图；
3. 编写 PLC 控制程序；
4. 写入程序并接线调试，总结在实训操作过程中出现的问题。

案例演示——两人抢答器控制系统

1. 任务描述

请用 PLC 设计一个两人抢答器控制系统，两人抢答控制系统示意图如图 2-39 所示。

A、B 两人进行抢答，两人桌前各有一个抢答按钮 SB1、SB2 和对应的抢答指示灯 HL1、HL2，先抢为有效，当裁判合上开关 SA1 时，抢答开始，当断开 SA1 时，抢答结束。

2-12 两人抢答器
控制系统
（动画演示）

图 2-39　两人抢答器控制系统示意图

2. 任务实施

（1）根据任务分析，确定 PLC 的 I/O 地址分配，填写现场元件信号对照表，如表 2-11 所示。

表 2-11　现场元件信号对照表

PLC 输入信号				PLC 输出信号			
代号	名称	功能	PLC 端子号	代号	名称	功能	PLC 端子号
SA1	开关	裁判开关	X0	HL1	指示灯	A 抢答指示	Y1
SB1	按钮	A 抢答	X1	HL2	指示灯	B 抢答指示	Y2
SB2	按钮	B 抢答	X2				

（2）绘制 PLC 的 I/O 接线示意图，如图 2-40 所示，并进行系统接线。

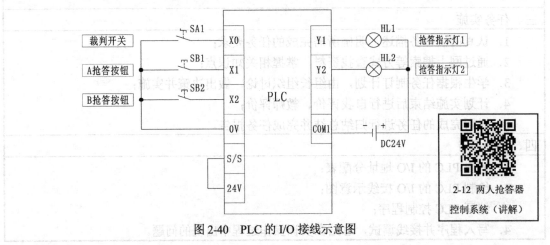

2-12 两人抢答器
控制系统（讲解）

图 2-40　PLC 的 I/O 接线示意图

（3）设计用户程序。

方案一：利用典型的启停程序实现两人抢答器控制，其梯形图程序如图 2-41 所示。

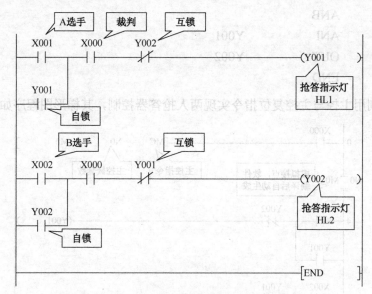

图 2-41 两人抢答器控制的梯形图程序（方案一）

方案二：利用栈指令实现两人抢答器控制，其梯形图程序如图 2-42 所示。

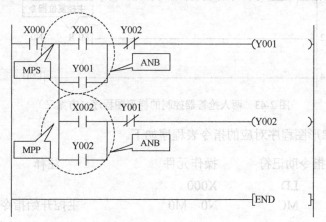

图 2-42 两人抢答器控制的梯形图程序（方案二）

与图 2-42 的梯形图程序对应的指令表程序如下。

步序号	指令助记符	操作元件	注释
0	LD	X000	
1	MPS		进栈指令
2	LD	X001	
3	OR	Y001	
4	ANB		回路块与指令
5	ANI	Y002	
6	OUT	Y001	
7	MPP		出栈指令

8	LD	X002
9	OR	Y002
10	ANB	
11	ANI	Y001
12	OUT	Y002
13	END	

方案三：利用主控与主控复位指令实现两人抢答器控制，其梯形图程序如图 2-43 所示。

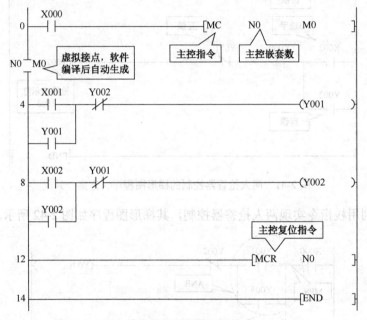

图 2-43　两人抢答器控制的梯形图程序（方案三）

与图 2-43 的梯形图程序对应的指令表程序如下。

步序号	指令助记符	操作元件	注释
0	LD	X000	
1	MC	N0 M0	主控开始指令
4	LD	X001	
5	OR	Y001	
6	ANI	Y002	
7	OUT	Y001	
8	LD	X002	
9	OR	Y002	
10	ANI	Y001	
11	OUT	Y002	
12	MCR	N0	主控复位指令
14	END		

（4）输入程序。

通过编程软件 GX Developer 或 GX Works2 在微机上编写梯形图程序，并将程序写入 PLC。

（5）系统调试。

结合控制要求，操作有关输入信号，并观察其输出状态。

知识链接2-4

2.4 回路块指令、主控与主控复位指令

2.4.1 回路块指令

1. 回路块或指令

ORB（回路块或）：将两个或两个以上串联块并联连接的指令。

串联块：两个以上接点串联的回路。

串联块并联，支路始端用 LD 指令和 LDI 指令，终端用 ORB 指令。

（1）ORB 指令无操作数，其后不跟任何元件编号。

（2）在多重并联电路中，ORB 指令可以集中使用；在一条线上 LD 指令和 LDI 指令使用次数要小于或等于 8。

2. 回路块与指令

ANB（回路块与）：将并联回路块的始端与前一个回路串联连接的指令。

并联块：两个以上接点并联的回路。

并联块串联，支路始端用 LD 指令和 LDI 指令，终端用 ANB 指令。

（1）ANB 指令无操作数，其后不跟任何元件编号。

（2）ANB 指令可以集中起来使用，在一条线上 LD 指令和 LDI 指令重复使用次数要小于或等于 8。

回路块指令如表2-12所示。

表 2-12 回路块指令

指令名称	指令功能	操作码	操作数	梯形图及指令
回路块或	回路块间并联连接	ORB	无	X000 X001 —(Y000) / X002 X003 ORB → LD X000 / AND X001 / LD X002 / AND X003 / ORB / OUT Y000
回路块与	回路块间串联连接	ANB		X001 X003 —(Y001) / X002 X004 ANB → LD X001 / OR X002 / LD X003 / OR X004 / ANB / OUT Y001

ANB 指令、ORB 指令的用法如图 2-44 所示。

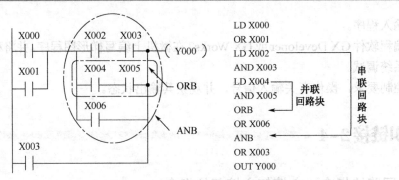

图 2-44 ANB 指令、ORB 指令的用法

在首次出现的两并联块后应加一个 ANB 指令，此后每出现一个并联块，就要加一个 ANB 指令。在前一并联块结束时，应用 LD 指令或 LDI 指令开始后一并联块。

2.4.2 主控与主控复位指令

MC（主控）：公共串联接点的连接指令（公共串联接点另起新母线）。

MCR（主控复位）：MC 指令的复位指令。

这两个指令分别设置主控电路块的起点和终点。

主控与主控复位指令说明如下。

（1）如表 2-13 中的梯形图所示，当输入继电器 X000 导通时，执行 MC 指令与 MCR 指令之间的指令。当输入继电器 X000 断开时，被夹在 MC 指令与 MCR 指令间的元件所处状态如下：计数器、累计定时器和用 SET 或 RST 指令驱动的元件会保持当前的状态，非累计定时器及用 OUT 指令驱动的元件会处于断开状态。

（2）在执行 MC 指令后，母线（LD 或 LDI 指令）移至 MC 接点，若要返回原母线，则使用 MCR 指令。MC 指令和 MCR 指令必须成对使用。

（3）MC 指令可嵌套使用，即在 MC 指令内可以再使用 MC 指令，此时嵌套级的编号就顺次由小增大。使用 MCR 指令逐级返回时，嵌套级的编号则顺次由大减小。嵌套最多不要超过 8 级（N7）。

表 2-13 主控与主控复位指令

指令 名称	指令功能	操作码	操作数	梯形图
主控	主控电路块起点	MC	N、Y、M	0 ──┤X000├── MC N0 M100 N0 ─ M100 虚拟接点 4 ──┤X001├── (Y000) 6 ──┤X002├── (Y001)
主控 复位	主控电路块终点	MCR	N	8 ── MCR N0

任务五　车库自动门控制系统

任务单 2-5

任务名称	车库自动门控制系统

一、任务目标

1. 掌握 LDP 指令、LDF 指令、ANDP 指令、ANDF 指令、ORP 指令、ORF 指令、PLS 指令、PLF 指令的使用方法；

2. 掌握通电延时控制的设计；

3. 掌握车库自动门 PLC 控制系统外部接线图的绘制；

4. 掌握光电传感器的使用方法；

5. 掌握车库自动门 PLC 控制系统的编程方法、硬件接线及软/硬件调试。

二、任务描述

图 2-45 为车库自动门运行示意图，车库自动门 PLC 控制系统控制要求如下。

（1）当汽车到达车库门前，光电开关 1 常开开关接通，车库门上升，当上升碰到上限位开关时，车库门停止上升。

（2）当汽车部分驶入车库，光电开关 2 常开开关接通。

（3）当汽车全部进入车库后，光电开关 2 常开开关断开，车库门下降，当下降碰到下限位开关时，车库门停止下降。

（4）请用 PLC 对车库自动门进行控制。

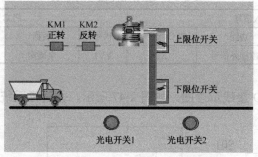

图 2-45　车库自动门运行示意图

2-13 车库自动门
控制系统
（动画演示）

三、任务实施

1. 认真阅读任务描述，明确所需完成的任务要求；

2. 通过网上搜索等方式查找资料，掌握相关知识点；

3. 学生根据任务制订计划，由组长组织讨论，做出决策并实施；

4. 计划实施结束后进行自我评价、教师评价；

5. 对所完成的任务进行归纳总结并完成任务报告。

四、任务报告

1. 列出 PLC 的 I/O 地址分配表；

2. 绘制 PLC 的 I/O 接线示意图；

3. 编写 PLC 控制程序；

4. 写入程序并接线调试，总结实训操作过程中所出现的问题。

案例演示——感应式水龙头控制系统

1. 任务描述

当手接近感应式水龙头时，控制水龙头的电磁阀通电，水龙头出水；当手离开水龙头时，延时 2s 后电磁阀自动断电。感应式水龙头运行示意图如图 2-46 所示。请用 PLC 对感应式水龙头进行控制。

2-14 感应式
水龙头控制系统
（动画演示）

图 2-46 感应式水龙头运行示意图

2. 任务实施

（1）根据任务分析，确定 PLC 的 I/O 地址分配，填写现场元件信号对照表，如表 2-14 所示。

表 2-14 现场元件信号对照表

PLC 输入信号				PLC 输出信号			
代号	名称	功能	PLC 端子号	代号	名称	功能	PLC 端子号
SQ1	红外传感器	感应红外信号	X1	YV1	电磁阀	控制水龙头开关	Y1

（2）绘制 PLC 的 I/O 接线示意图，如图 2-47 所示，并进行系统接线。

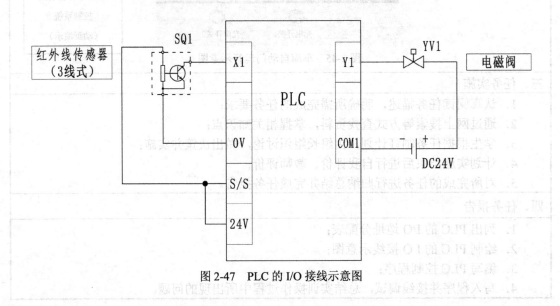

图 2-47 PLC 的 I/O 接线示意图

（3）设计用户程序。

方案一：采用 LDF 指令实现感应式水龙头控制，其梯形图程序和指令如图 2-48 所示。

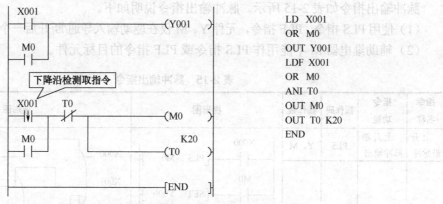

图 2-48 感应式水龙头控制梯形图程序和指令（方案一）

方案二：采用 PLF 指令实现感应式水龙头控制，其梯形图程序和指令如图 2-49 所示。

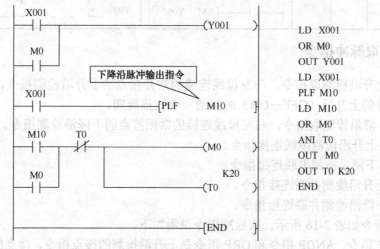

图 2-49 感应式水龙头控制梯形图程序和指令（方案二）

（4）输入程序。

通过编程软件 GX Developer 或 GX Works2 在微机上编写梯形图程序，并将程序写入 PLC。

（5）系统调试。

结合控制要求，操作有关输入信号，并观察其输出状态。

知识链接 2-5

2.5 脉冲指令

2.5.1 脉冲输出指令

PLS（脉冲）：脉冲输出指令，上升沿有效。

PLF（脉冲）：脉冲输出指令，下降沿有效。

脉冲输出指令用于目标元件的脉冲输出，当输入信号跳变时，会产生一个宽度为扫描周期的脉冲。

脉冲输出指令如表 2-15 所示。脉冲输出指令说明如下。

（1）使用 PLS 指令、PLF 指令，元件 Y、M 仅在驱动输入导通/断开后一个扫描周期内动作。

（2）辅助继电器 M 不能用作 PLS 指令或 PLF 指令的目标元件。

表 2-15 脉冲输出指令

指令名称	指令功能	操作码	操作数	梯形图	波形图
上升沿脉冲	上升沿脉冲输出	PLS	Y、M	X000 ─┤├─ [PLS M0] M0 ─┤├─ [SET Y000]	X000 X001 M0 ←扫描周期
下降沿脉冲	下降沿脉冲输出	PLF	Y、M	X001 ─┤├─ [PLF M1] M1 ─┤├─ [RST Y000]	M1 ←扫描周期 Y000

2.5.2 取脉冲指令

LDP：上升沿检测取指令，与左母线连接的常开接点的上升沿检测指令，对应的接点仅在指定位元件的上升沿（OFF→ON）时接通一个扫描周期。

LDF：下降沿检测取指令，与左母线连接的常闭接点的下降沿检测指令。

ANDP：上升沿检测串联连接指令。

ANDF：下降沿检测串联连接指令。

ORP：上升沿检测并联连接指令。

ORF：下降沿检测并联连接指令。

取脉冲指令如表 2-16 所示。取脉冲指令说明如下。

（1）LDP 指令、ANDP 指令和 ORP 指令是上升沿检测的接点指令，接点的中间有一个向上的箭头，对应的接点仅在指定位元件的上升沿（OFF→ON）时接通一个扫描周期。

（2）LDF 指令、ANDF 指令和 ORF 指令是下降沿检测的接点指令，接点的中间有一个向下的箭头，对应的接点仅在指定位元件的下降沿（ON→OFF）时接通一个扫描周期。

（3）LDP 指令、LDF 指令、ANDP 指令、ANDF 指令、ORP 指令和 ORF 指令可以用于元件 X、Y、M、T、C 和 S。

表 2-16 取脉冲指令

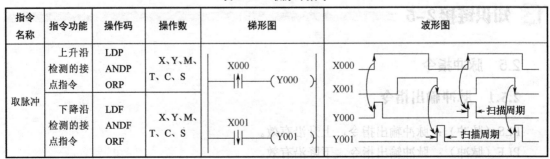

指令名称	指令功能	操作码	操作数	梯形图	波形图
取脉冲	上升沿检测的接点指令	LDP ANDP ORP	X、Y、M、T、C、S	X000 ─┤↑├─ (Y000)	X000 X001 Y000 ←扫描周期
	下降沿检测的接点指令	LDF ANDF ORF	X、Y、M、T、C、S	X001 ─┤↓├─ (Y001)	Y001 ←扫描周期

任务六 灯闪烁控制

任务单 2-6

任务名称	灯闪烁控制

一、任务目标

　　1. 掌握软元件 C 的使用方法;

　　2. 掌握振荡电路的程序设计方法;

　　3. 掌握灯闪烁的 PLC 控制系统的编程方法。

二、任务描述

　　有一组灯,当按钮按第一下时,灯闪烁的周期为 1s;当按钮按第二下时,灯闪烁的周期为 2s;当按钮按第三下时,灯闪烁的周期为 3s;当按钮按第四下时,灯熄灭。如果继续按下去,则按上述步骤循环。灯闪烁控制示意图如图 2-50 所示。请用 PLC 对灯闪烁进行控制。

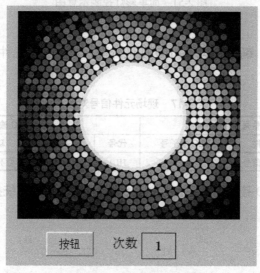

2-15 灯闪烁
控制(动画演示)

图 2-50 灯闪烁控制示意图

三、任务实施

　　1. 认真阅读任务描述,明确所需完成的任务要求;

　　2. 通过网上搜索等方式查找资料,掌握相关知识点;

　　3. 学生根据任务制订计划,由组长组织讨论,做出决策并实施;

　　4. 计划实施结束后进行自我评价、教师评价;

　　5. 对所完成的任务进行归纳总结并完成任务报告。

四、任务报告

　　1. 列出 PLC 的 I/O 地址分配表;

　　2. 绘制 PLC 的 I/O 接线示意图;

　　3. 编写 PLC 控制程序;

　　4. 写入程序并接线调试,总结在实训操作过程中出现的问题。

案例演示——简单彩灯控制

1. 任务描述

有一组彩灯，当按钮按第一下时，彩灯闪烁的周期为 1s；当按钮按第二下时，彩灯熄灭，简单彩灯控制示意图如图 2-51 所示。请用 PLC 对彩灯进行控制。

2-16 简单彩灯
控制（动画演示）

图 2-51　简单彩灯控制示意图

2. 任务实施

（1）根据任务分析，确定 PLC 的 I/O 地址分配，填写现场元件信号对照表，如表 2-17 所示。

表 2-17　现场元件信号对照表

PLC 输入信号				PLC 输出信号			
代号	名称	功能	PLC 端子号	代号	名称	功能	PLC 端子号
SB1	按钮	亮灭信号	X1	HL1	指示灯	彩灯亮灭指示	Y1

（2）绘制 PLC 的 I/O 接线示意图，如图 2-52 所示，并进行系统接线。

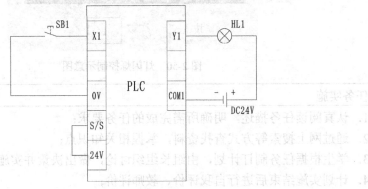

图 2-52　PLC 的 I/O 接线示意图

（3）设计用户程序。

由图 2-53 可以看出，由定时器 T0 和定时器 T1 构成一组周期为 1s 的振荡电路，定时器 T0 常闭接点为振荡电路的输出信息，其信号特点是周期信号，脉宽为 0.5s。

（4）输入程序。

通过编程软件 GX Developer 或 GX Works2 在微机上编写梯形图程序，并将程序写入 PLC。

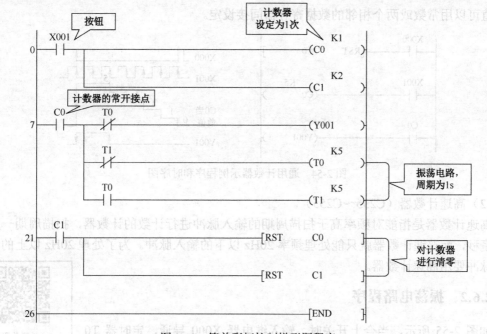

图 2-53　简单彩灯控制梯形图程序

（5）调试。

结合控制要求，操作有关输入信号，并观察其输出状态。

知识链接2-6

2.6 计数器和振荡电路程序

2.6.1 计数器

计数器是在执行扫描操作时对内部元件 X、Y、M、S、T、C 的信号进行计数。当计数达到设定值时，计数器接点动作，计数器的常开、常闭接点动作。FX3U 系列 PLC 共有 256 个计数器，编号为 C0～C255，它们按特性的不同可分为通用计数器和高速计数器两类。

（1）通用计数器。

通用计数器又分为 16 位增计数器和 32 位增/减计数器。通用计数器示例程序和时序图如图 2-54 所示。

①16 位增计数器（C0～C199）。

16 位增计数器分为通用 16 位增计数器和断电保持 16 位增计数器。通用 16 位增计数器共有 100 个，其地址编号为 C0～C99；断电保持 16 位增计数器也有 100 个，其地址编号为 Cl00～C199。16 位增计数器都按增计数方式计数，其设定值范围为 1～32 767，也可以用常数或数据寄存器的值来设定。

②32 位增/减计数器（C200～C234）。

通用 32 位增/减计数器共 20 个，编号 C200～C219；断电保持 32 位增/减计数器共 15 个，编号 C220～C234。32 位增/减计数器的计数设定值范围为-2 147 483 648～2 147 483 647，其设定值可以用常数或两个相邻的数据寄存器间接设定。

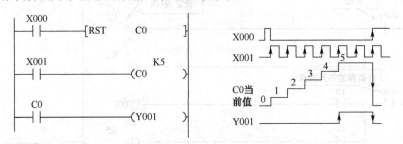

图 2-54　通用计数器示例程序和时序图

（2）高速计数器（C235～C255）。

高速计数器是指能对频率高于扫描周期的输入脉冲进行计数的计数器，扫描周期一般在几十毫秒，而普通计数器就只能处理频率 20Hz 以下的输入脉冲。为了处理 20Hz 以上的频率输入脉冲要用高速计数器。

2.6.2　振荡电路程序

如图 2-55 所示，当合上开关时，输入继电器 X000 导通，定时器 T0 开始计时，2s 后输出继电器 Y000 导通，且定时器 T1 开始计时，3s 后输出继电器 Y000 断开。这一过程周期性地重复，形成脉冲发生器。输出继电器 Y000 输出一系列脉冲信号，其扫描周期为 5s，脉宽为 3s。

2-16　简单彩灯控制（讲解）

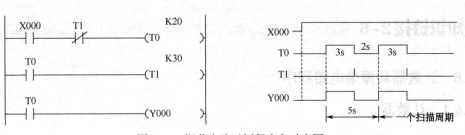

图 2-55　振荡电路示例程序和时序图

任务七　"1位数"数码管显示控制

任务单 2-7

任务名称	"1位数"数码管显示控制
一、任务目标	

一、任务目标

1. 掌握"1位数"数码管的结构和控制特点；
2. 掌握用 PLC 控制"1位数"数码管显示的方法；
3. 掌握 PLC 控制系统的一般设计流程。

二、任务描述

图 2-56 为"1位数"数码管显示示意图，请用 PLC 对"1位数"数码管显示进行控制。控制要求：当按下启动按钮时，"1位数"数码管依次显示数字 0,1,2,3,…,9，再返回初始状态，进行循环显示。

2-17　"1位数"数码管显示控制

图 2-56　"1位数"数码管显示示意图

三、任务实施

1. 认真阅读任务描述，明确所需完成的任务要求；
2. 通过网上搜索等方式查找资料，掌握相关知识点；
3. 学生根据任务制订计划，由组长组织讨论，做出决策并实施；
4. 计划实施结束后进行自我评价、教师评价；
5. 对所完成的任务进行归纳总结并完成任务报告。

四、任务报告

1. 列出 PLC 的 I/O 地址分配表；
2. 绘制 PLC 的 I/O 接线示意图；
3. 编写 PLC 控制程序；
4. 写入程序并接线调试，总结在实训操作过程中出现的问题。

案例演示——数码管显示控制

1. 任务描述

利用 0、1、2、3 四个数字按钮控制数码管的显示，当按下某个数字按钮时，数码管就会显示相应的数字。数码管显示示意图如图 2-57 所示，请用 PLC 对数码管显示进行控制。

2-18 数码管显示
控制（动画演示）

图 2-57　数码管显示示意图

2. 任务实施

（1）分析控制对象及控制要求。

该任务为利用四个数字按钮控制数码管的显示，PLC 作为控制器，该系统的所有输入信号和输出信号均为开关量信号。

（2）PLC 型号选择。

根据任务分析，确定 PLC 的 I/O 点数。从表 2-18 可得出，PLC 的输入信号有 4 个，输出信号有 7 个，可选用 FX 系列的小型 PLC 作为该系统的控制器，如 FX3U-16MR，因为该型号 PLC 输入为 8 点，输出为 8 点，可以基本满足本任务的控制要求。

表 2-18　现场元件信号对照表

PLC 输入信号				PLC 输出信号			
代号	名称	功能	PLC 端子号	代号	名称	功能	PLC 端子号
SB0	按钮	数显 "0"	X0	a			Y0
SB1	按钮	数显 "1"	X1	b			Y1
SB2	按钮	数显 "2"	X2	c	七段数码	分别显示	Y2
SB3	按钮	数显 "3"	X3	d	显示管	数字的不	Y3
				e		同位置	Y4
				f			Y5
				g			Y6

（3）硬件设计。

绘制 PLC 的 I/O 接线示意图，如图 2-58 所示，并进行系统接线。

（4）软件设计及模拟仿真。

根据系统的控制要求编写 PLC 程序，其梯形图程序如图 2-59 所示。

通过编程软件 GX Developer 或 GX Works2 在微机上编写梯形图程序，将程序写入 PLC。并通过仿真调试，操作有关输入信号，观察输出状态。

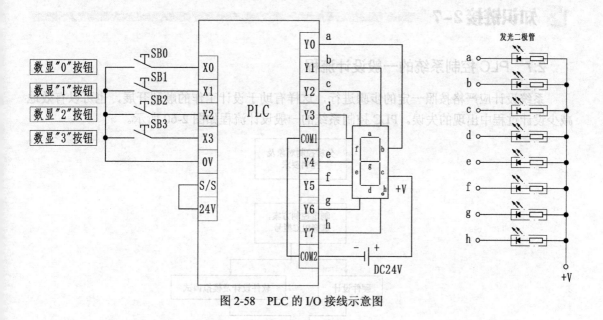

图 2-58 PLC 的 I/O 接线示意图

（5）联机调试。

软件和硬件联机调试，通过操作数字按钮观察数码管的显示情况，若未能实现控制要求则继续修改 PLC 用户程序或硬件系统，直至满足任务要求。

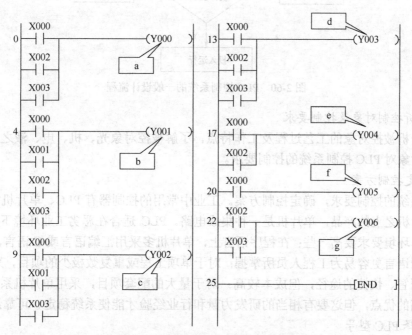

图 2-59 数码管显示控制的梯形图程序

知识链接 2-7

2.7 PLC 控制系统的一般设计流程

系统设计应严格按照一定的步骤进行，这样有助于设计工作的顺利开展，也可以有效地减少设计过程中出现的失误。PLC 控制系统的一般设计流程如图 2-60 所示。

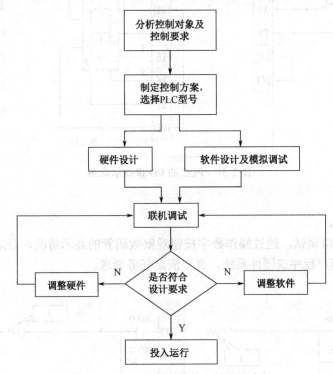

图 2-60 PLC 控制系统的一般设计流程

1. 分析控制对象及控制要求

详细分析被控对象的工艺过程及工作特点，了解被控对象光、机、电、液之间的配合，提出被控对象对 PLC 控制系统的控制要求。

2. 制定控制方案

根据系统的控制要求，确定控制方案。工业中常用的控制器有 PLC、单片机等，PLC 是建立在单片机之上的产品，单片机是一种集成电路。PLC 适合在恶劣工业环境下使用，而单片机的工作环境要求要高一些；在程序语言上，单片机多采用汇编语言或 C 语言，而 PLC 采用的梯形图语言更容易为工程人员所掌握；对于单项工程或重复数极少的项目，采用 PLC 控制系统是明智、快捷的途径，但成本较高；对于量大的配套项目，采用单片机系统具有成本低、效益高的优点，但这要有相当的研发力量和行业经验才能使系统稳定、可靠地运行。

3. 选择 PLC 型号

确定系统所需的全部输入设备（按钮、位置开关、转换开关及各种传感器等）和输出设备（接触器、电磁阀、信号指示灯及其他执行器等），估算 PLC 的 I/O 点数。在估算 I/O 点数时应考虑适当的余量，通常将统计的 I/O 点数增加 10%~20%的可扩展余量后的数据作为

I/O 点数的估算数据。

根据 I/O 点数及控制要求，选择合适的 PLC。整体型 PLC 的 I/O 点数固定，因此用户选择的余地较小，整体型 PLC 一般用于小型控制系统；模块型 PLC 可提供多种 I/O 卡件或插卡，因此用户可较合理地选择和配置控制系统的 I/O 点数，且功能扩展方便灵活，模块型 PLC 一般用于大型和中型控制系统。

4. 硬件设计

硬件设计主要包括电气控制系统原理图的设计、电气元件的选择和控制柜的设计。电气控制系统的原理图包括主电路和控制电路。电气元件的选择主要是根据控制要求选择按钮、开关、传感器、保护电器、接触器、指示灯、电磁阀等。

5. 软件设计及模拟调试

软件设计包括系统初始化程序、主程序、子程序、中断程序、故障应急措施和辅助程序的设计，小型开关量控制一般只有主程序。首先应根据总体要求和控制系统的具体情况，确定程序的基本结构，绘制控制流程图，简单的系统可以采用经验法设计，复杂的系统一般采用顺序控制设计法设计。

将设计好的程序写入 PLC 后，首先应逐条仔细检查，并改正写入时出现的错误。用户程序一般先模拟调试，实际的输入信号可以用开关和按钮来模拟，各输出量的通/断状态通过 PLC 上相应动作指示灯来显示，一般不用接 PLC 实际的负载（接触器、电磁阀等）。调试程序的主要任务是检查程序的运行是否符合控制要求，对程序进行调试修改，直到在各种可能的情况下输入量与输出量之间的关系完全符合要求。

6. 硬件实施

硬件实施主要是进行控制柜（台）等硬件的设计及现场施工。硬件实施的主要内容如下。

（1）设计控制柜和操作台等部分的电气布置图及安装接线图。

（2）设计系统各部分之间的电气接线图。

（3）根据施工图纸进行现场接线，并进行详细检查。

程序设计与硬件实施同时进行可大大缩短 PLC 控制系统的设计周期。

7. 联机调试

联机调试是将通过模拟调试的程序进一步进行现场调试。联机调试过程应循序渐进，从 PLC 先连接输入设备、再连接输出设备、再接上实际负载等逐步进行调试。如不符合要求，则对硬件和程序做调整。通常只需修改部分程序即可。

全部调试完毕后，交付试运行。经过一段时间的运行，如果工作正常，则程序不需要修改，应将程序固化到 EPROM，以防程序丢失。

8. 整理和编写技术文件

技术文件包括设计说明书、硬件原理图、安装接线图、电气元件明细表、PLC 程序及使用说明书等。

习 题 2

一、判断题

1. OUT 指令是驱动线圈指令，用于驱动各种继电器。　　　　　　　　（　　）
2. PLC 中的 OR 指令可以使用无数次。　　　　　　　　　　　　　　（　　）
3. ORB 指令用于块串联，ANB 指令用于块并联。　　　　　　　　　　（　　）
4. 在程序中写入 NOP 指令，若变更程序时，则步序号变更少。　　　　（　　）
5. 若在程序最后写入 END 指令，则该指令后的程序步就不再执行。　　（　　）
6. END 指令称为结束指令，它就是 PLC 的停机指令。　　　　　　　　（　　）
7. 在编程时，PLC 一般不用双线圈输出。　　　　　　　　　　　　　（　　）
8. 在编程时，PLC 的多个线圈可以并联也可以串联。　　　　　　　　（　　）
9. 能直接编程的梯形图必须符合顺序执行原则，即从上到下，从左到右地执行。
　　　　　　　　　　　　　　　　　　　　　　　　　　　　　　　（　　）
10. 在继电接触器控制原理图中，有些继电器的触头可以画在线圈的右边，而在梯形图中是不允许的。　　　　　　　　　　　　　　　　　　　　　　　　　　（　　）
11. 两个软元件线圈可以并联，两个以上则不可以。　　　　　　　　　（　　）
12. 在 PLC 梯形图中如单个接点与一个并联支路串联，应将并联支路排列在图形的左侧，而把单个接点串联在图形的右侧。　　　　　　　　　　　　　　　　　　（　　）
13. 在 PLC 梯形图中如单个接点与一个串联支路并联，应将串联支路排列在图形的上面，而把单个接点并联在图形的下面。　　　　　　　　　　　　　　　　　　（　　）
14. PLC 模拟调试的方法是在输入端接开关来模拟输入信号，输出端接指示灯来模拟被控对象的动作。　　　　　　　　　　　　　　　　　　　　　　　　　　　（　　）
15. 辅助继电器的线圈是由程序驱动的，其接点可用于直接驱动外部负载。　（　　）
16. 辅助继电器接点信号受线圈信号控制。　　　　　　　　　　　　　（　　）
17. 在 PLC 的编程元件中，定时器的符号为 T。　　　　　　　　　　　（　　）
18. 在 FX3U 系列 PLC 的梯形图程序中，定时器的使用次数是有限的，最多不超过 256 次。　　　　　　　　　　　　　　　　　　　　　　　　　　　　　　（　　）
19. 定时器设定值采用十进制，常数 K 设置范围为 K0～K3276.7。　　　（　　）
20. 定时器 T0 的设定值为 H64，此时 T0 定时并不是 6.4s。　　　　　（　　）
21. 定时器的编号不同，它们的内部单位时间也可能不同。　　　　　　（　　）
22. 利用多个定时器串联可以实现较长时间的定时。　　　　　　　　　（　　）
23. 计数器的编程符号为 C。　　　　　　　　　　　　　　　　　　　（　　）
24. RST 指令不仅可以复位软元件 X、Y、M，也可以复位软元件 T、C。（　　）
25. PLC 中的定时器、计数器接点的使用次数是不受限制的。　　　　　（　　）
26. 主控电路块终点采用 MC 指令。　　　　　　　　　　　　　　　　（　　）
27. PLS 指令是当上升沿信号到时，产生一个扫描周期的脉冲信号。　　（　　）
28. PLS 指令的操作数可以是带断电保持的位元件。　　　　　　　　　（　　）

二、选择题

1. 下列（　　）指令是错误的。
   （A）LDI　C200　　　（B）ANB　Y1　　　（C）OUT　T8　　　（D）MPP
2. 若使串联电路块并联，应采用（　　）指令。
   （A）AND　　　　　（B）ANB　　　　　（C）OR　　　　　（D）ORB
3. 若使并联电路块串联，应采用的指令是（　　）。
   （A）LDI　　　　　（B）ANB　　　　　（C）ORB　　　　　（D）ANR
4. 在 FX3U 系列 PLC 的基本指令中，（　　）指令是无数据的。
   （A）OR　　　　　（B）ORI　　　　　（C）ORB　　　　　（D）OUT
5. 进栈指令是（　　）。
   （A）MPS　　　　　（B）MRD　　　　　（C）MPP　　　　　（D）MC
6. FX 系列 PLC 中的 RST 指令，表示（　　）指令。
   （A）下降沿脉冲输出　　　　　　　　（B）置位
   （C）复位　　　　　　　　　　　　　（D）输出有效
7. 三菱 FX3U 系列 PLC 中共有（　　）个定时器。
   （A）128　　　　　（B）256　　　　　（C）512　　　　　（D）1024
8. FX3U 系列 PLC 中，若 T247 的常数 K 为 200，则延时时间为（　　）。
   （A）20s　　　　　（B）200s　　　　　（C）2s　　　　　（D）0.2s
9. 三菱 PLC 中，16 位的内部计数器的计数数值最大可设定为（　　）。
   （A）32 768　　　　（B）32 767　　　　（C）10 000　　　　（D）100 000

三、编程题

以下各题均采用 PLC 控制系统，请写出 PLC 的 I/O 地址分配表，绘制 PLC 外部接线图，并编写 PLC 控制程序。

1. 为两台异步电动机设计主电路和控制电路，控制要求如下。
   （1）两台电动机互不影响地独立控制启动与停止；
   （2）能同时控制两台电动机的停止；
   （3）当其中一台电动机发生过载时，两台电动机均停止。
2. 设计一个工作台前进—退回的控制线路。该工作台由电动机 M 拖动，行程开关 SQ1、SQ2 分别装在工作台的原位和终点，控制要求如下。
   （1）能自动实现前进—后退—停止到原位；
   （2）工作台前进到达终点后停一下再后退；
   （3）工作台在前进中可以立即后退到原位；
   （4）有终端保护。
3. 设计一个抢答器 PLC 控制系统，控制要求如下。
   （1）抢答台 A、B、C、D，指示灯，抢答键；
   （2）裁判员台，指示灯，复位按键；
   （3）抢答时，有 2s 声音报警。

4. 有三盏灯，分别为灯 A、B、C，其亮灭由一个按钮控制，控制要求如下。

（1）当按钮按第一下时，A 灯亮起；

（2）当按钮按第二下时，B 灯以 1s 为周期闪烁，A 灯熄灭；

（3）当按钮按第三下时，C 灯以亮 1s 灭 2s 进行周期性亮灭，A、B 两灯均不亮；

（4）当按钮按第四下时，全部灯熄灭；

当按钮继续按下时，灯 A、B、C 重复它们之前的动作。

5. 设计交通红绿灯 PLC 控制系统，控制要求如下。

（1）东西向：绿灯亮 5s，绿灯闪 3 次，黄灯亮 2s；红灯亮 10s；

（2）南北向：红灯亮 10s，绿灯亮 5s，绿灯闪 3 次，黄灯亮 2s。

模块三　步进指令的应用

任务一　液体物料混合控制

任务单 3-1

任务名称	液体物料混合控制

一、任务目标

1. 熟悉顺序功能图（SFC）的特点；

2. 掌握顺序功能图的要素、基本结构；

3. 掌握步进指令及状态器的用法；

4. 掌握液体物料混合的 PLC 控制系统的外部接线图的绘制；

5. 掌握液体物料混合的 PLC 控制系统的顺序功能图程序编程方法、硬件接线及软/硬件调试。

二、任务描述

设计一个液体物料混合的 PLC 控制系统，其控制要求如下。

第一步：按下启动按钮，进料电磁阀 YV1 打开，开始向罐内加入物料 1。

第二步：当罐内达到液位 3 时，进料电磁阀 YV1 关闭，停止加入物料 1，并延时 1s。

第三步：1s 后，进料电磁阀 YV2 打开，向罐内加入物料 2。

第四步：当罐内达到液位 2 时，继续向罐内加入物料 1 和物料 2，此时进料电磁阀 YV1、YV2 均打开。

第五步：当罐内达到液位 1 时，进料电磁阀 YV1、YV2 关闭，进料完毕后搅拌电动机 M 开始工作，且正转指示灯亮，正转时间为 10s。

第六步：搅拌电动机 M 正转 10s 后，开始反转，且反转指示灯亮，反转时间为 10s。

第七步：搅拌电动机 M 反转 10s 后，搅拌电动机 M 停止转动，出料电磁阀 YV3 打开，开始出料。待料出完（定时 60s），重复上述过程。

液体物料混合控制示意图如图 3-1 所示。

任务名称	液体物料混合控制

二、任务描述

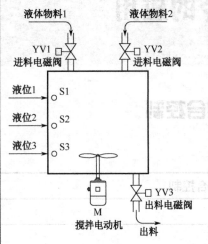

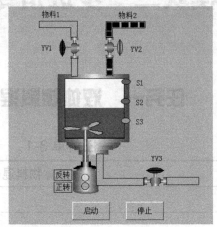

3-1 液体物料混合
控制（动画演示）

图 3-1 液体物料混合控制示意图

三、任务实施

1. 认真阅读任务描述，明确所需完成的任务要求；
2. 通过网上搜索等方式查找资料，掌握相关知识点；
3. 学生根据任务制订计划，由组长组织讨论，做出决策并实施；
4. 计划实施结束后进行自我评价、教师评价；
5. 对所完成的任务进行归纳总结并完成任务报告。

四、任务报告

1. 列出 PLC 的 I/O 地址分配表；
2. 绘制 PLC 的 I/O 接线示意图；
3. 编写 PLC 控制程序；
4. 写入程序并接线调试，总结在实训操作过程中出现的问题。

案例演示——两种液体混合控制

1. 任务描述

两种液体混合控制的工艺要求如下。

第一步：按下启动按钮 SB1，电磁阀 YV1 打开，液体 A 流入。

第二步：当液位达到传感器 S1 的高度时，电磁阀 YV1 关闭，同时电磁阀 YV2 打开，液体 B 流入。

第三步：当液位达到传感器 S2 的高度时，电磁阀 YV2 关闭，搅拌电动机 M 开始搅拌。

第四步：搅拌 5min 后，搅拌电动机 M 停止搅拌，同时电磁阀 YV3 打开，排出液体。

第五步：液体排完（计时 2min），电磁阀 YV3 关闭，完成一个工作循环，如图 3-2 所示。请用 PLC 对两种液体混合进行控制。

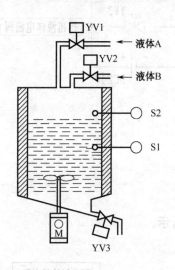
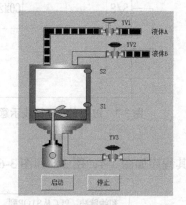

3-2 两种液体混合控制（动画演示）

图 3-2 液体混合装置

2. 任务实施

（1）根据任务分析，确定 PLC 的 I/O 地址分配，填写现场元件信号对照表，如表 3-1 所示。

表 3-1 现场元件信号对照表

PLC 输入信号				PLC 输出信号			
代号	名称	功能	PLC 端子号	代号	名称	功能	PLC 端子号
FR1	热继电器	过载保护	X0	KM1	接触器	控制搅拌电动机 M	Y0
SB1	按钮	启动	X1	YV1		控制液体 A	Y4
SB2	按钮	停止	X2	YV2	电磁阀	控制液体 B	Y5
S1	液位传感器	液位 L1	X3	YV3		控制排出液体	Y6
S2		液位 L2	X4				

（2）绘制 PLC 的 I/O 接线示意图。

电动机的启动及停止由接触器控制，但接触器一般用交流电源，而电磁阀用直流电源，因此这两种设备应接在 PLC 的不同 COM 端的输出点上，PLC 的 I/O 接线示意图如图 3-3 所示。

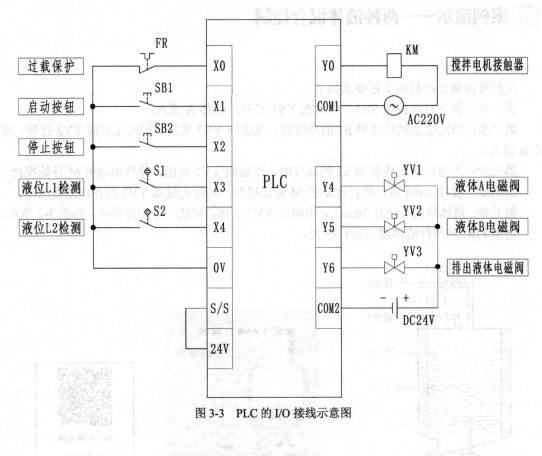

图 3-3　PLC 的 I/O 接线示意图

（3）设计用户程序，其程序如图 3-4、图 3-5 和图 3-6 所示。

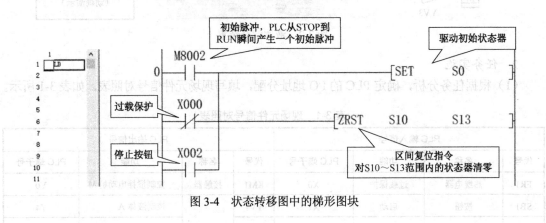

图 3-4　状态转移图中的梯形图块

（4）输入程序。（详见 3.1.4 节和 3.1.5 节）

（5）系统调试。

将 PLC 主机上的运行开关拨至 RUN 位置，运行程序，特别应注意的是在系统调试时应打开 GX Developer 软件上的[监视]功能，结合控制程序，操作有关输入信号，并观察输出状态。

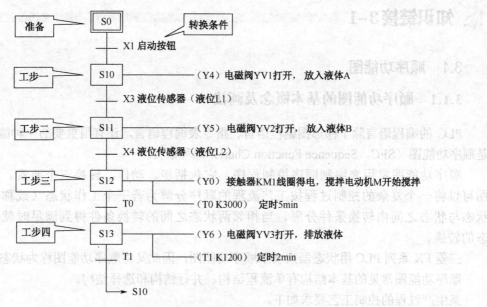

图 3-5 状态转移图中的 SFC 块

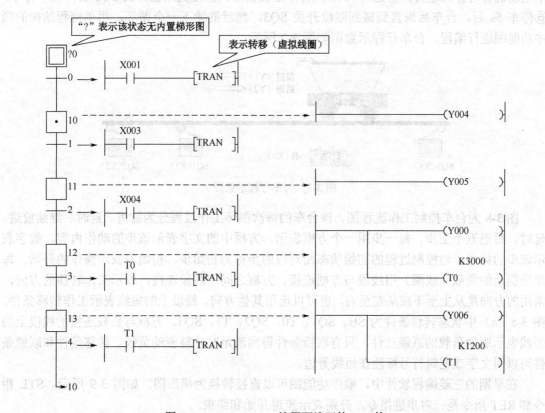

图 3-6 GX Developer 编程环境下的 SFC 块

知识链接3-1

3.1 顺序功能图

3.1.1 顺序功能图的基本概念及画法

PLC 的编程语言除了梯形图编程语言、指令表编程语言，还有很重要的一种编程语言就是顺序功能图（SFC，Sequence Function Chart）编程语言。

顺序功能图常用来编制顺序控制程序，它包括步、动作、转换三个要素。顺序功能图可以将一个复杂的控制过程按工艺流程的顺序分解为若干个工作状态（或称为步）。状态与状态之间由转换条件分隔。当相邻两状态之间的转换条件得到满足时就能实现状态的转换。

三菱 FX 系列 PLC 用状态器来表示顺序功能图，因此又将顺序功能图称为状态转移图。

顺序功能图常见的基本结构有单流程结构、并行结构和选择结构。

某生产过程的控制工艺要求如下。

①按下启动按钮 SB，此时台车电动机 M 正转，台车前进；②碰到限位开关 SQ1 后，台车电动机暂时停止运转；③延时 3s 后，台车继续前进；④碰到限位开关 SQ2 后，台车停车；⑤停车 5s 后，台车后退直到碰到限位开关 SQ3，然后继续下一个循环。用单流程结构的顺序功能图进行编程。台车行程示意图如图 3-7 所示。

图 3-7 台车行程示意图

图 3-8 为台车控制工作流程图。该台车的每次循环工作过程分为前进、延时、继续前进、延时、后退五个工步。每一步用一个方框表示，方框中的文字表示该步的动作内容，数字表示该步的标号。与控制过程的初始状态相对应的步称为初始步。初始步表示操作的开始。每步所驱动的负载（线圈）用线段与方框连接。方框之间用线段连接，表示工作转移的方向，常用的方向是从上至下或从左至右，也可以选用其他方向。线段上的短线表示工作转移条件，图 3-8（a）中状态转移条件为 SB、SQ1、T0、SQ2、T1、SQ3。方框与负载连接的线段上的短线表示驱动负载的联锁条件，只有联锁条件得到满足时才能驱动负载。转移条件和联锁条件可以用文字或逻辑符号标注在短线旁边。

在早期的三菱编程软件中，顺序功能图可以直接转换为梯形图，如图 3-9 所示。STL 指令和 RET 指令是一对步进指令，分别表示步进开始和结束。

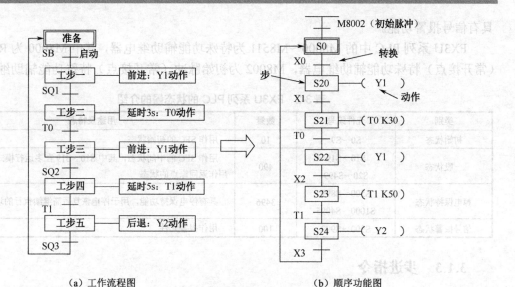

（a）工作流程图　　　　　　　　（b）顺序功能图

图 3-8　台车控制工作流程图

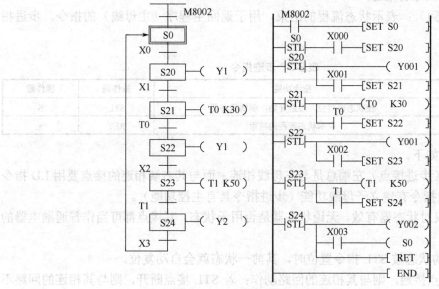

图 3-9　台车控制的顺序功能图和梯形图

3.1.2　状态器

PLC 软元件 Y、M、S、T、C 均可由状态器（S）的接点来驱动，也可由各种接点的组合来驱动。FX3U 系列 PLC 的状态器的介绍如表 3-2 所示。

1．状态器的编号必须在规定的范围内选用。

2．各状态器的接点在 PLC 中可以无数次使用。

3．不使用步进指令时，状态器可以作为辅助继电器使用。

4．通过设置参数可改变一般状态器和掉电保持状态器的地址分配。

FX3U 系列 PLC 中有 4096 个状态器，其中 S0～S9 为初始状态器，用作 SFC 的初始状态，S10～S19 用作返回原点的状态，S500～S899、S1000～S4095 具有停电保持功能，S900～S999

具有信号报警功能。

FX3U 系列 PLC 中的 M8000～M8511 为特殊功能辅助继电器，其中 M8000 为 RUN 监控（常开接点）特殊功能辅助继电器，M8002 为初始脉冲（常开接点）特殊功能辅助继电器。

表 3-2　FX3U 系列 PLC 的状态器的介绍

类别	元件编号	数量	用途及特点
初始状态	S0～S9	10	用作 SFC 的初始状态
一般状态	S10～S19 S20～S499	490	用作 SFC 的中间状态，其中 S10～S19 在多运行模式控制中，用作返回原点的状态
掉电保持状态	S500～S899 S1000～S4095	3496	具有停电保持功能，用于停电恢复后需继续执行的场合
信号报警状态	S900～S999	100	用作报警元件

3.1.3　步进指令

STL（步进接点驱动）：步进开始指令。步进开始指令只能与状态器配合使用，表示状态器的常开接点与主母线相连。

RET（步进返回）：表示状态流程的结束，用于返回主程序（主母线）的指令。步进指令如表 3-3 所示。

表 3-3　步进指令

指令名称	指令功能	操作码	操作数
步进接点驱动	使状态器置位，步进开始；驱动状态器	STL	S
步进返回	表示状态流程的结束	RET	无

步进指令说明如下。

1. STL 接点（步进接点）左端总是与左母线相连，而与其右端相连的接点要用 LD 指令或 LDI 指令。STL 指令有建立子母线功能（步进指令具有主控功能）。

2. STL 指令仅对状态器有效。无论状态器是否用于状态，其接点都可当作普通继电器的接点使用。

3. 当一个新的状态被 STL 指令置位时，其前一状态就会自动复位。

4. 若 STL 接点接通，则与其相连的回路动作；若 STL 接点断开，则与其相连的回路不动作。同时，状态号不可重复使用。

5. 当把 LD 或 LDI 接点返回主母线时，需要使用 RET 指令。RET 指令表示状态流程的结束，返回主程序，即在主母线上继续执行非状态程序。

6. 在 STL 接点驱动的电路块中不能使用 MC 指令和 MCR 指令，但可以使用 CJ 指令（CJ 指令动作复杂，建议不要使用）。

7. STL 接点可直接驱动或通过别的接点驱动 Y、M、S、T 等元件的线圈。

8. 因为 PLC 只执行活动步对应的电路，所以使用 STL 指令时允许双线圈输出。

3.1.4　用 GX Developer 编写顺序功能图

1. 启动 GX Developer，单击"工程"选项卡，然后单击"创建新工程"选项或单击"新工程"按钮，在弹出的"创建新工程"对话框中，对"PLC 系列""PLC 类型"和"程序类型"分别进行选择，如在"PLC 系列"下拉列表中选择"FXCPU"选项，在"PLC 类型"下拉列表中选择"FX3U（C）"选项，在"程序类型"选项区中选择"SFC"单选按钮；同时，在"工程名设定"选项区中设置"工程名"和"驱动器/路径"，如图 3-10 所示。

图 3-10　"创建新工程"对话框

2. 完成上述工作后，单击"确定"按钮，弹出"块列表"窗口，双击第 0 块或其他块后，弹出"块信息设置"对话框。块类型有 SFC 块和梯形图块两种，初始状态的激活都须放在顺序功能图程序的第 1 部分（第 0 块）。在"块信息设置"对话框中单击"梯形图块"单选按钮，在"块标题"文本框中填写该块的说明标题，也可以不填，如图 3-11 所示。

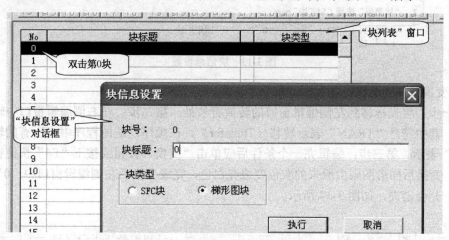

图 3-11　"块信息设置"对话框

3. 单击"执行"按钮，弹出"梯形图编辑"窗口，在该窗口中输入启动初始状态的梯形图。初始状态的激活一般采用特殊功能辅助继电器 M8002 来完成，也可以采用其他接点方式来完成，这只需要在它们之间建立一个驱动电路。在"梯形图编辑"窗口中单击第 0 行，输入初始化梯形图，然后单击"变换"按钮或按下"F4"快捷键，完成梯形图的变换，如图 3-12 所示。

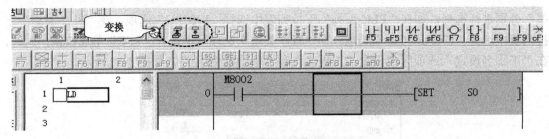

图 3-12 输入初始化梯形图

需要注意的是，在顺序功能图程序的编辑过程中，每一个状态中的梯形图在编辑完成后必须进行变换，才能进行下一步工作，否则会弹出出错信息。

4. 在完成了程序的第 0 块（梯形图块）编辑以后，双击"工程"窗格中的"程序"→"MAIN"选项，再双击标题块的第 1 块，弹出"块信息设置"对话框，单击"块类型"选项区中的"SFC 块"单选按钮，如图 3-13 所示。

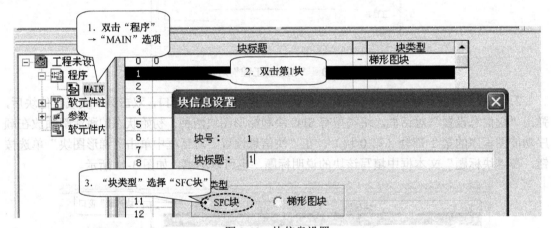

图 3-13 块信息设置

5. 变换条件的编辑。

第一步：将光标移到左侧编辑窗口的转换符号处。第二步：在右侧编辑窗口中输入内置梯形图，其中符号"TRAN"表示转移（Transfer），在顺序功能图程序中，所有的转移都用"TRAN"表示。第三步：编辑完一个条件后应单击"变换"按钮或按下"F4"快捷键进行程序变换，变换后梯形图则由原来的灰色变成亮白色，完成变换后左侧编辑窗口中"0"前面的问号（？）会消失，如图 3-14 所示。

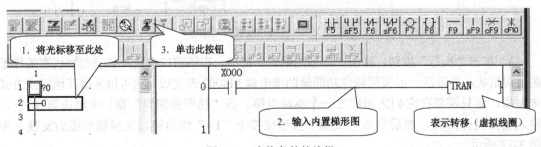

图 3-14 变换条件的编辑

6. 一般状态器的编辑。

第一步：将左侧编辑窗口的光标下移到方向线底端，单击工具栏中的"工具"按钮或按下"F5"快捷键，弹出"SFC 符号输入"对话框，在该对话框中输入步序号后单击"确定"按钮，如图 3-15 所示。

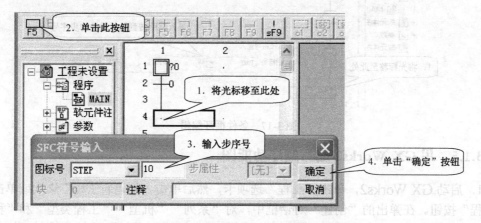

图 3-15　一般状态器的编辑

第二步：在右侧编辑窗口中输入内置梯形图。

第三步：编辑完一个状态后，应单击"变换"按钮或按下"F4"快捷键进行程序变换，变换后梯形图则由原来的灰色变成亮白色，完成变换后左侧编辑窗口中"10"前面的问号（？）会消失，如图 3-16 所示。

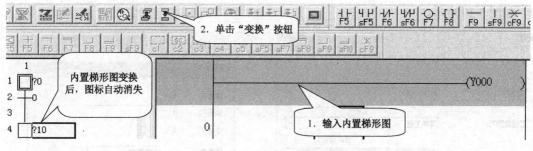

图 3-16　内置梯形图的编辑

7. 条件循环编辑。

顺序功能图程序在执行过程中会出现返回或跳转的编辑问题。要想在顺序功能图程序中出现跳转符号，需要用"JUMP"+"目标步号"进行设计。

第一步：将光标移到方向线的最下端，按下"F8"快捷键或者单击"跳转"按钮。

第二步：在弹出的对话框中填入要跳转到的目的地的步序号，然后单击"确定"按钮，如图 3-17 所示。

8. 程序变换和调试。

当所有顺序功能图程序编辑完后，我们可单击"变换"按钮进行顺序功能图程序的变换（编译）。如果程序变换成功，就可以进行模拟仿真或写入 PLC 进行调试。

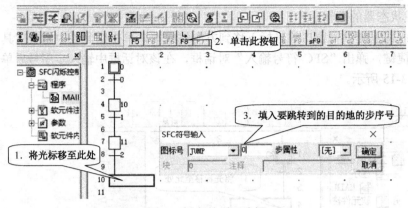

图 3-17　条件循环编辑

3.1.5　用 GX Works2 编写顺序功能图

1．启动 GX Works2，单击"工程"选项卡，然后单击"创建新工程"选项或单击"新建工程"按钮。在弹出的"创建"对话框中，对"系列""机型""工程类型"和"程序语言"分别进行选择，如在"系列"下拉列表中选择"FXCPU"选项，在"机型"下拉列表中选择"FX3U/FX3UC"选项，在"工程类型"下拉列表中选择"简单工程"选项，在"程序语言"下拉列表中选择"SFC"选项，如图 3-18 所示。

2．完成上述工作后，单击"确定"按钮，弹出"块信息设置"对话框。块类型有 SFC 块和梯形图块两种，初始状态的激活都须放在顺序功能图程序的第 1 部分（第 0 块）。在"块类型"下拉列表中选择"梯形图块"，在"标题"文本框中，填写该块的说明标题，也可以不填，如图 3-19 所示。

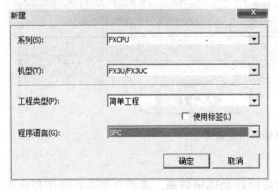

图 3-18　创建新工程

图 3-19　"块信息设置"对话框

3．单击"执行"按钮，弹出"梯形图编辑"窗口，在该窗口中输入启动初始状态的梯形图。初始状态的激活一般采用特殊功能辅助继电器 M8002 来完成，也可以采用其他接点方式来完成，这只需要在它们之间建立一个驱动电路。在"梯形图编辑"窗口中单击第 0 行，输入初始化梯形图后，单击"变换"按钮或按下"F4"快捷键，完成梯形图的变换，如图 3-20 所示。

需要注意的是，在顺序功能图程序的编辑过程中，每一个状态中的梯形图在编辑完成后必须进行变换，才能进行下一步工作，否则会弹出出错信息。

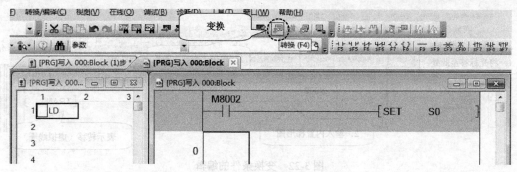

图 3-20　输入初始化梯形图

4. 在完成了程序的第 0 块（梯形图块）编辑以后，右击"工程"窗格中的"程序"→"MAIN"选项，再单击"新建数据"菜单项。在弹出的"新建数据"对话框中单击"确定"按钮，弹出"块信息设置"对话框，在"块类型"下拉列表中选择"SFC"选项，单击"执行"按钮，如图 3-21 所示。

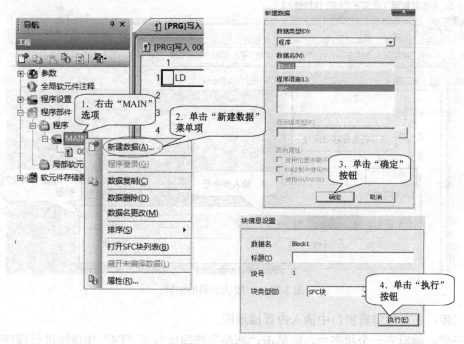

图 3-21　块信息设置

5. 变换条件的编辑。

第一步：将光标移到左侧编辑窗口的转换符号。第二步：在右侧编辑窗口中输入内置梯形图，其中符号"TRAN"表示转移（Transfer），在顺序功能图程序中，所有的转移都用"TRAN"表示。第三步：编辑完一个条件后应单击"变换"按钮或按下"F4"快捷键进行变换，变换后梯形图则由原来的灰色变成亮白色，完成变换后左侧编辑窗口中"0"前面的问号（？）会消失，如图 3-22 所示。

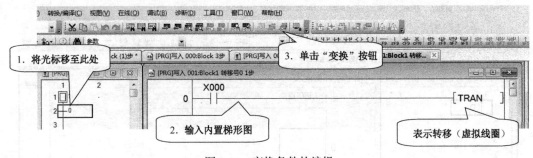

图 3-22　变换条件的编辑

6. 一般状态器的编辑。

第一步：将左侧编辑窗口的光标下移到方向线底端，单击工具栏中的"工具"按钮或按下"F5"快捷键，弹出"SFC 符号输入"对话框，在该对话框中输入步序号后，单击"确定"按钮，如图 3-23 所示。

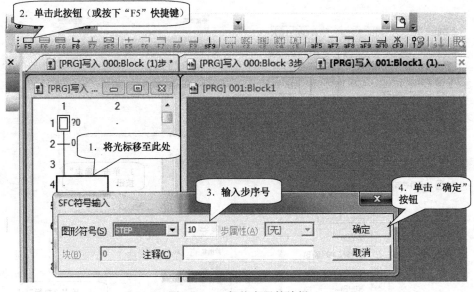

图 3-23　一般状态器的编辑

第二步：在右侧编辑窗口中输入内置梯形图。

第三步：编辑完一个状态后，应单击"变换"按钮或按下"F4"快捷键进行程序变换，变换后梯形图则由原来的灰色变成亮白色，完成变换后左侧编辑窗口中"10"前面的问号（？）会消失，如图 3-24 所示。

7. 条件循环编辑。

顺序功能图程序在执行过程中会出现返回或跳转的编辑问题。要想在顺序功能图程序中出现跳转符号，需要用"JUMP"+"目标步号"进行设计。

第一步：将光标移到方向线的最下端，按下"F8"快捷键或单击"跳转"按钮。

第二步：在弹出的对话框中填入要跳转到的目的地的步序号，然后单击"确定"按钮，如图 3-25 所示。

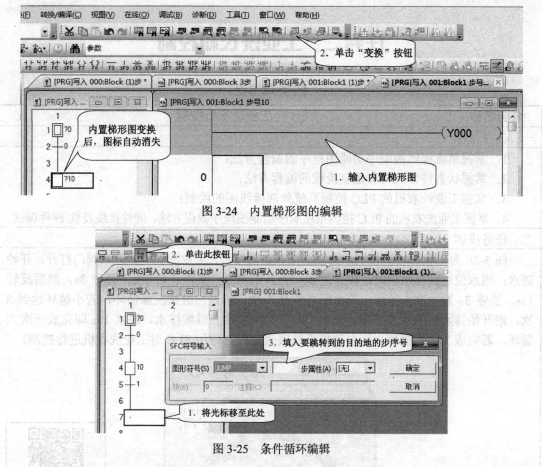

图 3-24　内置梯形图的编辑

图 3-25　条件循环编辑

8．程序变换和调试。

当所有顺序功能图程序编辑完成后，我们可单击"变换"按钮进行顺序功能图程序的变换（编译）。如果程序变换成功，就可以写入 PLC 进行调试。

任务二 工业洗衣机控制

任务单 3-2

任务名称	工业洗衣机控制

一、任务目标

    1．掌握单流程结构顺序功能图程序的编程方法；

    2．掌握状态转移跳转和重复流程的编程方法；

    3．掌握工业洗衣机的 PLC 控制系统外部接线图的绘制；

    4．掌握工业洗衣机的 PLC 控制系统顺序功能图程序编程方法、硬件接线及软/硬件调试。

二、任务描述

    图 3-26 为工业洗衣机控制示意图。按下启动按钮，工业洗衣机的进水阀门打开，开始进水；当水位达到高水位时，停止进水，并开始洗涤；洗涤正转 15s，暂停 3s，然后反转 15s，暂停 3s 为一次小循环，若小循环不足 3 次，则返回继续洗涤循环，若小循环达到 3 次，则开始排水；当水位下降到低水位时，开始脱水并继续排水，脱水 10s 即完成一次大循环，若完成 3 次大循环，则自动停机结束全过程。请用 PLC 对工业洗衣机进行控制。

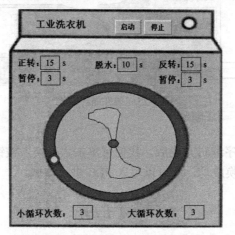

3-3 工业洗衣机
控制（动画演示）

图 3-26 工业洗衣机控制示意图

三、任务实施

    1．认真阅读任务描述，明确所需完成的任务要求

    2．通过网上搜索等方式查找资料，掌握相关知识点

    3．学生根据工作任务制订计划，由组长组织讨论，做出决策并实施；

    4．计划实施结束后进行自我评价、教师评价；

    5．对所完成的任务进行归纳总结并完成任务报告。

四、任务报告

    1．列出 PLC 的 I/O 地址分配表；

    2．绘制 PLC 的 I/O 接线示意图；

    3．编写 PLC 控制程序；

    4．写入程序并接线调试，总结在实训操作过程所出现的问题。

案例演示——简单工业洗衣机控制

1. 任务描述

设计一个简单工业洗衣机 PLC 控制系统。控制要求：当按下启动按钮 SB1 时，电动机正转 10s，停 2s；此后电动机反转 10s，停 2s；如此重复 3 次，自动停止清洗。简单工业洗衣机控制示意图如图 3-27 所示。

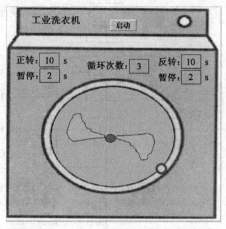

3-4 简单工业
洗衣机控制
（动画演示）

图 3-27 简单工业洗衣机控制示意图

2. 任务实施

（1）根据任务分析，确定 PLC 的 I/O 地址分配，填写现场元件信号对照表，如图 3-4 所示。

表 3-4 现场元件信号对照表

PLC 输入信号				PLC 输出信号			
代号	名称	功能	PLC 端子号	代号	名称	功能	PLC 端子号
SB1	按钮	启动清洗	X1	KM1	接触器	电动机正转	Y1
				KM2	接触器	电动机反转	Y2

（2）绘制 PLC 的 I/O 接线示意图，如图 3-28 所示，并进行系统接线。

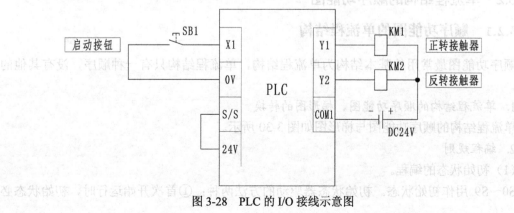

图 3-28 PLC 的 I/O 接线示意图

（3）设计用户程序。

根据控制要求编写PLC控制程序。简单工业洗衣机控制的顺序功能图程序如图3-29所示。

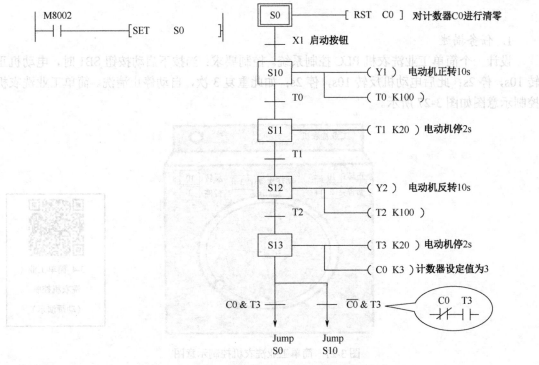

图 3-29　简单工业洗衣机控制的顺序功能图程序

（4）输入程序。

通过编程软件 GX Developer 或 GX Works2 在微机上编写顺序功能图程序，并将程序写入PLC。

（5）系统调试。

结合控制要求，操作有关输入信号，并观察输出状态。

知识链接3-2

3.2　单流程结构的顺序功能图

3.2.1　顺序功能图的单流程结构

顺序功能图最常用的基本结构为单流程结构，单流程结构只有一种顺序，没有其他的分支。

1. 单流程结构的顺序功能图、梯形图的转换

单流程结构的顺序功能图与梯形图如图 3-30 所示。

2. 编程规则

（1）初始状态的编程。

S0～S9 用作初始状态。初始状态器驱动的方法两种：①首次开始运行时，初始状态必须用其他方法预先驱动（可利用系统的初始条件，如可用 PLC 从 STOP 状态到 RUN 状态切换瞬间的初始脉冲使特殊功能辅助继电器 M8002 接通来驱动初始状态）；②循环时用其他状态器来驱动初始状态。

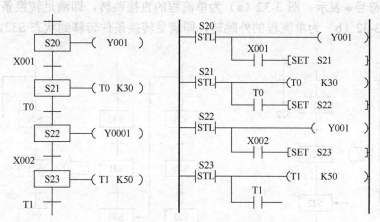

图 3-30 单流程结构的顺序功能图与梯形图

（2）一般状态的编程。

一般状态的编程需在其他状态后加入 STL 指令来进行驱动。由于一般状态的编程必须先负载驱动，后转移处理，因此使用 STL 指令以保证负载驱动和状态转移都是在子母线上进行的。

（3）在相邻的两状态中不能使用同一个定时器，否则会导致定时器没有复位机会，从而引起混乱；在非相邻的状态中可使用同一个定时器。如图 3-31（a）所示。

（4）在转换条件回路中，不能使用 ANB 指令、ORB 指令、MPS 指令、MRD 指令、MPP 指令，可将多个转换条件处理放到状态内的梯形图。顺序功能图编程规则如图 3-31（b）所示。

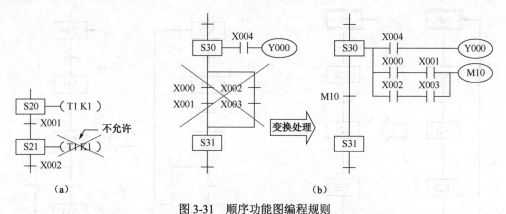

图 3-31 顺序功能图编程规则

（5）连续转移使用 SET 指令，非连续转移使用 OUT 指令。

从状态 S24 向初始状态 S0 转移时，程序中使用的是 OUT 指令。

除初始状态外，其他状态只有在转移条件成立时才能被前一状态置位而激活，一旦下一状态激活，前一状态就会自动关闭，不相邻状态间繁杂的连锁关系将不复存在。

3.2.2 跳转与重复流程

1. 在顺序功能图中，向单流程下面状态的直接转移或向单流程外状态的转移被称为状态的跳转，用符号↓表示。图 3-32（a）为单流程的直接跳转，即满足转换条件直接转移到状态 S22；图 3-32（b）为单流程的外跳转，即满足转换条件转移到状态 S32。

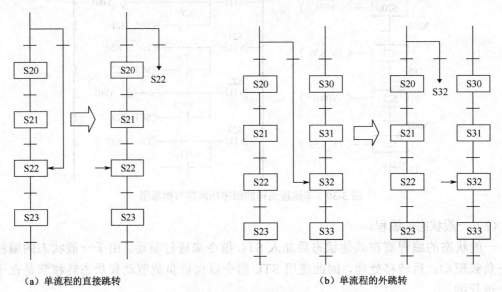

（a）单流程的直接跳转　　　　　　　　　（b）单流程的外跳转

图 3-32　状态跳转（转移）

2. 在顺序功能图中，向上面流程状态的转移被称为重复，也用符号↓表示转移的目标状态。图 3-33（a）为单流程的直接重复，即下面单流程中的转换条件直接转移到状态 S0；图 3-33（b）为分支流程的重复，即下面分支流程中的转换条件转移到状态 S30。

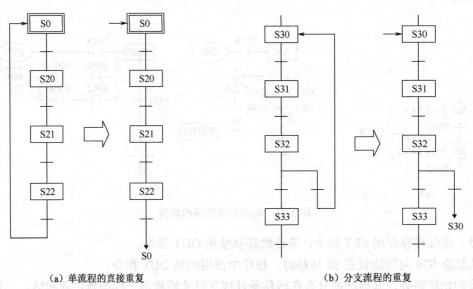

（a）单流程的直接重复　　　　　　　　　（b）分支流程的重复

图 3-33　状态重复（转移）

（3）在顺序功能图中，流程状态的复位处理用符号↩表示。若输入继电器 **X004** 导通，则正在运行的状态 **S22** 复位，该支路就会停止运行，如图 3-34 所示。

图 3-34　状态复位

任务三 十字路口交通信号灯的控制

任务单 3-3

任务名称	十字路口交通信号灯的控制

一、任务目标

1. 掌握并行结构顺序功能图程序的编程方法；
2. 掌握十字路口交通信号灯的 PLC 控制系统外部接线图的绘制方法；
3. 掌握十字路口交通信号灯的 PLC 控制系统顺序功能图程序编程方法、硬件接线及软/硬件调试。

二、任务描述

设计一个十字路口交通信号灯的 PLC 控制系统，其控制要求如下。

南北向红灯亮 20s，东西向绿灯亮 14s，闪 3s，东西向黄灯亮 3s，然后东西向红灯亮 20s，南北向绿灯亮 14s，闪 3s，南北向黄灯亮 3s，并不断循环反复。人行道上有红绿信号灯，当主干道上对应的绿灯和黄灯亮时，人行道为绿灯，否则为红灯。十字路口交通信号灯的控制示意图如图 3-35 所示。

根据控制要求列出 PLC 的 I/O 地址分配表，绘制 PLC 的 I/O 接线图，设计出顺序功能图程序，连接 PLC 外部设备，输入程序并运行调试，直至满足要求。

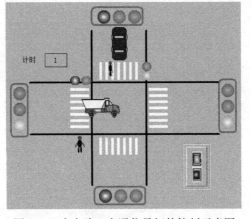

3-5 十字路口交通
信号灯的控制系统
（动画演示）

图 3-35 十字路口交通信号灯的控制示意图

三、任务实施

1. 认真阅读任务描述，明确所需完成的任务要求；
2. 通过网上搜索等方式查找资料，掌握相关知识点；
3. 学生根据工作任务制订计划，由组长组织讨论，做出决策并实施；
4. 计划实施结束后进行自我评价、教师评价；
5. 对所完成的任务进行归纳总结并完成任务报告。

四、任务报告

1. 列出 PLC 的 I/O 地址分配表；
2. 绘制 PLC 的 I/O 接线示意图；
3. 编写 PLC 控制程序；
4. 写入程序并接线调试，总结在实训操作过程中出现的问题。

案例演示——简单交通信号灯控制

1. 任务描述

设计一个简单交通信号灯的 PLC 控制系统，其控制要求如下。

当开关 SA1 闭合时，信号灯系统开始工作，当 SA1 断开时，所有信号灯都熄灭。

信号灯运行要求如下。

南北向红灯亮 20s，南北向绿灯亮 14s，闪 3s，南北向黄灯亮 3s；

东西向绿灯亮 14s，闪 3s，东西向黄灯亮 3s，东西向红灯亮 20s；

并不断循环反复。

简单交通信号灯的控制示意图如图 3-36 所示。

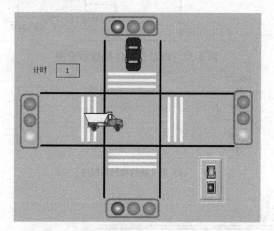

3-6 简单交通信号
灯控制（动画演示）

图 3-36 简单交通信号灯的控制示意图

2. 任务实施

（1）根据任务分析，确定 PLC 的 I/O 地址分配，填写现场元件信号对照表，如表 3-5 所示。

表 3-5 现场元件信号对照表

PLC 输入信号				PLC 输出信号			
代号	名称	功能	PLC 端子号	代号	名称	功能	PLC 端子号
SA1	开关	启动/停止	X0	HL0	红灯	南北红灯	Y0
				HL1	绿灯	南北绿灯	Y1
				HL2	黄灯	南北黄灯	Y2
				HL3	红灯	东西红灯	Y3
				HL4	绿灯	东西绿灯	Y4
				HL5	黄灯	东西黄灯	Y5

（2）绘制 PLC 的 I/O 接线示意图，如图 3-37 所示，并进行系统接线。

（3）设计用户程序。

简单交通信号灯的顺序功能图程序如图 3-38 所示。

（4）输入程序。

通过编程软件 GX Developer 或 GX Works2 在微机上编制顺序功能图程序,并将程序写入PLC。

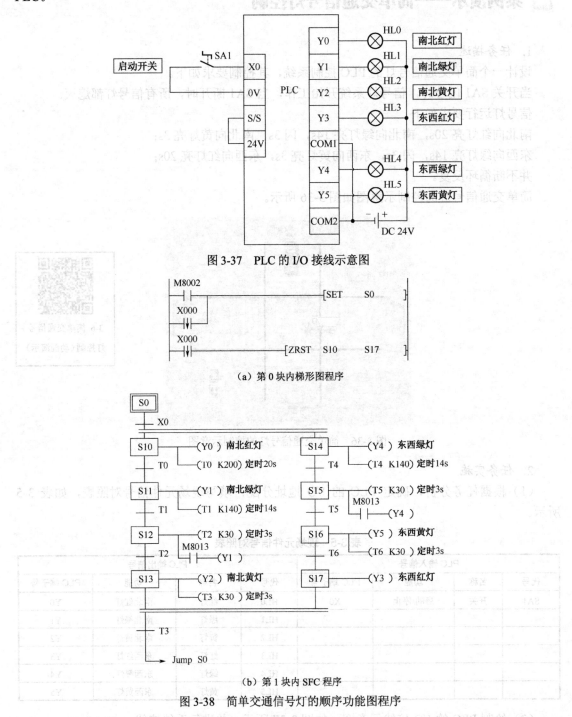

图 3-37　PLC 的 I/O 接线示意图

(a) 第 0 块内梯形图程序

(b) 第 1 块内 SFC 程序

图 3-38　简单交通信号灯的顺序功能图程序

(5) 系统调试。

结合控制要求,操作有关输入信号,并观察输出状态。

3.3 并行结构的顺序功能图

并行结构的顺序功能图是当同一条件满足时，状态同时向各并行分支转移。图 3-39 为并行结构的顺序功能图和梯形图。

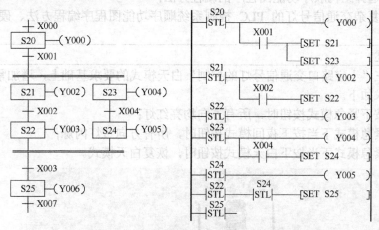

图 3-39 并行结构的顺序功能图和梯形图

图 3-39 中，当程序运行到状态 S20 时，若输入继电器 X001 导通，则同时驱动状态 S21 和 S23，状态 S20 自动复位，然后两条分支各自按工艺流程运行。当两条分支均运行到状态 S22 和 S24 时，若输入继电器 X003 导通，则驱动状态 S25，状态 S22 和 S24 自动复位。

任务四 复杂交通信号灯控制系统设计

任务单 3-4

任务名称	复杂交通灯控制系统设计

一、任务目标

　　1．掌握选择结构顺序功能图程序的编程方法；

　　2．掌握复杂交通信号灯的 PLC 控制系统顺序功能图程序编程方法、硬件接线及软/硬件调试。

二、任务描述

　　在任务三"十字路口交通信号灯的控制"白天模式的要求基础上，增加紧急模式和夜间模式，要求如下。

　　（1）当按下紧急模式按钮时，所有方向均亮红灯；

　　（2）非紧急模式下当按下夜间模式按钮时，所有方向黄灯闪烁；

　　（3）非紧急模式下当按下白天模式按钮时，恢复白天模式。

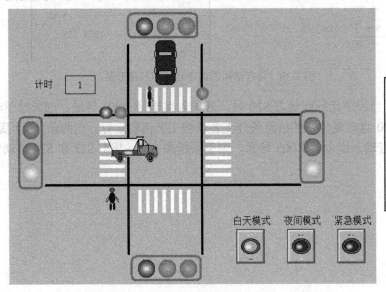

3-7 复杂交通
信号灯控制系统
（动画演示）

图 3-40　复杂交通信号灯控制系统示意图

三、任务实施

　　1．认真阅读任务描述，明确所需完成的任务要求；

　　2．通过网上搜索等方式查找资料，掌握相关知识点；

　　3．学生根据工作任务制订计划，由组长组织讨论，做出决策并实施；

　　4．计划实施结束后进行自我评价、教师评价；

　　5．对所完成的任务进行归纳总结并完成任务报告。

四、任务报告

　　1．列出 PLC 的 I/O 地址分配表；

　　2．绘制 PLC 的 I/O 接线示意图；

　　3．编写 PLC 控制程序；

　　4．写入程序并接线调试，总结在实训操作过程中出现的问题。

案例演示——自动咖啡机控制

1. 任务描述

自动咖啡机控制要求如下。

第一步：按下启动按钮 SB0。

第二步：选择是否加糖及加糖数量。可分别选择不加糖按钮 SB1、加一份糖按钮 SB2、加两份糖按钮 SB3（加糖数量由加糖电磁阀 YV1 控制，加糖时间 5s 为一份糖量，加糖时间 10s 为两份糖量）。

第三步：加咖啡（定时定量，由加咖啡电磁阀 YV2 控制，加咖啡时间为 5s）。

第四步：加热水（定时定量，由加热水电磁阀 YV3 控制，加水时间为 3s），加完热水后，等待下次运行指令。

自动咖啡机装置示意图如图 3-41 所示。请用 PLC 对自动咖啡机进行控制。

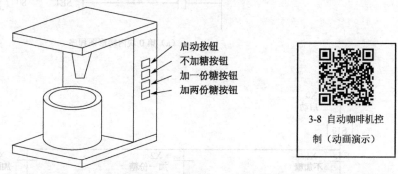

图 3-41 自动咖啡机装置示意图

2. 任务实施

（1）根据任务分析，确定 PLC 的 I/O 地址分配，填写现场元件信号对照表，如表 3-6 所示。

表 3-6 现场元件信号对照表

PLC 输入信号				PLC 输出信号			
代号	名称	功能	PLC 端子号	代号	名称	功能	PLC 端子号
SB0	按钮	启动	X0	YV1	电磁阀	加糖	Y1
SB1	按钮	不加糖	X1	YV2	电磁阀	加咖啡	Y2
SB2	按钮	加一份糖	X2	YV3	电磁阀	加热水	Y3
SB3	按钮	加两份糖	X3				

（2）绘制 PLC 的 I/O 接线示意图，如图 3-42 所示，并进行系统接线。

（3）设计用户程序。

自动咖啡机控制的顺序功能图程序如图 3-43 所示。

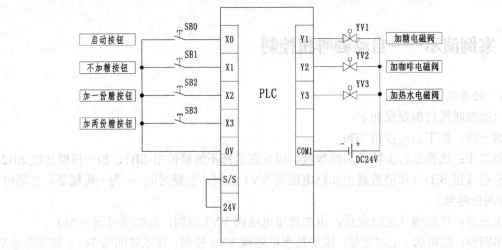

图 3-42　PLC 的 I/O 接线示意图

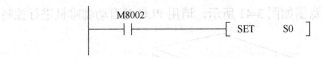

（a）第 0 块内梯形图程序

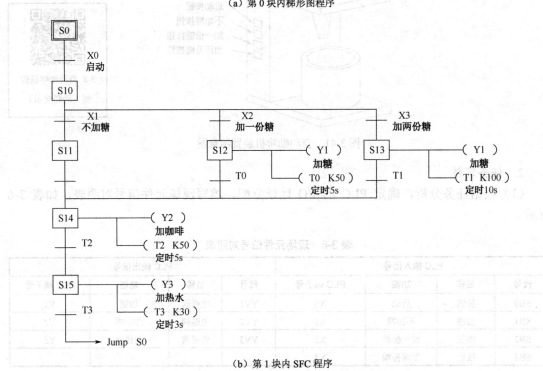

（b）第 1 块内 SFC 程序

图 3-43　自动咖啡机控制的顺序功能图程序

（4）输入程序。

通过编程软件 GX Developer 或 GX Works2 在微机上编制顺序功能图程序，并将程序写入
PLC。

（5）系统调试。

结合控制要求，操作有关输入信号，其观察输出状态。

知识链接3-4

3.4 选择结构的顺序功能图

在顺序功能图程序的多个分支结构中，当状态的转移条件在两个或两个以上时，需要根据转移条件来选择转向哪个分支，这就是选择结构。图3-44中，分支选择转移条件X001和X004不能同时驱动状态S21和S23，只有在状态S20时，根据转移条件X001或X004的触发状态决定执行哪一条分支流程。当状态S21或S23导通时，S20自动复位。

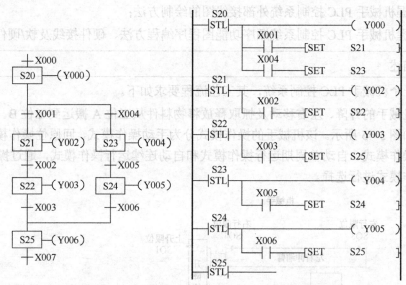

图 3-44 选择结构分支的顺序功能图和梯形图

任务五　机械手控制系统设计

任务单 3-5

任务名称	机械手控制系统设计

一、任务目标

1. 掌握多工作方式运行的顺序功能图程序的编程方法；
2. 掌握初始状态指令的用法；
3. 掌握机械手 PLC 控制系统外部接线图的绘制方法；
4. 掌握机械手 PLC 控制系统顺序功能图程序编程方法、硬件接线及软/硬件调试。

二、任务描述

设计一个机械手 PLC 控制系统，其工艺流程要求如下。

通过机械手的升降、左右移动及抓取释放将物料件从工位 A 搬运到工位 B。机械手简易示意图如图 3-45 所示。该机械手的操作模式分为手动操作模式、回原位操作模式、自动单步运行操作模式、自动单周期运行操作模式和自动连续运行操作模式，通过操作选择开关可对操作模式进行选择。

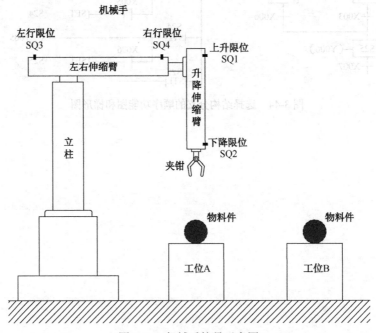

图 3-45　机械手简易示意图

（1）在手动操作模式下，通过各个按钮的通断直接对机械手的单个机构进行控制。

（2）在回原位操作模式下，通过操作回原位启动按钮实现对机械手自动回原位的控制。

（3）在自动单步运行操作模式下，每按动一次自动启动按钮，流程就向前进行一个工序。

续表

任务名称	机械手控制系统设计

二、任务描述

　　（4）在自动单周期运行操作模式下，当机械手在原位时，按动自动启动按钮，机械手将自动运行一个单周期运行操作并回到原位停止；当机械手在运行操作过程中时，按动停止按钮，机械手停止工作，此时若再按动自动启动按钮，则机械手将继续运行并回到原位停止。

　　（5）在自动连续运行操作模式下，当机械手在原位时，按自动启动按钮，机械手将连续循环运行；当机械手在运行操作过程中时，按动停止按钮，机械手将在运行完当前流程后回到原位停止。

　　（6）机械手出现故障或错误操作时，输出报警信号。

三、任务实施

　　1. 认真阅读任务描述，明确需完成的任务要求；

　　2. 通过网上搜索等方式查找资料，掌握相关知识点；

　　3. 学生根据工作任务制订计划，由组长组织讨论，做出决策并实施；

　　4. 计划实施结束后进行自我评价、教师评价；

　　5. 对完成的任务进行归纳总结，形成任务报告。

四、任务报告

　　1. 列出 PLC 的 I/O 地址分配表；

　　2. 绘制 PLC 的 I/O 接线示意图；

　　3. 编写 PLC 控制程序；

　　4. 写入程序并接线调试，总结实训操作过程中出现的问题。

案例演示——气动机械手的控制

1. 任务描述

设计一个气动机械手 PLC 控制系统，其工艺流程要求如下。

通过气动机械手的升降、左右移动及抓取释放将物料件从工位 A 搬运到工位 B。气动机械手简易示意图如图 3-46 所示。该气动机械手的夹钳是通过夹紧/松开电磁阀 YV0 的通电来实现的，当夹紧/松开电磁阀 YV0 通电并延时 2s 时，夹钳抓取物料件；当夹紧/松开电磁阀 YV0 断电并延时 2s，夹钳释放物料件。该气动机械手的升降移动是通过上升电磁阀 YV1 和下降电磁阀 YV2 的通电来实现的，即当上升电磁阀 YV1 通电后，升降伸缩臂上升，在到达上升限位 SQ1 时（限位开关 SQ1 接通），上升电磁阀 YV1 断电，升降伸缩臂停止上升；当下降电磁阀 YV2 通电后，升降伸缩臂下降，在到达下降限位 SQ2 时（限位开关 SQ2 接通），下降电磁阀 YV2 断电，升降伸缩臂停止下降。该气动机械手的左右移动是通过左移电磁阀 YV3 和右移电磁阀 YV4 的通电来实现的，即当左移电磁阀 YV3 通电后，左右伸缩臂左移，在到达左移限位 SQ3 时（限位开关 SQ3 接通），左移电磁阀 YV3 断电，左右伸缩臂停止左移；当右移电磁阀 YV4 通电后，左右伸缩臂右移，在到达右移限位 SQ4 时（限位开关 SQ4 接通），右移电磁阀 YV4 断电，左右伸缩臂停止右移。

通过操作选择开关 SA1 可对该气动机械手的五种操作模式进行选择，即手动操作模式、回原位操作模式、自动单步运行操作模式、自动单周期运行操作模式和自动连续运行操作模式。在进行自动操作前，气动机械手只有回原位，才可运行。

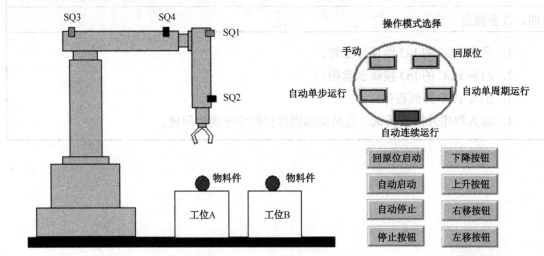

图 3-46　气动机械手简易示意图

3-9 气动机械手控制（动画演示）

控制要求如下。

（1）在手动操作模式下，通过各个按钮（上升按钮 SB11、下降按钮 SB12、左移按钮 SB13、右移按钮 SB14、夹紧按钮 SB15、松开按钮 SB16）的通断直接对机械手单个机构进行控制。

（2）在回原位操作模式下，通过操作回原位启动按钮 SB0 实现对机械手自动回原位的控制。

（3）在自动单步运行操作模式下，每按动一次自动启动按钮 SB1，流程就向前进行一个工序。

（4）在自动单周期运行操作模式下，当机械手在原位时，按动自动启动按钮 SB1，机械手将自动运行一个单周期运行操作并回到原位停止；当机械手在运行操作过程中时，按动停止按钮 SB2，机械手停止工作，此时若再按动自动启动按钮 SB1，则机械手将继续运行并回到原位停止。

（5）在自动连续运行操作模式下，当机械手在原位时，按动自动启动按钮 SB1，机械手将连续循环运行；当机械手在运行操作过程中时，按动自动停止按钮 SB2，机械手将在运行完流程后回到原位停止。

2. 任务实施

（1）根据任务分析，确定 PLC 的 I/O 地址分配，填写现场元件信号对照表，如表 3-7 所示。

表 3-7　现场元件信号对照表

PLC 输入信号				PLC 输出信号			
代号	名称	功能	PLC 端子号	代号	名称	功能	PLC 端子号
SA1	选择开关	手动	X0	YV0	电磁阀	夹紧/松开	Y0
		回原位	X1	YV1	电磁阀	上升	Y1
		自动单步运行	X2	YV2	电磁阀	下降	Y2
		自动单周期运行	X3	YV3	电磁阀	左移	Y3
		自动连续运行	X4	YV4	电磁阀	右移	Y4
SB0	按钮	回原位启动	X5				
SB1	按钮	自动启动	X6				
SB2	按钮	自动停止	X7				
SB3	按钮	紧急停止	X10				
SB11	按钮	上升	X11				
SB12	按钮	下降	X12				
SB13	按钮	左移	X13				
SB14	按钮	右移	X14				
SB15	按钮	夹紧	X15				
SB16	按钮	松开	X16				
SQ1	限位开关	上升	X21				
SQ2	限位开关	下降	X22				
SQ3	限位开关	左移	X23				
SQ4	限位开关	右移	X24				

（2）绘制 PLC 的 I/O 接线示意图，如图 3-47 所示，并进行系统接线。

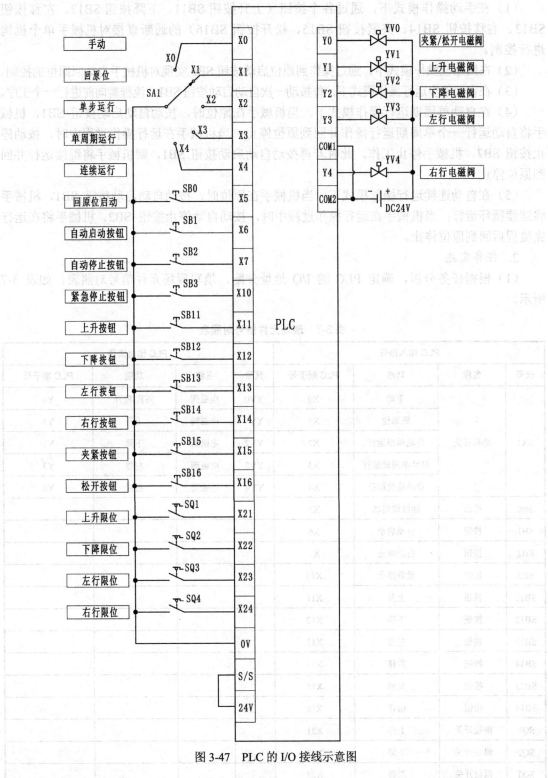

图 3-47　PLC 的 I/O 接线示意图

（3）设计用户程序。

气动机械手的顺序功能图程序如图 3-48 所示。

（a）第0块内梯形图程序

（b）第1块内梯形图程序（手动单个操作）

（c）第2块内顺序功能图程序（手动回原位操作）

图3-48 气动机械手的顺序功能图程序

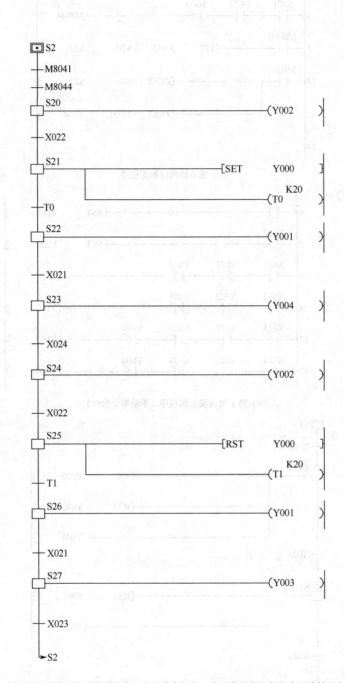

（d）第 3 块内顺序功能图程序（自动单步运行、自动单周期运行和自动连续运行）

图 3-48　气动机械手的顺序功能图程序（续）

（4）输入程序。

通过编程软件 GX Developer 或 GX Works2 在微机上编制顺序功能图程序，并将程序写入 PLC。

（5）系统调试。

结合控制要求，操作有关输入信号，并观察输出状态。

知识链接3-5

3.5　多工作方式运行的顺序功能图

在实际生产控制过程中，要求设备设置手动和自动等不同的工作方式。自动方式又可分为全自动、半自动和单步等方式。

手动：通过各自按钮使各个负载单独接通或断开，按动回原点按钮，被控制的机械自动向原点回归。

单步：按动一次启动按钮，完成一个工步操作。

半自动（单周期）：当设备在原点位置时，按动启动按钮，设备将自动运行一个循环，并在原点停止；当设备在中途时，按动停止按钮，设备中断运行，此时若再按动启动按钮，则设备将从断点处继续运行，在回到原点后自动停止。

全自动（连续运行）：当设备在原点位置时，按动启动按钮，设备将连续循环运行；当设备在中途时，按动停止按钮，设备将运行完流程后回到原点停止。

IST 指令：对于有多种运行方式的控制系统，应能自动进入所设定的运行方式，因此要求系统能够自动设定与各个运行方式相应的初始状态。IST 指令如图 3-49 所示。

图 3-49　IST 指令

IST 指令指定了从 X0 开始的连续 8 个输入点的功能，并指定了自动操作模式下的自动方式的最小状态号（S20）和自动方式的最大状态号（S29）。

| X0：手动 | X1：回原点 | X2：单步运行 | X3：单周期循环一次 |

X4：连续运行　　X5：回原点启动　　X6：自动开始　　　　X7：停止

IST 指令条件满足时，下面初始状态被指定以下功能。

S0：手动操作初始状态　　　　　S1：回原点初始状态　　　　S2：自动操作初始状态
M8040：转移禁止　　　　　　　M8041：开始转移　　　　　M8042：启动脉冲
M8043：原点返回完成　　　　　M8044：原点条件　　　　　M8047：STL 监控有效

一般配合初始状态指令的编程，必须指定具有连续编号的输入点，如果无法指定连续编号，则要用辅助继电器作为 IST 指令的输入首组件号，这时仅要求 8 个辅助继电器 M 是连续的，然后用不连续的输入继电器 X 去控制辅助继电器 M 就可以了。

正在动作的状态按编号从小到大的顺序保存在 D8040～D8047 中，最多 8 个。

IST 指令必须写在第一个 STL 指令出现之前，且 IST 指令在一个程序中只能使用一次。

习 题 3

一、判断题

1．PLC 步进指令中的每个状态器需具备三个功能：驱动有关负载、指定转移目标、指定转移条件。　　　　　　　　　　　　　　　　　　　　　　　　（　　）

2．初始步用双线框表示，每个功能图至少有一个初始步。　　　　　　（　　）

3．顺序控制系统是指按照生产工艺预先规定的顺序，在各个输入信号的作用下，根据内部状态和时间的顺序，在生产过程中各个执行机构自动有序地进行操作过程。（　　）

4．PLC 步进指令中并行分支的顺序功能图程序的编程原则是先集中进行分支状态处理，再集中进行汇合状态处理。　　　　　　　　　　　　　　　　　　（　　）

5．使用 STL 指令时，在转移条件成立后，要使用复位指令使状态元件复位。（　　）

6．步进顺控指令是唯一用来编制复杂顺控程序的方法。　　　　　　　（　　）

二、设计题

以下各题均采用 PLC 控制系统，请列出 PLC 的 I/O 地址分配表，绘制 PLC 的 I/O 接线示意图，并编写 PLC 控制程序。

1．有两盏灯 A、B，其亮灭由一个按钮控制，控制要求如下。

当按钮按第一下时，进入工步一，即 A 灯亮起。

工步一 10s 后，自动进入工步二，即 B 灯以 1s 为周期闪烁，A 灯熄灭。

工步二 10s 后，自动进入工步一，开始循环。

各工步中若按钮按下，则跳过等待的 10s，提前进入下一个工步。

2．设计一个喷泉控制系统，该喷泉有 A、B、C 三组喷头，控制要求如下。

启动后，A 先喷 5s，后 B、C 同时喷，过 5s 后 B 停，再过 5s 后 C 停，而 A、B 又喷，再 2s，C 也喷，持续 5s 后全部停，3s 后重复上述过程。

3．用 PLC 控制"1 位数"数码管显示数字，控制要求如下。

当开关合上时，"1 位数"数码管每隔 2.5s 依次循环显示学号全号，且显示学号最后两位时，以 1s 为周期闪烁，提醒此次循环即将结束。

有快进和后退按钮，当按下对应按钮时，"1 位数"数码管提前显示下个数字或返回显示之前的数字。

当开关断开时，"1 位数"数码管立刻停止显示。

4．设计一个大小物料分拣装置控制系统，控制要求如下。

图 3-50 为大小物料分拣装置示意图，左上为原点，按下启动按钮 SB1 后，该装置的动作顺序为伸缩臂下降→吸收（延时 1s）后上升→右行→下降→释放（延时 1s）→上升→左行。

其中，SQ1 为左限位；SQ3 为上限位；SQ4 为小球右限位；SQ5 为大球右限位；SQ2 为大球下限位；SQ0 为小球下限位。

当机械臂下降时，若吸住大球，则大球下限位 SQ2 接通，机械臂将大球放到大球容器中；若吸住小球，则小球下限位 SQ0 接通，机械臂将小球放到小球容器中。

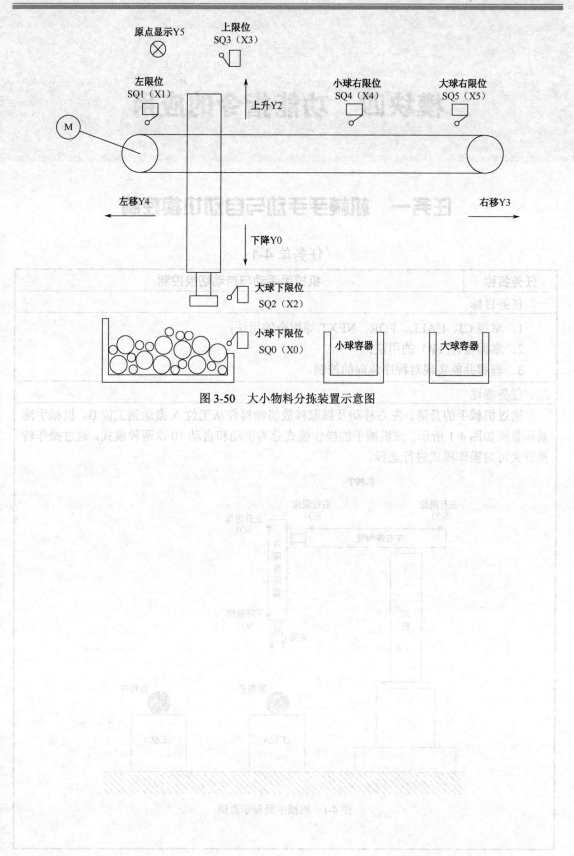

原点显示Y5

上限位
SQ3（X3）

左限位
SQ1（X1）

小球右限位
SQ4（X4）

大球右限位
SQ5（X5）

上升Y2

M

左移Y4

右移Y3

下降Y0

大球下限位
SQ2（X2）

小球下限位
SQ0（X0）

小球容器

大球容器

图 3-50　大小物料分拣装置示意图

模块四 功能指令的应用

任务一 机械手手动与自动切换控制

任务单 4-1

任务名称	机械手手动与自动切换控制

一、任务目标

1. 掌握 CJ、CALL、FOR、NEXT 等指令的用法；
2. 掌握指针（P）的用法；
3. 理解并能实现对程序流向的控制。

二、任务描述

　　通过机械手的升降、左右移动及抓取释放将物料件从工位 A 搬运到工位 B。机械手简易示意图如图 4-1 所示。该机械手的操作模式分为手动和自动 10 次两种模式，通过操作转换开关可对操作模式进行选择。

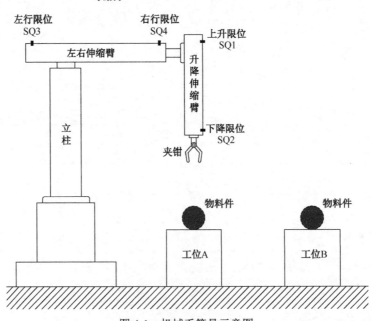

图 4-1　机械手简易示意图

任务名称	机械手手动与自动切换控制

二、任务描述

    在手动模式下，通过各个按钮的通断直接对机械手的单个机构进行控制，并且判断其是否到达限位，若到达限位则立刻停止相应机构的动作。

    在自动模式下，当机械手在原位时，按下自动启动按钮，机械手将在连续循环运行 10 次后自动停止；当机械手在运行操作过程中时，按下停止按钮，机械手将在运行完当前流程后回到原位停止。

    请用功能指令编写机械手手动与自动切换 PLC 控制程序。

三、任务实施

    1. 认真阅读任务描述，明确所需完成的任务要求；

    2. 通过网上搜索等方式查找资料，掌握相关知识点；

    3. 学生根据任务制订计划，由组长组织讨论，做出决策并实施；

    4. 计划实施结束后进行自我评价、教师评价；

    5. 对所完成任务进行归纳总结并完成任务报告。

四、任务报告

    1. 列出 PLC 的 I/O 地址分配表；

    2. 绘制 PLC 的 I/O 接线示意图；

    3. 编写 PLC 控制程序；

    4. 写入程序并接线调试，总结在实训操作过程中出现的问题。

案例演示——两台电动机的手动与自动切换控制

1. 任务描述

现有两台电动机，通过操作面板上的模式选择开关 SA1 进行手动/自动模式的选择，两台电动机的手动与自动切换控制示意图如图 4-2 所示。

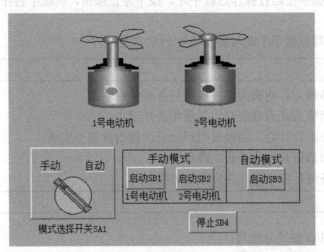

4-1 两台电动机的手动与自动切换控制（动画演示）

图 4-2　两台电动机的手动与自动切换控制示意图

在手动模式下，按下手动启动按钮（1 号电动机的手动启动按钮为 SB1，2 号电动机的手动启动按钮为 SB2），可分别启动单台电动机长动，按下停止按钮 SB4，则所有电动机停止。

在自动模式下，按下自动启动按钮 SB3，1 号电动机启动运行，10s 后 2 号电动机自动启动运行，按下停止按钮 SB4，则所有电动机停止。

采用 CJ 指令或子程序 CALL 指令编写 PLC 控制程序实现两台电动机的手动与自动切换控制。

2. 任务实施

（1）根据任务分析，确定 I/O 地址分配，填写现场元件信号对照表，如表 4-1 所示。

表 4-1　现场元件信号对照表

PLC 输入信号				PLC 输出信号			
代号	名称	功能	PLC 端子号	代号	名称	功能	PLC 端子号
SA1	转换开关	手动/自动切换	X0	KM1	接触器	1 号电动机	Y0
SB1	按钮	1 号电动机手动启动	X1	KM2	接触器	2 号电动机	Y1
SB2	按钮	2 号电动机手动启动	X2				
SB3	按钮	电动机自动启动	X3				
SB4	按钮	电动机停止	X4				

（2）绘制 PLC 的 I/O 接线示意图，如图 4-3 所示，并进行系统接线。

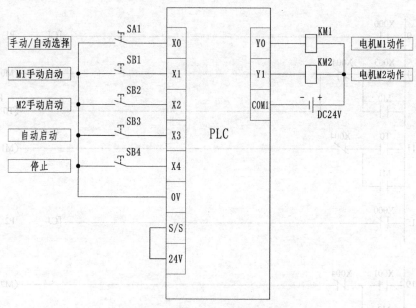

图 4-3　PLC 的 I/O 接线示意图

（3）设计用户控制程序。

方案一：采用 CJ 指令实现两台电动机的手动和自动切换控制，其梯形图程序如图 4-4 所示。

方案二：采用子程序 CALL 指令实现两台电动机的手动与自动切换控制，其梯形图程序如图 4-5 所示。

（4）输入程序。

通过编程软件 GX Developer 或 GX Works2 在微机上编制用户控制程序，并将程序写入 PLC。

（5）系统调试。

结合控制要求，操作有关输入信号，并观察输出状态。

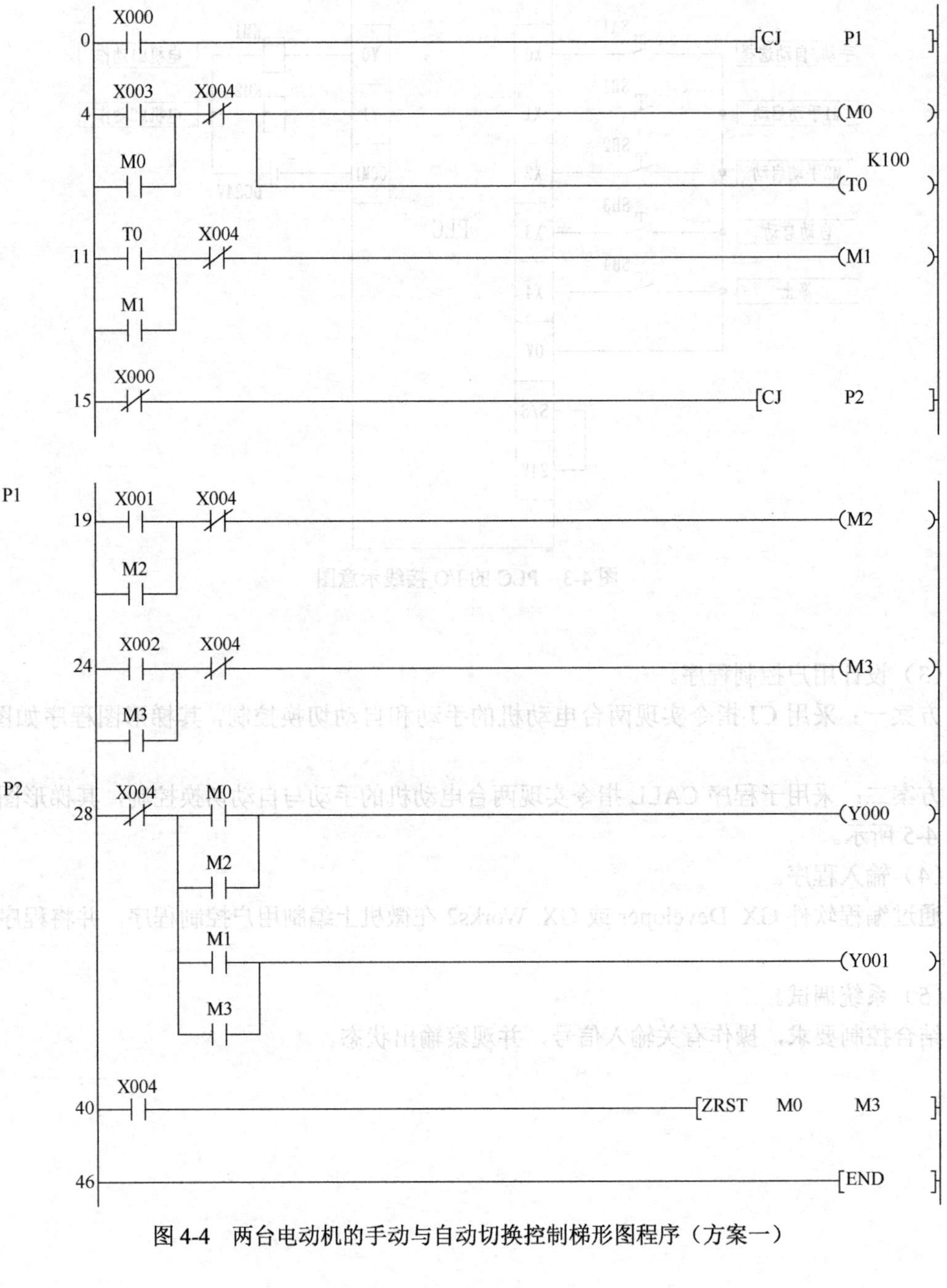

图 4-4　两台电动机的手动与自动切换控制梯形图程序（方案一）

```
        X000
  0     ┤├                                                    ─[CALL    P1 ]─

        X000
  4     ┤├                                                    ─[CALL    P2 ]─

        X004    M0                                                      K100
  8     ┤/├────┤├──────────────────────────────────────────────────────(Y000)

                M2
               ┤├
               │
                M1
               ┤├──────────────────────────────────────────────────────(Y001)
               │
                M3
               ┤├

        X004
 19     ┤├                                             ─[ZRST    M0      M3 ]─

 25                                                             ─────────[FEND]─

  P1    X001    X004
 26     ┤├─────┤/├───────────────────────────────────────────────────────(M2)

         M2
        ┤├

        X002    X004
 31     ┤├─────┤/├───────────────────────────────────────────────────────(M3)

         M3
        ┤├

 35                                                            ─────────[SRET]─

  P2    X003    X004
 36     ┤├─────┤/├───────────────────────────────────────────────────────(M0)

         M0                                                             K100
        ┤├──────────────────────────────────────────────────────────────(T0)

        T0      X004
 44     ┤├─────┤/├───────────────────────────────────────────────────────(M1)

         M1
        ┤├

 48                                                            ─────────[SRET]─

 49                                                            ─────────[END ]─
```

图 4-5　两台电动机的手动与自动切换控制梯形图程序（方案二）

知识链接 4-1

4.1 功能指令

在前三个模块，我们学习了基本指令和步进指令，已经能对控制系统进行 PLC 编程，尤其重点学习了代替传统继电器控制系统的 PLC 编程，但对于复杂的控制系统，只懂这些还是不够的，还应学会使用功能指令来对复杂的控制系统进行编程，从而增强 PLC 的功能和扩大使用范围。

在 FX3U 系列 PLC 中，根据指令的功能不同主要可分为十七大类。功能指令分类如表 4-2 所示。

表 4-2 功能指令分类

序号	分类	功能号	序号	分类	功能号
1	程序流程	FNC00~FNC09	10	浮点数运算	FNC110~FNC137
2	传送与比较	FNC10~FNC19	11	定位	FNC150~FNC159
3	算术与逻辑运算	FNC20~FNC29	12	时钟运算	FNC160~FNC169
4	循环与移位	FNC30~FNC39	13	格雷码与模拟块	FNC170~FNC179
5	数据处理	FNC40~FNC49	14	触点比较指令	FNC220~FNC249
6	高速处理	FNC50~FNC59	15	数据表处理	FNC250~FNC269
7	方便指令	FNC60~FNC69	16	外部设备通信	FNC270~FNC276
8	外围设备 I/O	FNC70~FNC79	17	扩展文件寄存器控制	FNC290~FNC295
9	外围设备 SER	FNC80~FNC88			

由于功能指令较多，我们挑选了一些比较常用的功能指令进行介绍。在具体介绍功能指令前，我们需先掌握功能指令的基本格式。

1）功能指令的表示形式

功能指令与基本指令的形式不同，基本指令用助记符或逻辑操作符表示，其梯形图就是继电器接点与线圈的连接图，而功能指令采用梯形图和助记符相结合的形式，即用功能框表示，功能指令的表示形式如图 4-6 所示。

```
   X000          [S.]  [D.]  n              X000          [S.]  [D.]  n
 ──┤├────[MEAN   D0   D10   K3 ]          ──┤├────[ FNC45  D0    D10   K3 ]

        (a)                                        (b)
```

图 4-6 功能指令的表示形式

图 4-6（a）和图 4-6（b）是同一个功能指令的两种不同表示形式，该功能指令的功能是求平均值，其含义是将数据寄存器([D0]+[D1]+[D2])/3 的计算结果存放到数据寄存器 D10。该功能指令的执行条件是输入继电器 X000 导通。

功能指令由操作码和操作数两大部分组成。

（1）操作码。

功能框的第一段为操作码部分，其表达形式有两种：助记符形式和功能号形式。

助记符形式，如 MEAN。

功能号形式，如 FNC45。

在使用手持编程器时，按下功能指令键后，再输入该条指令的功能号，在编程器上实际显示的就是与功能号相对应的助记符。

（2）操作数。

大部分功能指令还需指定操作元件，即功能框的第二段：操作数。

操作数由"源操作数[S]""目标操作数[D]"和"数据个数 n"三部分组成。无论操作数有多少，其排列顺序总是源操作数、目标操作数、数据个数。

源操作数，其内容不随指令执行而变化，在可利用变址修改软元件的情况下，用[S.]表示，当源的数量多时，用[S1.][S2.]等表示。

目标操作数，其内容随指令执行而改变，如果需要变址操作时，用[D.]表示，当目标的数量多时，用[D1.][D2.]等表示。要注意 X 不能作为目标操作数使用。

数据个数，既不作源操作数，又不作目标操作数，常用来表示常数或作为源操作数或目标操作数的补充说明，可用十进制的 K、十六进制的 H 或数据寄存器 D 来表示。在需要表示多个这类操作数时，可用 $n1$、$n2$ 等表示。图 4-6 中，K3 即源操作数 D0 的补充说明，表示从 D0 开始连续 3 个地址中读取数据，进行求平均。

因为有的指令并不是直接给出数据，而是给出存放操作数的地址，所以[S.]和[D.]也称源地址和目的地址。

2）数据长度

功能指令可用于处理 16 位数据和 32 位数据。

图 4-7（a）中的指令是将 D0 中的数据送到 D10，处理的是 16 位数据。图 4-7（b）中的指令是将 D1 和 D0 中的数据送到 D11 和 D10，处理的是 32 位数据。

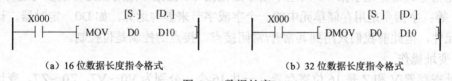

　　（a）16 位数据长度指令格式　　　　　　　　（b）32 位数据长度指令格式

图 4-7　数据长度

3）指令执行类型

FX 系列 PLC 的功能指令有连续执行型和脉冲执行型两种形式，功能指令默认为连续执行型。

图 4-8（a）为连续执行型指令格式，INC 指令为加 1 指令，INC D0 指令的功能为[D0]=[D0]+1，当 X000 处于 ON 状态时，INC 指令在每个扫描周期都被重复执行。图 4-8（b）为脉冲执行型指令格式，INCP 指令仅在 X000 由 OFF 状态转为 ON 状态时执行一次。

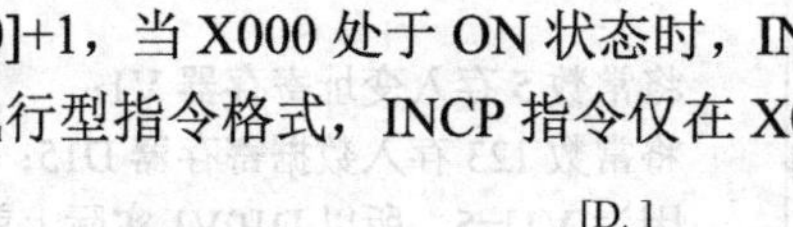

　　（a）连续执行型指令格式 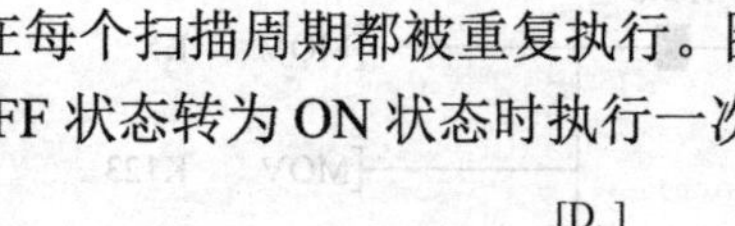　　　　　　　　　（b）脉冲执行型指令格式

图 4-8　指令执行类型

4）位元件与字元件

位元件：用于处理 ON/OFF 状态的继电器，其内部只能存一位数据 0 或 1。

字元件：由一个 16 位寄存器构成，用于处理 16 位数据。

双字元件：由相邻的两个 16 位寄存器组成，以组成 32 位数据操作数。

位元件的组合（可看成字元件）：由位元件也可构成字元件进行数据处理，位元件组合由 Kn 加首元件号来表示。4 个位元件为一组组合成单元，KnMi 中的 n 是组数，i 为首位元件号，即存放数据最低位的元件，为避免混乱，建议采用以"0"结尾的位元件，如用 X0、Y10、S20 等作为最低位。由于对位元件只能逐个进行操作，如果取多个位元件的状态，如取 X0～X7，就需要 8 条 LD 语句，如果将多个位元件组合成字元件，便可以用一条功能指令同时对多个位元件进行操作，将大大提高编程效率和处理数据的能力。

K2M0：M0～M7，共 8 个位元件。

K4X0：X0～X7、X10～X17，共 16 个位元件。

字元件如表 4-3 所示。

表 4-3　字元件

符号	表示内容
K/H	十进制/十六进制整数
KnX	位元件输入继电器 X 组合成字元件
KnY	位元件输出继电器 Y 组合成字元件
KnM	位元件辅助继电器 M 组合成字元件
KnS	位元件状态继电器 S 组合成字元件
T	定时器当前值
C	计数器当前值
D	数据寄存器
V、Z	变址寄存器

功能指令大部分是字指令，而基本指令是位指令。位指令是用位元件来参与运算，如 X0、M0、S0 等；字指令是用存储单元中的一个字或字节来参与运算，如 D0。定时器、计数器虽然是字元件，但此前我们只用到其常开/常闭接点，接点的控制是位控制。

5）变址操作

变址寄存器 V 和 Z 是 16 位寄存器，一共 16 个，分别为 V0～V7，Z0～Z7。变址寄存器在传送、比较指令中用来修改操作对象的元件号。变址寄存器的操作方式与普通数据寄存器一样。在[D.]中的"."表示可以加入变址寄存器。对于 32 位指令，V 作高 16 位，Z 作低 16 位。在 32 位指令中用到变址寄存器时只需指定 Z，这时 Z 就代表了 V 和 Z。使用变址寄存器可简化编程表达。变址操作举例如图 4-9 所示。

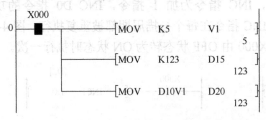

图 4-9　变址操作举例

下面详细介绍程序流程指令。

FX 系列 PLC 的功能指令中的程序流程指令共有 10 条, 功能号是 FNC00～FNC09。通常情况下, PLC 的控制程序是按顺序逐条执行的, 但是在许多场合下却要求按照控制要求改变程序的流向。这些场合有条件跳转、子程序调用与返回、主程序结束、中断、警戒时钟及循环。

1. 条件跳转指令

条件跳转指令如表 4-4 所示。

表 4-4 条件跳转指令

FNC No.	指令符号	指令功能	操作数	D 指令	P 指令
00	CJ	条件跳转	[D.]: P0～P4095	—	○

注: 1. D 指令表示 32 位操作数指令, P 指令表示脉冲执行型指令。

2. 表格中的符号—表示不具备此功能, 符号○表示具备此功能。

条件跳转指令说明如下。

(1) 条件跳转指令为 CJ 或 CJ (P) +标号, 其用法是当跳转条件成立时跳过一段指令, 跳转至指令中所标明的标号处继续执行, 若条件不成立则继续顺序执行。这样可以减少扫描时间并使"双线圈操作"成为可能。

(2) FX3U 系列 PLC 中能够充当目标操作数的只有标号 P0～P4095, 其中 P63 为 END。

(3) 被跳过的程序段中的各种继电器和状态器、定时器等将保持跳转发生前的状态不变。掉电保持计数器、定时器, 其当前值被锁定, 当程序继续执行时, 它们将继续工作。需要注意的是, 复位优先, 即使复位指令在被跳过程序段中, 条件满足, 该复位也将执行。

(4) 同一标号不能重复使用, 但可多次被引用, 即可从不同的地方跳转到同一标号处, 如图 4-10 所示。

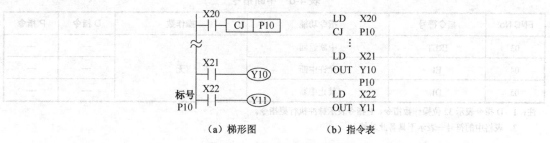

(a) 梯形图　　　　(b) 指令表

图 4-10 条件跳转指令举例

2. 子程序调用指令、子程序返回指令与主程序结束指令

子程序调用指令、子程序返回指令与主程序结束指令如表 4-5 所示。

表 4-5 子程序调用指令、子程序返回指令与主程序结束指令

FNC No.	指令符号	指令功能	操作数	D 指令	P 指令
01	CALL	子程序调用	[D.]: P0～P62, P64～P4095	—	○
02	SRET	子程序返回	无		
06	FEND	主程序结束			

注: 1. D 指令表示 32 位操作数指令, P 指令表示脉冲执行型指令。

2. 表格中的符号—表示不具备此功能, 符号○表示具备此功能。

子程序调用指令、子程序返回指令与主程序结束指令说明如下。

（1）子程序是为一些特定的控制目的编制的相对独立的模块，供主程序调用。为了区别于主程序，将主程序排在前边，子程序排在后边，并以主程序结束指令（FEND）分隔。

（2）子程序调用指令为 CALL 或 CALL（P）+标号，标号是被调用子程序的入口地址，也可以用 P0～P62 来表示。子程序返回用 SRET 指令。

（3）能够充当目标操作数的只有标号 P0～P62 和 P64～P4095。指针 P63 指向 END，它不能作为 CALL 的指针。

（4）子程序嵌套最多 5 层。

子程序调用指令举例如图 4-11 所示。当 M0 导通时，调用子程序 P0，程序将跳转到 P0标号所指向的那条程序，同时将调用下一条指令的地址作为断点。

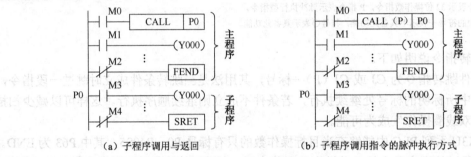

（a）子程序调用与返回　　　　　　　（b）子程序调用指令的脉冲执行方式

图 4-11　子程序调用指令举例

3. 中断指令

中断指令如表 4-6 所示。

表 4-6　中断指令

FNC No.	指令符号	指令功能	操作数	D 指令	P 指令
03	IRET	中断返回		—	—
04	EI	允许中断	无	—	—
05	DI	禁止中断		—	—

注：1. D 指令表示 32 位操作数指令，P 指令表示脉冲执行型指令。

　　2. 表格中的符号—表示不具备此功能。

中断指令说明如下。

（1）PLC 的中断有三种类型，分别是外部中断、定时中断和计数器中断。中断标号共有 15 个，其中外部中断标号有 6 个，定时中断标号有 3 个，计数器中断标号有 6 个。中断源列表如表 4-7 所示。

外部中断：信号从输入端子送入，可用于机外突发随机事件引起的中断。

定时中断：内部中断，定时器定时的时间结束引起的中断。

计数器中断：计数器中断方式。

表 4-7　中断源列表

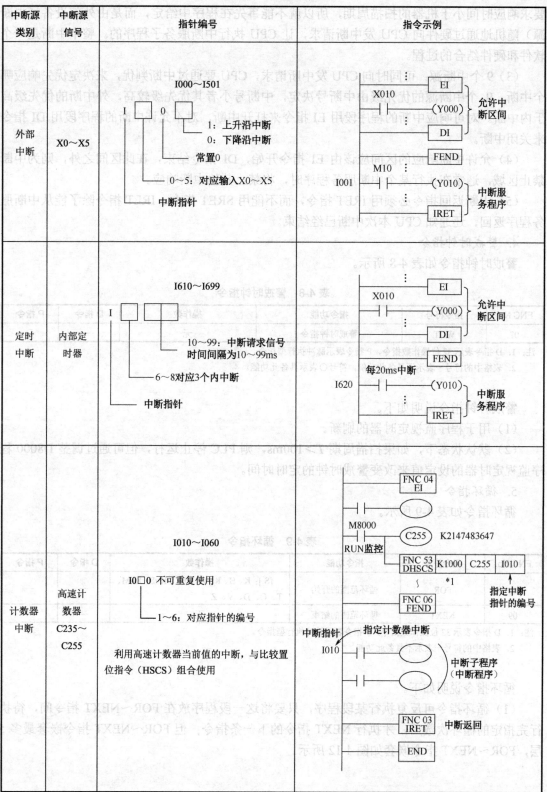

中断源类别	中断源信号	指针编号	指令示例
外部中断	X0~X5	I000~I501 1：上升沿中断 0：下降沿中断 常置0 0~5：对应输入X0~X5 中断指针	EI　允许中断区间 X010——(Y000) DI FEND M10——(Y010) I001 IRET　中断服务程序
定时中断	内部定时器	I610~I699 10~99：中断请求信号时间间隔为10~99ms 6~8对应3个内中断 中断指针	EI　允许中断区间 X010——(Y000) DI FEND 每20ms中断 I620——(Y010) IRET　中断服务程序
计数器中断	高速计数器 C235~C255	I010~I060 I0□0 不可重复使用 1~6：对应指针的编号 利用高速计数器当前值的中断，与比较置位指令（HSCS）组合使用	FNC 04 EI ——+——(0) M8000——(C255) K2147483647 RUN监控 FNC 53 K1000 C255 I010 DHSCS ~ *1 指定中断指针的编号 FNC 06 FEND 中断指针——指定计数器中断 I010——( ) ——+——( ) 中断子程序（中断程序） FNC 03 IRET 中断返回 END

（2）中断与子程序区别：子程序调用是事先在程序中用 CALL 指令给定的，而中断调用要求响应时间小于机器的扫描周期，所以就不能事先在程序中给定，而是由外部设备（中断源）随机地通过硬件向 CPU 发中断请求，让 CPU 执行中断服务子程序的。整个中断是一个软件和硬件结合的过程。

（3）9 个中断源：可同时向 CPU 发中断请求，CPU 要通过中断判优，来决定优先响应哪个中断。9 个中断源的优先级由中断号决定，中断号小者其优先级较高，外中断的优先级高于内中断。对可响应中断的程序段用 EI 指令来打开中断，对不允许中断的程序段用 DI 指令来关闭中断。

（4）允许中断响应的区间应该由 EI 指令开始，DI 指令结束，在此区间之外，则为中断禁止区域，通常在执行某个中断服务程序时，将禁止其他中断响应。

（5）中断返回指令必须用 IRET 指令，而不能用 SRET 指令。IRET 指令除了能从中断服务程序返回，还通知 CPU 本次中断已经结束。

4. 警戒时钟指令

警戒时钟指令如表 4-8 所示。

表 4-8　警戒时钟指令

FNC No.	指令符号	指令功能	操作数	D 指令	P 指令
07	WDT	警戒时钟指令	无	—	○

注：1. D 指令表示 32 位操作数指令，P 指令表示脉冲执行型指令。

　　2. 表格中的符号—表示不具备此功能，符号○表示具备此功能。

警戒时钟指令说明如下。

（1）用于程序监视定时器的刷新。

（2）默认状态下，如果扫描周期 $T > 100ms$，则 PLC 停止运行，但可通过调整 D8000 程序监视定时器的设定值来改变警戒时钟的定时时间。

5. 循环指令

循环指令如表 4-9 所示。

表 4-9　循环指令

FNC No.	指令符号	指令功能	操作数	D 指令	P 指令
08	FOR	循环范围的开始	[S.]：K、H、KnX、KnY、KnS、KnM、T、C、D、V、Z	—	—
09	NEXT	循环范围的结束	无	—	—

注：1. D 指令表示 32 位操作数指令，P 指令表示脉冲执行型指令。

　　2. 表格中的符号—表示不具备此功能。

循环指令说明如下。

（1）循环指令可反复执行某段程序，只要将这一段程序放在 FOR～NEXT 指令间，待执行完指定的循环次数后，才执行 NEXT 指令的下一条指令；但 FOR～NEXT 指令嵌套最多 5 层，FOR～NEXT 指令嵌套如图 4-12 所示。

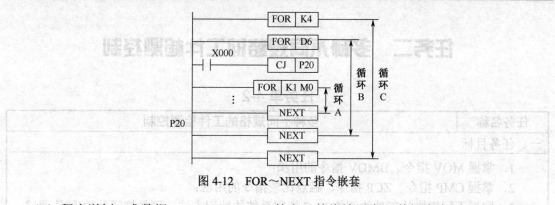

图 4-12 FOR～NEXT 指令嵌套

（2）程序举例：求数据 1+2+3+……+100 的和，并将结果存入数据寄存器 D0，如图 4-13 所示。

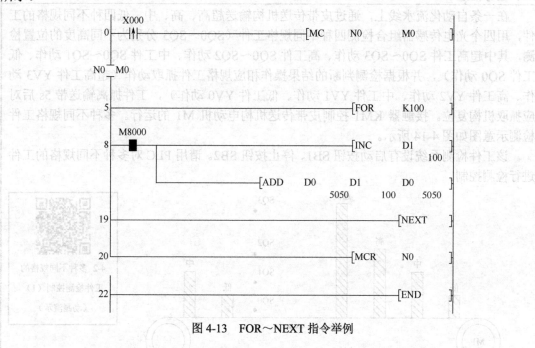

图 4-13 FOR～NEXT 指令举例

任务二　多种不同规格的工件检测控制

任务单 4-2

任务名称	多种不同规格的工件检测控制

一、任务目标

1．掌握 MOV 指令、BMOV 指令的用法；
2．掌握 CMP 指令、ZCP 指令、触点比较指令的用法；
3．掌握不同规格的工件检测的 PLC 控制系统的编程方法、硬件接线及软/硬件调试。

二、任务描述

在一条自动化流水线上，通过皮带传送机构输送超高、高、中、低四种不同规格的工件，用四个光电传感器组合检测四种不同规格工件（SQ0～SQ3 分别为不同高度的位置检测，其中超高工件 SQ0～SQ3 动作、高工件 SQ0～SQ2 动作、中工件 SQ0～SQ1 动作、低工件 SQ0 动作），并根据检测判断的结果操作相应规格工件抓取动作（超高工件 YV3 动作、高工件 YV2 动作、中工件 YV1 动作、低工件 YV0 动作），工件抓离输送带 5s 后对应抓取机构复位。接触器 KM1 控制皮带传送机构电动机 M1 的运行。多种不同规格工件检测示意图如图 4-14 所示。

该工件检测系统设有启动按钮 SB1、停止按钮 SB2。请用 PLC 对多种不同规格的工件进行检测控制。

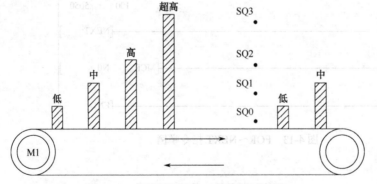

4-2 多种不同规格的
工件检测控制（1）
（动画演示）

图 4-14　多种不同规格工件检测示意图

三、任务实施

1．认真阅读任务描述，明确所需完成的任务要求；
2．通过网上搜索等方式查找资料，掌握相关知识点；
3．学生根据任务制订计划，由组长组织讨论，做出决策并实施；
4．计划实施结束后进行自我评价、教师评价；
5．对所完成的任务进行归纳总结并完成任务报告。

四、任务报告

1．列出 PLC 的 I/O 地址分配表；
2．绘制 PLC 的 I/O 接线示意图；
3．编写 PLC 控制程序；
4．写入程序并接线调试，总结在实训操作过程中出现的问题。

案例演示——三种不同规格的工件检测控制

1. 任务描述

在一条自动化流水线上，通过皮带传送机构输送高、中、低三种不同规格的工件，用三个光电传感器组合检测三种不同规格工件（SQ0、SQ1和SQ2分别为不同高度的光电传感器，其中高工件SQ0～SQ2动作、中工件SQ0～SQ1动作、低工件SQ0动作，工件规格与检测转换数据的关系如表4-10所示），并根据检测判断的结果操作相应规格抓取动作（高工件YV2动作、中工件YV1动作、低工件YV0动作），工件抓离输送带5s后对应抓取机构复位。接触器KM1控制皮带传送机构电动机M1的运行。三种不同规格的工件检测控制示意图，如图4-15所示。

该工件检测系统设有启动按钮SB1、停止按钮SB2。请用PLC对三种不同规格的工件进行检测控制。

表4-10 工件规格与检测转换数据的关系

工件规格	光电传感器输入控制字 K1X10			转换数据
	X12（SQ2）	X11（SQ1）	X10（SQ0）	
低工件	0	0	1	1
中工件	0	1	1	3
高工件	1	1	1	7

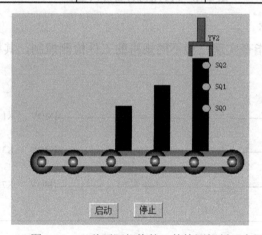

4-2 三种不同规格的
工件检测控制（2）
（动画演示）

图4-15 三种不同规格的工件检测控制示意图

2. 任务实施

（1）根据任务分析，确定I/O地址分配，填写现场元件信号对照表，如表4-11所示。

表4-11 现场元件信号对照表

PLC 输入信号				PLC 输出信号			
代号	名称	功能	PLC 端子号	代号	名称	功能	PLC 端子号
SB1	按钮	启动	X0	KM1	接触器	控制电动机 M1	Y0
SB2	按钮	停止	X1	YV0	电磁阀	抓取低工件	Y10
SQ0	光电传感器	检测高度 1	X10	YV1	电磁阀	抓取中工件	Y11
SQ1	光电传感器	检测高度 2	X11	YV2	电磁阀	抓取高工件	Y12
SQ2	光电传感器	检测高度 3	X12				

（2）绘制 PLC 的 I/O 接线示意图，如图 4-16 所示，并进行系统接线。

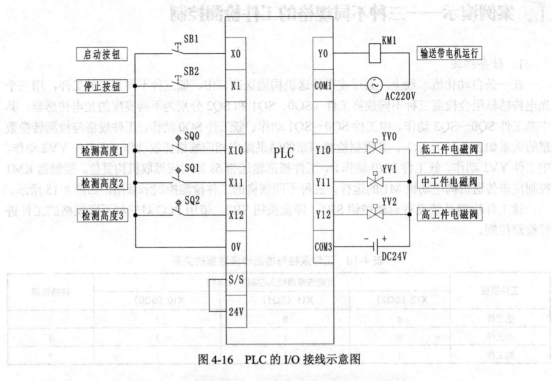

图 4-16　PLC 的 I/O 接线示意图

（3）设计用户控制程序。

方案一：采用 CMP 指令实现三种不同规格的工件检测控制，其梯形图程序如图 4-17 所示。

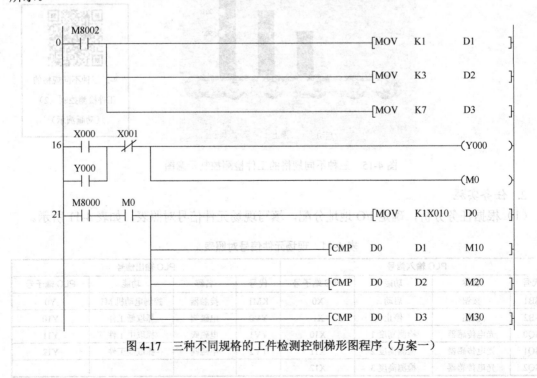

图 4-17　三种不同规格的工件检测控制梯形图程序（方案一）

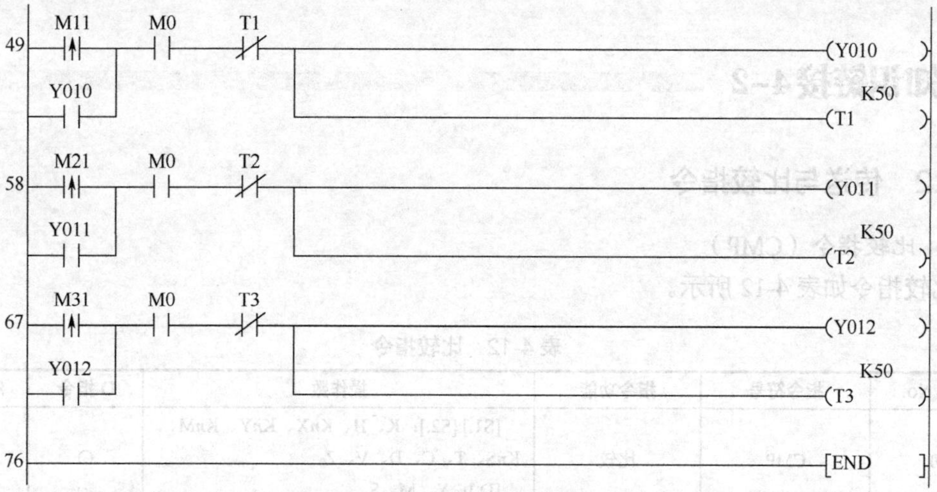

图 4-17　三种不同规格的工件检测控制梯形图程序（方案一）（续）

方案二：采用触点比较指令实现三种不同规格的工件检测控制，其梯形图程序如图 4-18 所示。

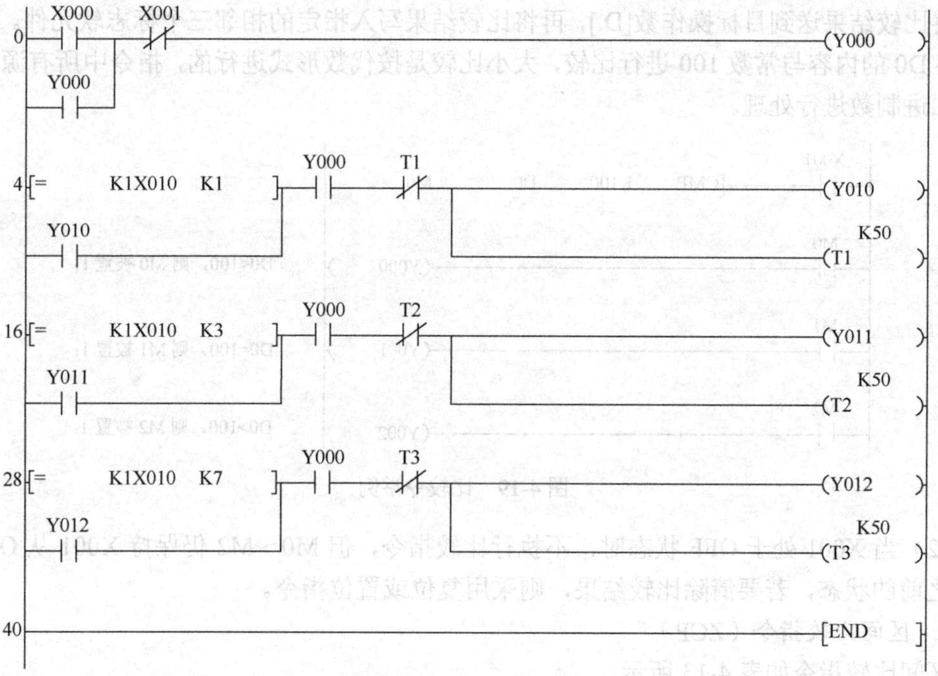

图 4-18　三种不同规格的工件检测控制梯形图程序（方案二）

（4）输入程序。

通过编程软件 GX Developer 或 GX Works2 在微机上编制用户控制程序，并将程序写入 PLC。

（5）调试。

结合控制要求，操作有关输入信号，并观察其输出状态。

知识链接4-2

4.2 传送与比较指令

1. 比较指令（CMP）

比较指令如表 4-12 所示。

表 4-12 比较指令

FNC No.	指令符号	指令功能	操作数	D 指令	P 指令
10	CMP	比较	[S1.] [S2.]：K、H、K*n*X、K*n*Y、K*n*M、K*n*S、T、C、D、V、Z [D.]：Y、M、S	○	○

注：1. D 指令表示 32 位操作数指令，P 指令表示脉冲执行型指令。

2. 表格中的符号○表示具备此功能。

比较指令说明如下。

（1）比较指令可对两个数进行代数减法操作，将源操作数[S1.]和[S2.]的数据进行比较，然后将比较结果送到目标操作数[D.]，再将比较结果写入指定的相邻三个标志软元件。图 4-19 中，将 D0 的内容与常数 100 进行比较，大小比较是按代数形式进行的，指令中所有源数据均作为二进制数进行处理。

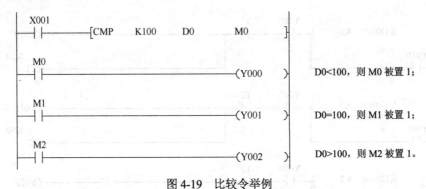

图 4-19 比较令举例

（2）当 X001 处于 OFF 状态时，不执行比较指令，但 M0～M2 仍保持 X001 从 ON 变为 OFF 之前的状态，若要清除比较结果，则采用复位或置位指令。

2. 区间比较指令（ZCP）

区间比较指令如表 4-13 所示。

表 4-13 区间比较指令

FNC No.	指令符号	指令功能	操作数	D 指令	P 指令
11	ZCP	区间比较	[S1.] [S2.] [S3.]：K、H、K*n*X、K*n*Y、K*n*M、K*n*S、T、C、D、V、Z [D.]：Y、M、S	○	○

注：1. D 指令表示 32 位操作数指令，P 指令表示脉冲执行型指令。

2. 表格中的符号○表示具备此功能。

区间比较指令说明如下。

[S1.]和[S2.]为区间起点和终点，[S3.]为另一比较软元件，[D.]为标志软元件，其给出的是标志软元件的首地址。

需要注意的是，[S1.]的值不得大于[S2.]的值，如当[S1.]=K100，[S2.]=K90 时，则把[S2.]当作 K100 进行计算。当 X000 处于 OFF 状态时，不执行区间比较指令，但 M0～M2 仍保持 X000 从 ON 变为 OFF 之前的状态。区间比较指令举例如图 4-20 所示。

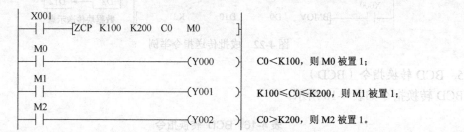

图 4-20 区间比较指令举例

3. 传送指令（MOV）

传送指令如表 4-14 所示。

表 4-14 传送指令

FNC No.	指令符号	指令功能	操作数	D 指令	P 指令
12	MOV	传送	[S.]: KnX、KnY、KnM、KnS、T、C、D [D.]: KnY、KnM、KnS、T、C、D	—	○

注：1. D 指令表示 32 位操作数指令，P 指令表示脉冲执行型指令。

2. 表格中的符号—表示不具备此功能，符号○表示具备此功能。

传送指令说明如下。

将源操作数[S.]的内容向目标操作数[D.]传送，需要注意的是，当 X000 处于 OFF 状态时，目标操作数[D.]的内容不变化。传递指令举例如图 4-21 所示。

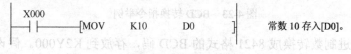

图 4-21 传送指令举例

4. 成批传送指令（BMOV）

成批传送指令如表 4-15 所示。

表 4-15 成批传送指令

FNC No.	指令符号	指令功能	操作数	D 指令	P 指令
15	BMOV	成批传送	[S.]: KnX、KnY、KnM、KnS、T、C、D [D.]: KnY、KnM、KnS、T、C、D n: K、H、D	○	○

注：1. D 指令表示 32 位操作数指令，P 指令表示脉冲执行型指令。

2. 表格中的符号○表示具备此功能。

成批传送指令说明如下。

（1）将源操作数中的 n 个数据组成的数据块传送到指定的目标操作数。成批传送指令举例如图 4-22 所示。

（2）如果软元件号超出允许软元件号的范围，则数据仅在允许范围内传送。

（3）传送位元件的组合时，源操作数和目标操作数都要采用相同的位数。

（4）当 M8024 处于 ON 状态时，执行成批传送指令时传送方向反转。

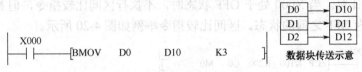

图 4-22 成批传送指令举例

5. BCD 转换指令（BCD）

BCD 转换指令如表 4-16 所示。

表 4-16 BCD 转换指令

FNC No.	指令符号	指令功能	操作数	D 指令	P 指令
18	BCD	BCD 转换	[S.]: K、H、KnX、KnY、KnM、KnS、T、C、D、V、Z [D.]: KnY、KnM、KnS、T、C、D、V、Z	○	○

注：1. D 指令表示 32 位操作数指令，P 指令表示脉冲执行型指令。

2. 表格中的符号○表示具备此功能。

BCD 转换指令说明如下。

将指定的源操作数的内容转换成 BCD 码并送到指定的目标操作数，如图 4-23 所示。

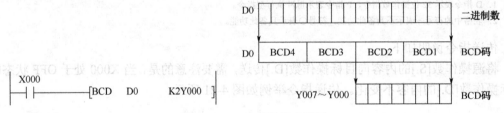

图 4-23 BCD 转换指令举例

将 D0 中的二进制数转换成 8421 格式的 BCD 码，存放到 K2Y000。假设[D0]中存放的数为 78，即

$$[D0]=(0000\ 0000\ 0100\ 1110)_2=78$$

若转换成 BCD 码，则

$$[D0]=(0000\ 0000\ 0111\ 1000)_{BCD}$$

6. BIN 转换指令（BIN）

BIN 转换指令如表 4-17 所示。

表 4-17 BIN 转换指令

FNC No.	指令符号	指令功能	操作数	D 指令	P 指令
19	BIN	BIN 转换	[S.]: KnX、KnY、KnM、KnS、T、C、D、V、Z [D.]: KnY、KnM、KnS、T、C、D、V、Z	○	○

注：1. D 指令表示 32 位操作数指令，P 指令表示脉冲执行型指令。

2. 表格中的符号○表示具备此功能。

BIN 转换指令说明如下。

将指定的源操作数中的 BCD 码转换成二进制数并送到指定的目标操作数，如图 4-24 所示。

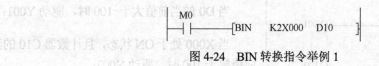

图 4-24 BIN 转换指令举例 1

"BIN K2X000 D10"指令：将 BCD 拨盘的设定值通过 X007～X000 输入 PLC，如图 4-25 所示。

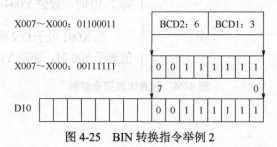

图 4-25 BIN 转换指令举例 2

4.3 触点比较指令

触点比较指令如表 4-18 所示。

表 4-18 触点比较指令

FNC No.	指令符号	指令功能	操作数	D 指令	P 指令
224	LD=	(S1) = (S2)		○	—
225	LD>	(S1) > (S2)		○	—
226	LD<	(S1) < (S2)		○	—
228	LD<>	(S1) ≠ (S2)		○	—
229	LD<=	(S1) ≤ (S2)		○	—
230	LD>=	(S1) ≥ (S2)		○	—
232	AND=	(S1) = (S2)		○	—
233	AND>	(S1) > (S2)		○	—
234	AND<	(S1) < (S2)	[S1.][S2.]: K、H、KnX、KnY、KnM、KnS、T、C、D、V、Z	○	—
236	AND<>	(S1) ≠ (S2)		○	—
237	AND<=	(S1) ≤ (S2)		○	—
238	AND>=	(S1) ≥ (S2)		○	—
240	OR=	(S1) = (S2)		○	—
241	OR>	(S1) > (S2)		○	—
242	OR<	(S1) < (S2)		○	—
244	OR<>	(S1) ≠ (S2)		○	—
245	OR<=	(S1) ≤ (S2)		○	—
246	OR>=	(S1) ≥ (S2)		○	—

注：1. D 指令表示 32 位操作数指令，P 指令表示脉冲执行型指令。

2. 表格中的符号—表示不具备此功能，符号○表示具备此功能。

触点比较指令举例如图 4-26 所示。

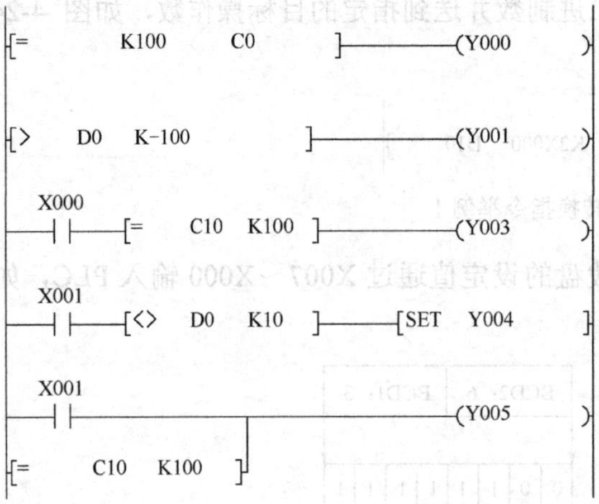

当 C0 的当前值等于 100 时，驱动 Y000；

当 D0 的当前值大于-100 时，驱动 Y001；

当 X000 处于 ON 状态，且计数器 C10 的当前值等于 100 时，驱动 Y003；

当 X001 处于 ON 状态时，且 D0 的内容不等于 10 时，置位 Y004；

当 X001 处于 ON 状态或计数器 C10 的当前值等于 100 时，驱动 Y005。

图 4-26　触点比较指令举例

任务三 自动售货机的控制系统

任务单 4-3

任务名称	自动售货机的控制系统

一、任务目标

1. 掌握算术与逻辑运算指令的用法；
2. 掌握七段译码指令的用法；
3. 掌握自动售货机的 PLC 控制系统的编程方法。

二、任务描述

设计一个自动售货机的 PLC 控制系统，其控制要求如下。

（1）自动售货机有 3 个投币孔，分别为 1 元、2 元和 5 元；共有 2 种饮料供选择，分别为汽水和果汁。

（2）当投币值大于或等于 3 元时，汽水指示灯亮，表示可选择汽水；当投币值大于或等于 8 元时，汽水和果汁指示灯均亮，表示可选择汽水或果汁。

（3）按下要饮用的饮料按钮，则相对应的指示灯开始闪烁，3s 后自动停止，表示饮料已经掉出。

（4）动作停止后按下退币按钮，可以退回余额。

（5）投币总额或当前值显示在七段数码管上。

自动售货机的控制系统示意图如图 4-27 所示。根据控制要求列出 I/O 地址分配表，绘制 PLC 的 I/O 接线示意图，编写 PLC 控制程序，连接 PLC 外部设备，输入程序，并运行调试，直至满足要求。

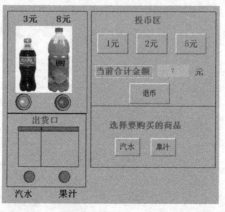

4-3 自动售货机
的控制系统
（动画演示）

图 4-27 自动售货机的控制系统示意图

任务名称	自动售货机的控制系统

三、任务实施

    1. 认真阅读任务描述，明确所需完成的任务要求；

    2. 通过网上搜索等方式查找资料，掌握相关知识点；

    3. 学生根据任务制订计划，由组长组织讨论，做出决策并实施；

    4. 计划实施结束后进行自我评价、教师评价。

    5. 对所完成的任务进行归纳总结并完成任务报告。

四、任务报告

    1. 列出 PLC 的 I/O 地址分配表；

    2. 绘制 PLC 的 I/O 接线示意图；

    3. 编写 PLC 控制程序；

    4. 写入程序并接线调试，总结在实训操作过程中出现的问题。

案例演示——合格产品计数装箱控制

1. 任务描述

设计一个合格产品计数装箱 PLC 控制系统。在某生产线上，通过光电传感器 SQ0 和 SQ1 对产品进行实时检测及数量统计。当检测到合格产品时，光电传感器 SQ0 常开开关接通，合格产品数量加 1，该产品进入装箱线；当检测到不合格产品时，光电传感器 SQ1 常开开关接通，不合格产品数量加 1，该产品被剔除。当合格产品数量达到 10 个时，该系统对这 10 个合格产品进行装箱作业，装箱时间为 3s。该系统设有产品数据清零按钮、启动。合格产品计数装箱控制示意图如图 4-28 所示。

4-4 合格产品
计数装箱控制
（动画演示）

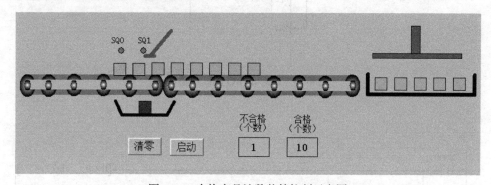

图 4-28 合格产品计数装箱控制示意图

2. 任务实施

（1）根据任务分析，确定 I/O 地址分配，填写现场元件信号对照表，如表 4-19 所示。

表 4-19 现场元件信号对照表

PLC 输入信号				PLC 输出信号			
代号	名称	功能	PLC 端子号	代号	名称	功能	PLC 端子号
SQ0	光电传感器	合格产品检测	X0	KM1	接触器	合格产品装箱	Y0
SQ1	光电传感器	不合格产品检测	X1	KM2	接触器	不合格产品剔除	Y1
SB0	按钮	产品数据清零	X3				

（2）绘制 PLC 的 I/O 接线示意图，如图 4-29 所示，并进行系统接线。

（3）设计用户控制程序。合格产品计数装箱控制程序如图 4-30 所示。

（4）输入程序。

通过编程软件 GX Developer 或 GX Works2 在微机上编制用户控制程序，并将程序写入 PLC。

（5）调试。

结合控制要求，操作有关输入信号，并观察输出状态。

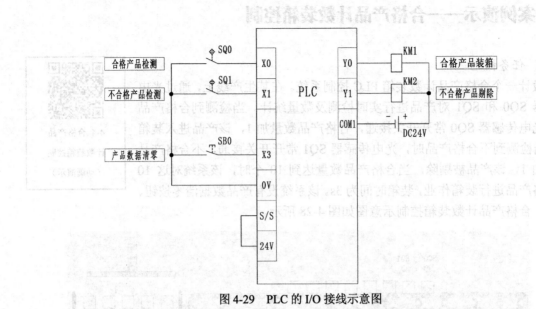

图 4-29   PLC 的 I/O 接线示意图

```
        X000
   0 ──┤ ├──────────────────────────────────[INCP    D0        ]
       │
       └──────────────────────────[CMP     D0    K10    M0      ]

        X001
  11 ──┤ ├──────────────────────────────────[INCP    D1        ]
       │
       └───────────────────────────────────────────────(Y001   )

        M1
  16 ──┤↑├──────────────────────────────────[SET     Y000      ]
       │
       └───────────────────────────────────[RST     D0        ]

        Y000    T0                                         K30
  22 ──┤ ├────┤/├────────────────────────────────────────(T0    )
       │
       │       T0
       └──────┤ ├─────────────────────────[RST     Y000      ]

        X003
  31 ──┤ ├──────────────────────────────[ZRST    D0    D1      ]

  37 ──────────────────────────────────────────────────[END     ]
```

图 4-30   合格产品计数装箱控制程序

案例演示——9s 倒计时钟控制

1．任务描述

设计一个 9s 倒计时钟。合上控制开关，数码管显示 9，随后每隔 1s，显示数字减 1，当减到 0 时，蜂鸣器报警。断开控制开关，数码管不显示数字，蜂鸣器停止报警。9s 倒计时钟控制示意图如图 4-31 所示。请用 PLC 对 9s 倒计时钟进行控制。

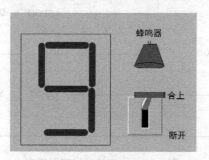

图 4-31　9s 倒计时钟控制示意图

4-5 9s 倒计时钟控制（动画演示）

2．任务实施

（1）根据任务分析，确定 I/O 地址分配，填写现场元件信号对照表，如表 4-20 所示。

表 4-20　现场元件信号对照表

PLC 输入信号				PLC 输出信号			
代号	名称	功能	PLC 端子号	代号	名称	功能	PLC 端子号
SA1	开关	控制启停	X0	a~h	七段数码管	显示数字	Y0~Y7
				DL0	蜂鸣器	声音报警	Y10

（2）绘制 PLC 的 I/O 接线示意图，如图 4-32 所示，并进行系统接线。

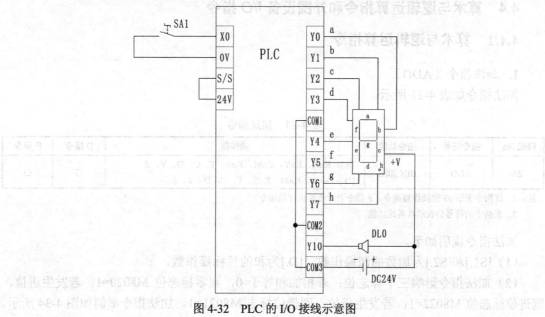

图 4-32　PLC 的 I/O 接线示意图

（3）设计用户控制程序。9s 倒计时梯形图程序如图 4-33 所示。

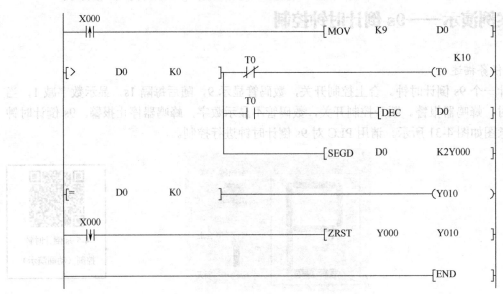

图 4-33　9s 倒计时梯形图程序

（4）输入程序。

通过编程软件 GX Developer 或 GX Works2 在微机上编制用户控制程序，并将程序写入 PLC。

（5）调试。

结合控制要求，操作有关输入信号，并观察输出状态。

知识链接 4-3

4.4　算术与逻辑运算指令和外围设备 I/O 指令

4.4.1　算术与逻辑运算指令

1. 加法指令（ADD）

加法指令如表 4-21 所示。

表 4-21　加法指令

FNC No.	指令符号	指令功能	操作数	D 指令	P 指令
20	ADD	BIN 加法	[S.]: KnX、KnY、KnM、KnS、T、C、D、V、Z [D.]: KnY、KnM、KnS、T、C、D、V、Z	○	○

注：1. D 指令表示 32 位操作数指令，P 指令表示脉冲执行型指令。

　　2. 表格中的符号○表示具备此功能。

加法指令说明如下。

（1）[S1.]和[S2.]为加数的源操作数，[D.]为和的目标操作数。

（2）加法指令影响三个标志位：若相加和等于 0，则零标志位 M8020=1；若发生进位，则进位标志位 M8022=1；若发生借位，则借位标志 M8021=1。加法指令举例如图 4-34 所示。

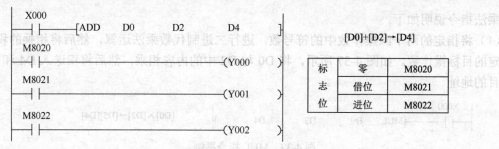

图4-34 加法指令举例

（3）DADD指令举例如图4-35所示。注意"ADD D0 D10"与"DADD D0 D10"的区别。

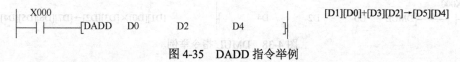

图4-35 DADD指令举例

（4）如使用连续执行型指令（ADD、DADD），则每个扫描周期加一次，请务必注意。

2. 减法指令（SUB）

减法指令如表4-22所示。

表4-22 减法指令

FNC No.	指令符号	指令功能	操作数	D指令	P指令
21	SUB	BIN 减法	[S.]: KnX、KnY、KnM、KnS、T、C、D、V、Z [D.]: KnY、KnM、KnS、T、C、D、V、Z	○	○

注：1. D指令表示32位操作数指令，P指令表示脉冲执行型指令。
　　2. 表格中的符号○表示具备此功能。

减法指令说明如下。

（1）将指定的两个源操作数中的符号数，进行二进制代数减法运算，然后将相减结果送入指定的目标操作数。减法指令举例如图4-36所示。

（2）各种标志位的动作、32位运算软元件的指定方法、连续型和脉冲型的差异等都跟加法指令相同。

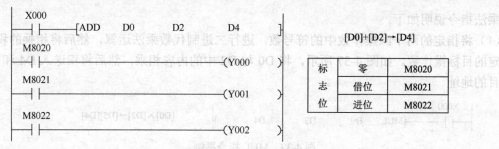

$[D0]-[D2]\rightarrow[D4]$

图4-36 减法指令举例

3. 乘法指令（MUL）

乘法指令如表4-23所示。

表4-23 乘法指令

FNC No.	指令符号	指令功能	操作数	D指令	P指令
22	MUL	BIN 乘法	[S.]: KnX、KnY、KnM、KnS、T、C、D、V、Z [D.]: KnY、KnM、KnS、T、C、D、V、Z	○	○

注：1. D指令表示32位操作数指令，P指令表示脉冲执行型指令。
　　2. 表格中的符号○表示具备此功能。

乘法指令说明如下。

（1）将指定的两个源操作数中的符号数，进行二进制代数乘法运算，然后将相乘的积送入指定的目标操作数。如图 4-37 所示，将 D0 与 D2 中的内容相乘，然后将积送入 D4 和 D5 两个目的地址。

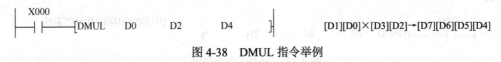

图 4-37　MUL 指令举例

（2）DMUL 指令：32 位的 MUL 指令，执行结果并将其存放到 64 位的数据中。DMUL 指令举例如图 4-38 所示。

<table>
<tr><td>X000</td><td>DMUL</td><td>D0</td><td>D2</td><td>D4</td><td>[D1][D0]×[D3][D2]→[D7][D6][D5][D4]</td></tr>
</table>

图 4-38　DMUL 指令举例

4. 除法指令（DIV）

除法指令如表 4-24 所示。

表 4-24　除法指令

FNC No.	指令符号	指令功能	操作数	D 指令	P 指令
23	DIV	BIN 除法	[S.]: KnX、KnY、KnM、KnS、T、C、D、V、Z [D.]: KnY、KnM、KnS、T、C、D、V、Z	○	○

注：1. D 指令表示 32 位操作数指令，P 指令表示脉冲执行型指令。
　　2. 表格中的符号○表示具备此功能。

除法指令说明如下。

（1）将指定的两个源操作数中的符号数，进行二进制代数除法运算，将相除的商和余数送入从首地址开始的相应的目标操作数，如图 4-39 所示。需要注意的是，当被除数是负数时，余数也是负数。

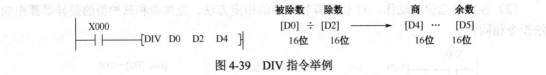

图 4-39　DIV 指令举例

（2）DDIV 指令：32 位的 DIV 指令，DDIV 指令中的源操作数、目标操作数都是 32 位的，给出的都只是它们的首地址。商、余数均以 32 位存储，如图 4-40 所示。

	X000				被除数	除数		商	余数
	├─┤	DDIV	D0	D2	D4	[D1][D0] ÷ [D3][D2]	→	[D5][D4] … [D7][D6]
					32位	32位		32位	32位

图 4-40　DDIV 指令举例

（3）将数据除 2 后，可根据余数为 1 或 0 判断原数据的奇偶性；将数据除 10 后，可根据余数确定原数据的个位数字。

5. 加 1 指令（INC）

加 1 指令如表 4-25 所示。

表 4-25　加 1 指令

FNC No.	指令符号	指令功能	操作数	D 指令	P 指令
24	INC	BIN 加1	[S.]: KnY、KnM、KnS、T、C、D、V、Z [D.]: KnY、KnM、KnS、T、C、D、V、Z	○	○

注：1. D 指令表示 32 位操作数指令，P 指令表示脉冲执行型指令。

　　2. 表格中的符号○表示具备此功能。

加 1 指令说明如下。

（1）将指定的目标操作数的内容加 1。

（2）加 1 指令常使用的是脉冲执行型指令（INCP）。图 4-41 中，如当 X000 由 OFF 状态变为 ON 状态时，则将执行一次加 1 运算，即将 D0 中的原有数据加 1 后作为新数据存入 D0。

```
     X000
 ┤├────────[INCP    D0    ]────       [D0]+1→[D0]
```

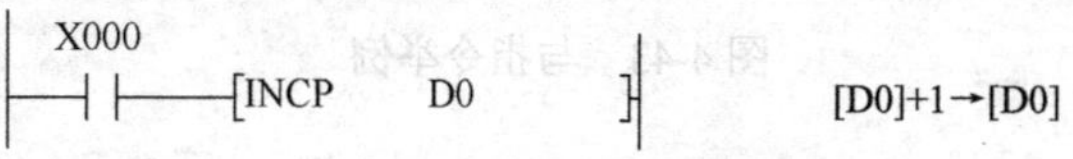

图 4-41　加 1 指令举例

（3）若使用连续执行型指令（INC、DINC），则每个扫描周期加 1。

（4）16 位运算时，到 32 767 再加 1 就变为-32 768。

6. 减 1 指令（DEC）

减 1 指令如表 4-26 所示。

表 4-26　减 1 指令

FNC No.	指令符号	指令功能	操作数	D 指令	P 指令
25	DEC	BIN 减1	[S.]: KnY、KnM、KnS、T、C、D、V、Z [D.]: KnY、KnM、KnS、T、C、D、V、Z	○	○

注：1. D 指令表示 32 位操作数指令，P 指令表示脉冲执行型指令。

　　2. 表格中的符号○表示具备此功能。

减 1 指令说明如下。

（1）将指定的目标操作数的内容减去 1。

（2）减 1 指令常使用的是脉冲执行型指令（DECP）。图 4-42 中，如当 X000 由 OFF 状态变为 ON 状态时，则将执行一次减 1 运算，即将 D0 中的原有数据减 1 后作为新数据存入 D0。

```
     X000
 ┤├────────[DECP    D0    ]────       [D0]-1→[D0]
```

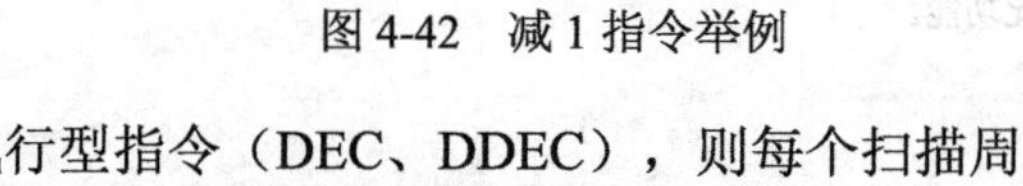

图 4-42　减 1 指令举例

（3）若使用连续执行型指令（DEC、DDEC），则每个扫描周期减 1。

（4）16 位运算时，到-32 768 再减去 1 就变为 32 767。

7. 与指令（WAND）

与指令如表 4-27 所示。

表 4-27 与指令

FNC No.	指令符号	指令功能	操作数	D 指令	P 指令
26	WAND	逻辑与	[S.]：K、H、KnX、KnY、KnM、KnS、T、C、D、V、Z [D.]：KnY、KnM、KnS、T、C、D、V、Z	○	○

注：1．D 指令表示 32 位操作数指令，P 指令表示脉冲执行型指令。

2．表格中的符号○表示具备此功能。

与指令说明如下。

（1）将指定的两个源操作数中的数进行二进制按位"与"运算，然后将相"与"结果送入指定的目标操作数。

（2）[D0]∧[D1]→[D2]，以"位"为单位作"与"运算。与指令举例如图 4-43 所示。

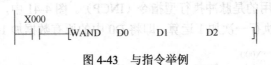

图 4-43 与指令举例

8．或指令（WOR）

或指令如表 4-28 所示。

表 4-28 或指令

FNC No.	指令符号	指令功能	操作数	D 指令	P 指令
27	WOR	逻辑或	[S.]：K、H、KnX、KnY、KnM、KnS、T、C、D、V、Z [D.]：KnY、KnM、KnS、T、C、D、V、Z	○	○

注：1．D 指令表示 32 位操作数指令，P 指令表示脉冲执行型指令。

2．表格中的符号○表示具备此功能。

或指令说明如下。

（1）将指定的两个源操作数中的数进行二进制按位"或"运算，然后将相"或"结果送入指定的目标操作数。

（2）[D0]∨[D1]→[D2]，以"位"为单位作"或"运算。或指令举例如图 4-44 所示。

9．异或指令（WXOR）

异或指令如表 4-29 所示。

表 4-29 异或指令

FNC No.	指令符号	指令功能	操作数	D 指令	P 指令
28	WXOR	逻辑异或	[S.]：K、H、KnX、KnY、KnM、KnS、T、C、D、V、Z [D.]：KnY、KnM、KnS、T、C、D、VZ	○	○

注：1．D 指令表示 32 位操作数指令，P 指令表示脉冲执行型指令。

2．表格中的符号○表示具备此功能。

异或指令说明如下。

（1）将指定的两个源操作数中的数进行二进制按位"异或"运算，然后将相"异或"结果送入指定的目标操作数。

（2）[D0]▽[D1]→[D2]，以"位"为单位作"异或"运算。异或指令举例如图 4-45 所示。

```
 X000                                      X000
──┤ ├──────[WOR    D0    D1    D2 ]    ──┤ ├──────[WXOR   D0    D1    D2 ]
```

图 4-44　或指令举例　　　　　　　　　　图 4-45　异或指令举例

4.4.2　外围设备 I/O 指令

本节主要介绍外围设备 I/O 指令中的七段译码指令（SEGD）。七段译码指令如表 4-30 所示。

表 4-30　七段译码指令

FNC No.	指令符号	指令功能	操作数	D 指令	P 指令
73	SEGD	七段译码	[S.]：K、H、KnX、KnY、KnM、KnS、T、C、D、V、Z [D.]：KnY、KnM、KnS、T、C、D、V、Z	—	○

注：1. D 指令表示 32 位操作数指令，P 指令表示脉冲执行型指令。

　　2. 表格中的符号—表示不具备此功能，符号○表示具备此功能。

七段译码指令说明如下。

（1）将源操作数[S.]指定元件的低 4 位所确定的 0～F（十六进制数）数据译成七段码显示的数据，并存于目标操作数[D.]指定的元件。

（2）图 4-46 中，D10 为源操作数，K2Y000 为目标操作数，它是位元件组合，K2Y000 表示 Y000～Y007 共 8 个位。该段程序的意义：当 X000 处于 ON 状态时，将源操作数[S.]指定元件 D10 的低 4 位的二进制数，经译码放在目标操作数[D.]所指定的字元件 K2Y000 中，并驱动由十六进制数组成的七段数码管显示器；当 X000 处于 OFF 状态时，目标操作数[D.]的内容不变化，若需要停止七段数码管显示数据，则需将目标操作数[D.]复位。

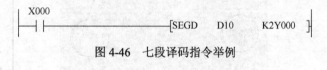

```
             X000
          ──┤ ├───────────────────[SEGD   D10    K2Y000 ]
```

图 4-46　七段译码指令举例

任务四　霓虹灯循环闪烁控制

任务单 4-4

任务名称	霓虹灯循环闪烁控制
一、任务目标	
1. 掌握循环与移位指令的用法； 2. 掌握数据处理指令的用法； 3. 掌握霓虹灯循环闪烁的 PLC 控制系统的编程方法、硬件接线及软/硬件调试。	
二、任务描述	
现有由 4 盏不同颜色的 LED 灯组成的一个环形霓虹灯，4 盏 LED 灯颜色分别为红色、黄色、蓝色、绿色。霓虹灯循环闪烁控制示意图如 4-47 所示。 　　当按下顺时针启动按钮时，该霓虹灯工作顺序如下：红→红黄→黄→黄蓝→蓝→蓝绿→绿→绿红→红。 　　当按下逆时针启动按钮时，该霓虹灯工作顺序如下：红→红绿→绿→绿蓝→蓝→蓝黄→黄→黄红→红。 　　根据控制要求，列出 I/O 地址分配表，绘制 PLC 的 I/O 接线示意图，编写 PLC 控制程序，连接 PLC 外部设备，输入程序，并运行调试，直至满足要求。 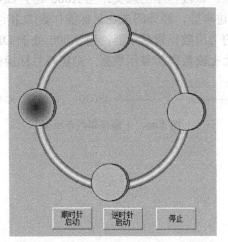  4-6 霓虹灯循环闪烁控制（动画演示） 图 4-47　霓虹灯循环闪烁控制示意图	
三、任务实施	
1. 认真阅读任务描述，明确所需完成的任务要求； 2. 通过网上搜索等方式查找资料，掌握相关知识点； 3. 学生根据任务制订计划，由组长组织讨论，做出决策并实施； 4. 计划实施结束后进行自我评价、教师评价； 5. 对所完成的任务进行归纳总结并完成任务报告。	
四、任务报告	
1. 列出 PLC 的 I/O 地址分配表； 2. 绘制 PLC 的 I/O 接线示意图； 3. 编写 PLC 控制程序； 4. 写入程序并接线调试，总结在实训操作过程中出现的问题。	

案例演示——简单霓虹灯闪烁控制

1. 任务描述

某广场需要安装 6 盏霓虹灯 HL0～HL5，要求 HL0～HL5 以正序每隔 1s 依次点亮，然后全亮保持 5s，再循环。简单霓虹灯闪烁控制示意图如图 4-48 所示。请用 PLC 对简单霓虹灯闪烁进行控制。

4-7 简单霓虹灯闪
烁控制（动画演示）

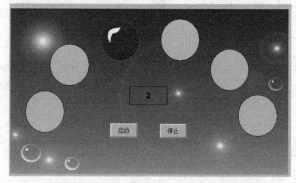

图 4-48 简单霓虹灯闪烁控制示意图

2. 任务实施

（1）根据任务分析，确定 I/O 地址分配，填写现场元件信号对照表，如表 4-31 所示。

表 4-31 现场元件信号对照表

PLC 输入信号				PLC 输出信号			
代号	名称	功能	PLC 端子号	代号	名称	功能	PLC 端子号
SB0	按钮	启动按钮	X0	HL0～HL5	霓虹灯	指示	Y0～Y5
SB1	按钮	停止按钮	X1				

（2）绘制 PLC 的 I/O 接线示意图，如图 4-49 所示，并进行系统接线。

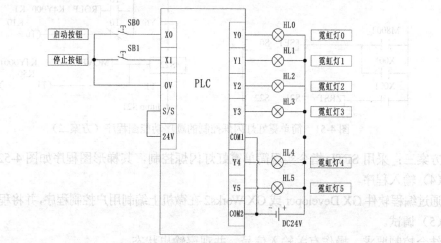

图 4-49 PLC 的 I/O 接线示意图

（3）设计用户控制程序。

方案一：采用 ROL 指令实现简单霓虹灯闪烁控制，其梯形图程序如图 4-50 所示。

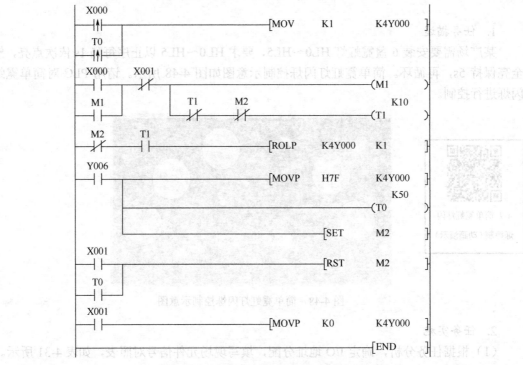

图 4-50　简单霓虹灯闪烁控制的梯形图程序（方案一）

方案二：采用状态转移图实现简单霓虹灯闪烁控制，其顺序功能图程序如图 4-51 所示。在 S21 步中，采用了 ROL 指令，每隔 1s 会向左移动 1 位，形成的霓虹灯被依次点亮。在 S22 步中，将霓虹灯全部点亮并保持 5s，然后就在这两步中轮流接通，形成循环。

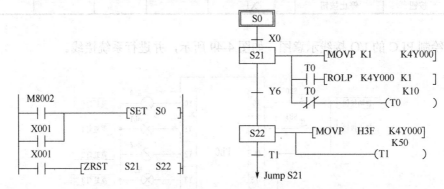

图 4-51　简单霓虹灯闪烁控制的顺序功能图程序（方案二）

方案三：采用 SFTL 指令实现简单霓虹灯闪烁控制，其梯形图程序如图 4-52 所示。

（4）输入程序。

通过编程软件 GX Developer 或 GX Works2 在微机上编制用户控制程序，并将程序写入 PLC。

（5）调试。

结合控制要求，操作有关输入信号，并观察输出状态。

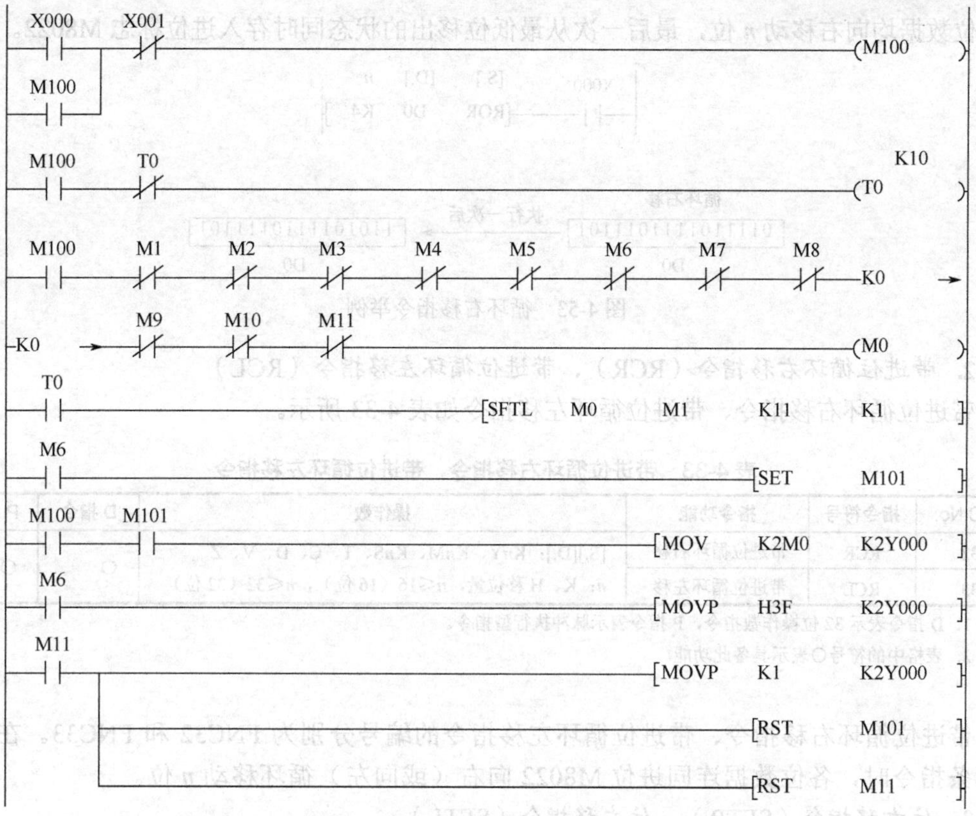

图 4-52　简单霓虹灯闪烁控制的梯形图程序（方案三）

知识链接4-4

4.5　循环与移位指令和数据处理指令

4.5.1　循环与移位指令

1. 循环右移指令（ROR）、循环左移指令（ROL）

循环右移指令、循环左移指令如表 4-32 所示。

表 4-32　循环右移指令、循环左移指令表

FNC No.	指令符号	指令功能	操作数	D 指令	P 指令
30	ROR	循环右移	[S.][D.]：KnY、KnM、KnS、T、C、D、V、Z	○	○
31	ROL	循环左移	n：K、H 移位量，n≤16（16 位），n≤32（32 位）		

注：1. D 指令表示 32 位操作数指令，P 指令表示脉冲执行型指令。

　2. 表格中的符号○表示具备此功能。

循环右移指令、循环左移指令说明如下。

循环右移指令、循环左移指令的编号分别为 FNC30 和 FNC31。在执行这两条指令时，各位数据向右（或向左）循环移动 *n* 位，最后一次移出来的那一位同时存入进位标志 M8022。

循环右移指令举例如图 4-53 所示。当 X000 由 OFF 状态变为 ON 状态时，目标操作数[D.]

内各位数据均向右移动 n 位，最后一次从最低位移出的状态同时存入进位标志 M8022。

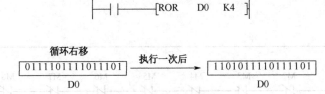

图 4-53　循环右移指令举例

2. 带进位循环右移指令（RCR）、带进位循环左移指令（RCL）

带进位循环右移指令、带进位循环左移指令如表 4-33 所示。

表 4-33　带进位循环右移指令、带进位循环左移指令

FNC No.	指令符号	指令功能	操作数	D 指令	P 指令
32	RCR	带进位循环右移	[S.][D.]：KnY、KnM、KnS、T、C、D、V、Z	○	○
33	RCL	带进位循环左移	n：K、H 移位量，$n \leqslant 16$（16 位），$n \leqslant 32$（32 位）		

注：1. D 指令表示 32 位操作数指令，P 指令表示脉冲执行型指令。

2. 表格中的符号○表示具备此功能。

带进位循环右移指令、带进位循环左移指令的编号分别为 FNC32 和 FNC33。在执行这两条指令时，各位数据连同进位 M8022 向右（或向左）循环移动 n 位。

3. 位右移指令（SFTR）、位左移指令（SFTL）

位右移指令、位左移指令如表 4-34 所示。

表 4-34　位右移指令、位左移指令

FNC No.	指令符号	指令功能	操作数	D 指令	P 指令
34	SFTR	位右移	[S.]：X、Y、M、S	○	○
35	SFTL	位左移	[D.]：Y、M、S $n1$、$n2$：K、H，$n2 \leqslant n1 \leqslant 1024$		

注：1. D 指令表示 32 位操作数指令，P 指令表示脉冲执行型指令。

2. 表格中的符号○表示具备此功能。

位右移指令、位左移指令说明如下。

位右移（位左移）指令使位元件中的状态成组地向右（或向左）移动，如图 4-54 所示。$n1$ 指位元件的长度，$n2$ 指定移位位数，$n1$ 和 $n2$ 的关系及范围因机型不同而有差异。

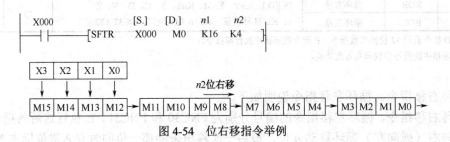

图 4-54　位右移指令举例

4.5.2　数据处理指令

1．成批复位指令（ZRST）

成批复位指令如表4-35所示。

表 4-35　成批复位指令

FNC No.	指令符号	指令功能	操作数	D 指令	P 指令
40	ZRST	成批复位	[D.]: Y、M、S、T、C、D（D1≤D2）	—	○

注：1. D 指令表示 32 位操作数指令，P 指令表示脉冲执行型指令。

2. 表格中的符号—表示不具备此功能，符号○表示具备此功能。

成批复位指令说明如下。

将[D1.]～[D2.]中的同类元件成批复位，其中
[D1.]的元件号小于[D2.]的元件号。图 4-55 中，当
X000 常开接点闭合时，M0～M100、C235～C255、
S0～S100 同时成批复位。

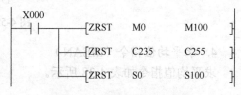

图 4-55　成批复位指令举例

2．译码指令（DECO）

译码指令如表4-36所示。

表 4-36　译码指令

FNC No.	指令符号	指令功能	操作数	D 指令	P 指令
41	DECO	译码	[S.]: K、H、X、Y、M、S、T、C、D、V、Z [D.]: T、C、D、V、Z n: K、H，1≤n≤8	—	○

注：1. D 指令表示 32 位操作数指令，P 指令表示脉冲执行型指令。

2. 表格中的符号—表示不具备此功能，符号○表示具备此功能。

将源操作数[S.]中的 X2～X0 组成 3 位（n=3）二进制数 011，相当于十进制数 3，将目标
操作数[D.]中的 M17～M10 组成的 8 位二进制数的第三位（M10 为第 0 位）M13 置 1，其余
各位为 0，如图 4-56 所示。若源操作数[S.]数据全为 0，则 M10 置 1。

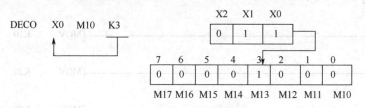

图 4-56　译码指令举例

3．编码指令（ENCO）

编码指令如表 4-37 所示。

表 4-37　编码指令

FNC No.	指令符号	指令功能	操作数	D 指令	P 指令
42	ENCO	编码	[S.]: K、H、X、Y、M、S、T、C、D、V、Z [D.]: T、C、D、V、Z n: K、H，1≤n≤8	—	○

注：1. D 指令表示 32 位操作数指令，P 指令表示脉冲执行型指令。

2. 表格中的符号—表示不具备此功能，符号○表示具备此功能。

编码指令说明如下。

当源操作数[S.]是位元件时，在以源操作数[S.]为首地址、长为 2n 的位元件中，最高置 1 的位置被存放到目标操作数[D.]所指定的元件，目标操作数[D.]中数值范围由 n 确定。编码指令举例如图 4-57 所示。

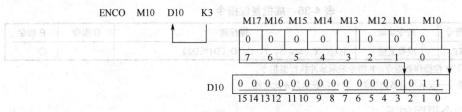

图 4-57 编码指令举例

4. 求平均值指令（MEAN）

求平均值指令如表 4-38 所示。

表 4-38 求平均值指令

FNC No.	指令符号	指令功能	操作数	D 指令	P 指令
45	MEAN	求平均值	[S.]: KnX、KnY、KnM、KnS、T、C、D、V、Z [D.]: KnY、KnM、KnS、T、C、D、V、Z n: K、H，n=1~64	○	○

注：1. D 指令表示 32 位操作数指令，P 指令表示脉冲执行型指令。

2. 表格中的符号○表示具备此功能。

求平均值指令说明如下。

将源操作数[S.]开始的 n 个源操作数据的平均值（用 n 除代数和）存入目标操作数[D.]，舍去余数。

把数据寄存器 D0、D1、D2 的数据分别设为 10、20、60，利用平均值指令进行运算，计算数据寄存器 D0、D1、D2 的三个数据的平均值，并把平均值的数据存入数据寄存器 D10，如图 4-58 所示。

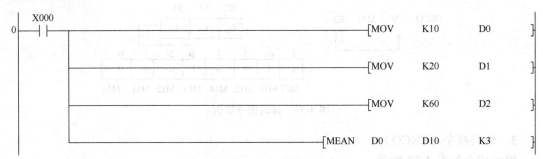

图 4-58 求平均值指令举例

任务五 机械臂的水平移动控制

任务单 4-5

任务名称	机械臂的水平移动控制

一、任务目标

1. 掌握 PLSY 等指令的用法；
2. 掌握高速计数器和光电编码器的用法；
3. 掌握机械臂的水平移动 PLC 控制系统的编程方法、硬件接线及软/硬件调试。

二、任务描述

现有一个能前后、左右移动的机械臂。通过步进电动机 M1 控制该机械臂在 0.5m 行程内的前后移动，并通过光电编码器 PG1 对机械臂前后移动的距离进行检测，要求机械臂在距离前端或后端 0.1m 时开始减速运行，当机械臂到达前端或后端，且前端或后端接近开关 SQ1/SQ2 动作时，机械臂停止运行；通过步进电动机 M2 控制机械臂在 1m 行程内的左右移动，并通过光电编码器 PG2 对机械臂左右移动的距离进行检测，要求机械臂在距离左端或右端 0.1m 开始减速运行，当机械臂到达左端或右端，且左端或右端接近开关 SQ3/SQ4 动作时，机械臂停止运行。机械臂的水平移动示意图如图 4-59 所示。

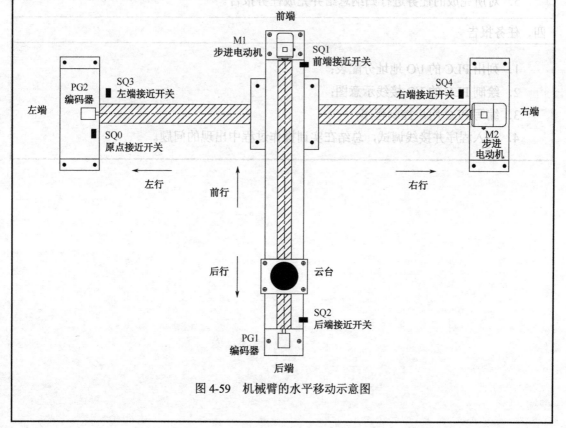

图 4-59 机械臂的水平移动示意图

任务名称	机械臂的水平移动控制

二、任务描述

　　该控制系统设有启动按钮 SB1、停止按钮 SB2、机械臂前行按钮 SB3、机械臂后行按钮 SB4、机械臂左行按钮 SB5、机械臂右行按钮 SB6。安装在机械臂上的光电编码器 PG1 和 PG2 的分辨率均为 400 脉冲/圈，编码器、螺杆和步进电动机同轴，即光电编码器旋转一圈则螺杆水平移动 10mm。步进电动机 M1 和 M2 的技术参数为步距角 1.8°、电流 1.5A。假设机械臂额定运行时步进电动机的输出脉冲频率为 500Hz，减速运行时的输出脉冲频率为 200Hz，每次启动机械臂动作前需回原点检测（机械臂在前端和左端为原点，SQ0 为原点接近开关）。

　　请用 PLC 中的 PLSY 指令对机械臂的前后、左右移动进行控制。

三、任务实施

　　1．认真阅读任务描述，明确所需完成的任务要求；

　　2．通过网上搜索等方式查找资料，掌握相关知识点；

　　3．学生根据任务制订计划，由组长组织讨论，做出决策并实施；

　　4．计划实施结束后进行自我评价、教师评价；

　　5．对所完成的任务进行归纳总结并完成任务报告。

四、任务报告

　　1．列出 PLC 的 I/O 地址分配表；

　　2．绘制 PLC 的 I/O 接线示意图；

　　3．编写 PLC 用户控制程序；

　　4．写入程序并接线调试，总结在实训操作过程中出现的问题。

案例演示——简单机械臂的前后移动控制

1. 任务描述

现有一个简单机械臂，通过步进电动机 M1 控制该机械臂在 1m 行程内的前后移动，并通过光电编码器 PG1 对机械臂前后移动的距离进行检测，要求机械臂在距离前端或后端 0.2m 时开始减速运行，当机械臂到达前端或后端，且前端或后端接近开关 SQ1/SQ2 动作时，机械臂停止运行。

该控制系统设有启动按钮 SB1、停止按钮 SB2、机械臂前行按钮 SB3、机械臂后行按钮 SB4。安装在机械臂上的光电编码器 PG1 的分辨率为 400 脉冲/圈，编码器、螺杆和步进电动机同轴，即光电编码器旋转一圈则螺杆水平移动 10mm。步进电动机的技术参数为步距角 1.8°、电流 1.5A。假设机械臂额定运行时步进电动机的输出脉冲频率为 500Hz，减速运行时的输出脉冲频率为 200Hz，每次启动机械臂动作前需回原点检测（机械臂在前端为原点，SQ0 为原点接开关）。请用 PLC 中的 PLSY 指令对机械臂前后移动进行控制。

2. 任务实施

（1）根据任务分析，确定 I/O 地址分配，填写现场元件信号对照表，如表 4-39 所示。

表 4-39　现场元件信号对照表

PLC 输入信号				PLC 输出信号			
代号	名称	功能	PLC 端子号	代号	名称	功能	PLC 端子号
PG1	编码器 高速脉冲输入	A 相脉冲检测	X0	PUL	脉冲信号	M1 脉冲频率给定	Y0
		B 相脉冲检测	X1	DIR	方向信号	M1 移动方向给定	Y2
SB1	按钮	启动	X10				
SB2	按钮	停止	X11				
SB3	按钮	机械臂前行	X12				
SB4	按钮	机械臂后行	X13				
SQ0	接近开关	原点检测	X14				
SQ1	接近开关	前端接近	X15				
SQ2	接近开关	后端接近	X16				

（2）绘制 PLC 的 I/O 接线示意图，如图 4-60 所示，并进行系统接线。

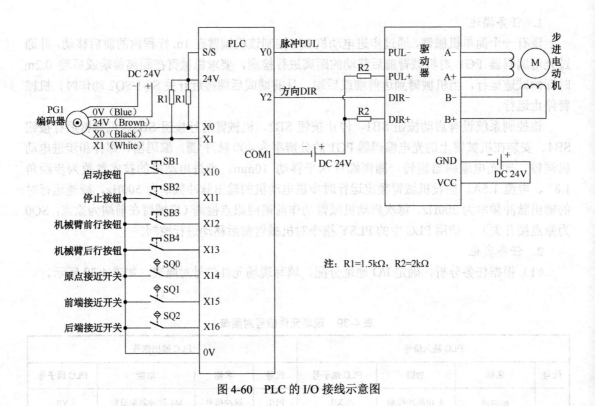

图 4-60　PLC 的 I/O 接线示意图

（3）设计用户控制程序。简单机械臂的前后移动控制程序如图 4-61 所示。

（4）输入程序。

通过编程软件 GX Developer 或 GX Works2 在微机上编制用户控制程序，并将程序写入 PLC。

（5）调试。

结合控制要求，操作有关输入信号，并观察输出状态。

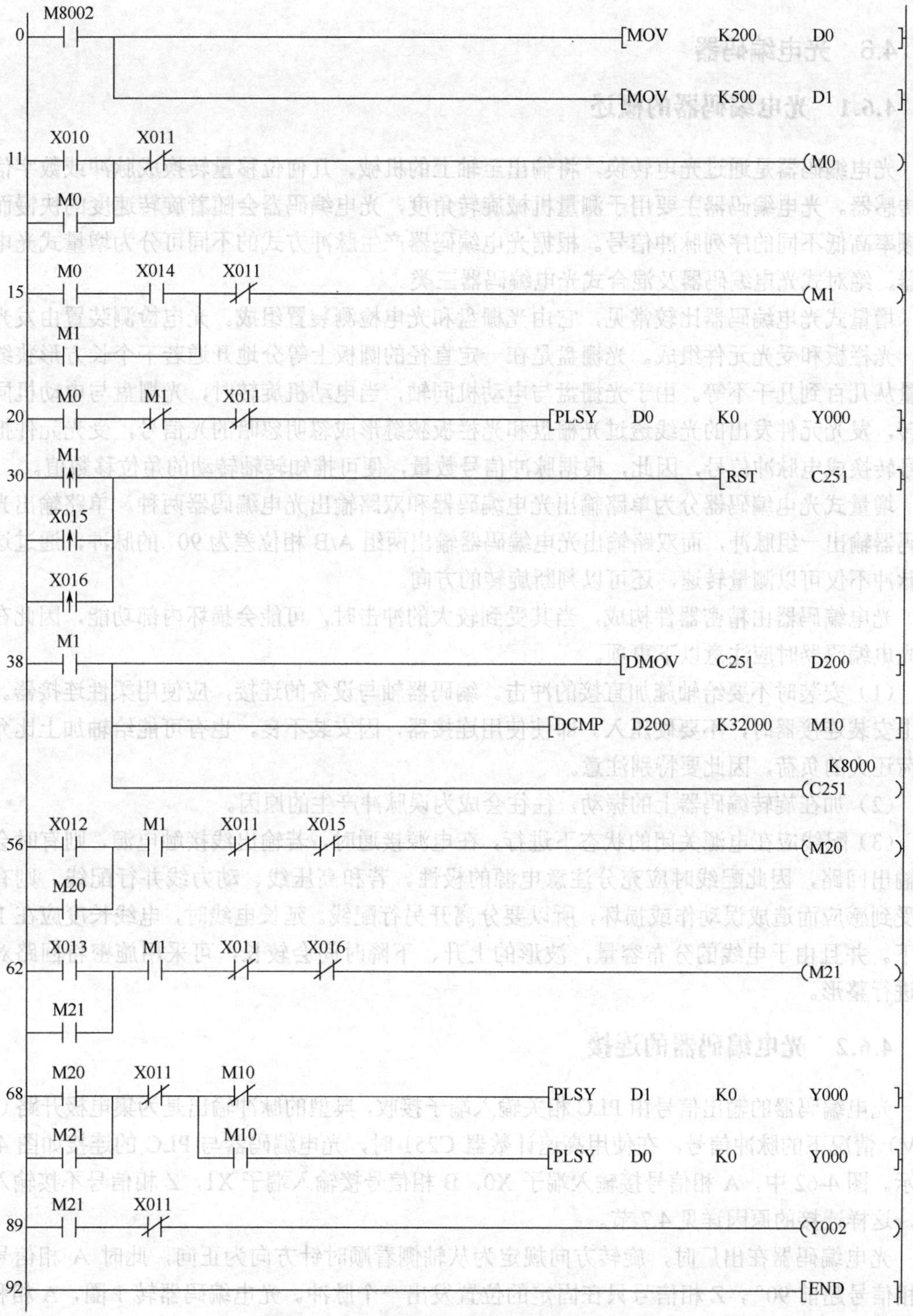

```
        M8002
   0    ├─┤├──────────────────────────────────────────────┤MOV    K200    D0 ├┤
        │
        │
        └──────────────────────────────────────────────┤MOV    K500    D1 ├┤

        X010    X011
  11    ├─┤├─────┤/├─────────────────────────────────────────────────────( M0 )┤
        M0
        ├─┤├──┤

        M0      X014    X011
  15    ├─┤├─────┤├──────┤/├──────────────────────────────────────────────( M1 )┤
        M1
        ├─┤├──┤

        M0      M1      X011
  20    ├─┤├─────┤/├─────┤/├────────────────────────────┤PLSY   D0   K0   Y000 ├┤

        M1
  30    ├─↑├─────────────────────────────────────────────────────────┤RST    C251 ├┤
        X015
        ├─↑├──┤
        X016
        ├─↑├──┤

        M1
  38    ├─┤├──────────────────────────────────────────────┤DMOV   C251   D200 ├┤
        │
        │                                            ┤DCMP   D200  K32000  M10 ├┤
        │
        │                                                              K8000
        └──────────────────────────────────────────────────────────( C251 )┤

        X012    M1      X011    X015
  56    ├─┤├─────┤├──────┤/├─────┤/├─────────────────────────────────────( M20 )┤
        M20
        ├─┤├──┤

        X013    M1      X011    X016
  62    ├─┤├─────┤├──────┤/├─────┤/├─────────────────────────────────────( M21 )┤
        M21
        ├─┤├──┤

        M20     X011    M10
  68    ├─┤├─────┤/├─────┤├───────────────────────────────┤PLSY   D1   K0   Y000 ├┤
        M21            M10
        ├─┤├──────────┤/├──────────────────────────────┤PLSY   D0   K0   Y000 ├┤

        M21     X011
  89    ├─┤├─────┤/├──────────────────────────────────────────────────────( Y002 )┤

  92    ──────────────────────────────────────────────────────────────────┤END ├┤
```

图 4-61 简单机械臂的前后移动控制程序

知识链接 4-5

4.6 光电编码器

4.6.1 光电编码器的概述

光电编码器是通过光电转换，将输出至轴上的机械、几何位移量转换成脉冲或数字信号的传感器。光电编码器主要用于测量机械旋转角度，光电编码器会随着旋转速度的快慢而输出频率高低不同的序列脉冲信号。根据光电编码器产生脉冲方式的不同可分为增量式光电编码器、绝对式光电编码器及混合式光电编码器三类。

增量式光电编码器比较常见，它由光栅盘和光电检测装置组成。光电检测装置由发光元件、光栏板和受光元件组成。光栅盘是在一定直径的圆板上等分地开通若干个长方形狭缝，数量从几百到几千不等。由于光栅盘与电动机同轴，当电动机旋转时，光栅盘与电动机同速旋转，发光元件发出的光线透过光栅盘和光栏板狭缝形成忽明忽暗的光信号，受光元件把光信号转换成电脉冲信号，因此，根据脉冲信号数量，便可推知转轴转动的角位移数值。

增量式光电编码器分为单路输出光电编码器和双路输出光电编码器两种。单路输出光电编码器输出一组脉冲，而双路输出光电编码器输出两组 A/B 相位差为 90° 的脉冲，通过这两组脉冲不仅可以测量转速，还可以判断旋转的方向。

光电编码器由精密器件构成，当其受到较大的冲击时，可能会损坏内部功能，因此在使用光电编码器时应注意以下事项。

（1）安装时不要给轴施加直接的冲击。编码器轴与设备的连接，应使用柔性连接器。在轴上安装连接器时，不要硬压入。即使使用连接器，因安装不良，也有可能给轴加上比允许负荷还大的负荷，因此要特别注意。

（2）加在旋转编码器上的振动，往往会成为误脉冲产生的原因。

（3）配线应在电源关闭的状态下进行，在电源接通时，若输出线接触电源，则有时会损坏输出回路，因此配线时应充分注意电源的极性。若和高压线、动力线并行配线，则有时会受到感应而造成误动作或损坏，所以要分离开另行配线。延长电线时，电线长度应在 10m 以下。并且由于电线的分布容量，波形的上升、下降时间会较长，可采用施密特回路对波形进行整形。

4.6.2 光电编码器的连接

光电编码器的输出信号由 PLC 相关输入端子接收，典型的脉冲输出是为集电极开路（DC 24V）情况下的脉冲信号，在使用高速计数器 C251 时，光电编码器与 PLC 的连接如图 4-62 所示。图 4-62 中，A 相信号接输入端子 X0，B 相信号接输入端子 X1，Z 相信号不接输入端子，这样连接的原因详见 4.7 节。

光电编码器在出厂时，旋转方向规定为从轴侧看顺时针方向为正向，此时 A 相信号比 B 相信号超前 90°，Z 相信号只在固定的位置发出一个脉冲。光电编码器转 1 圈，A 相和 B 相都发出相同的脉冲个数，称为光电编码器的分辨率（P），而 Z 相只发出 1 个脉冲，常用于复位或记录转动的圈数。分辨率是光电编码器最重要的参数，也称为解析分度或线数，一般在每圈 5～10 000 线。

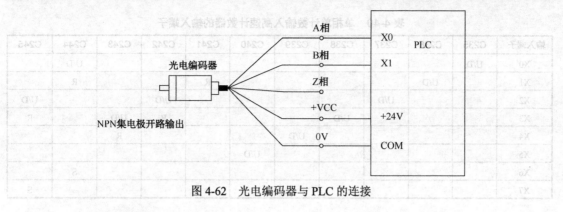

图 4-62　光电编码器与 PLC 的连接

4.7　高速计数器

4.7.1　高速计数器的功能和分类

1. 高速计数器的功能

普通计数器对外部事件计数的频率受扫描周期及输入滤波器时间常数限制，其最高计数频率通常小于 10Hz。PLC 中的高速计数器按输入的上升沿以中断的方式计数，其计数频率不受扫描周期和输入滤波器时间常数的影响，也可根据中断处理高速动作，还可通过中断输入来决定复位输入（R）和计数开始（S），这些都和 PLC 的扫描无关，最高计数频率能达到60 000Hz。

2. 高速计数器的分类

高速计数器都是 32 位增/减型二进制计数器，可分为单相单计数输入高速计数器、单相双计数输入高速计数器和双相双计数输入高速计数器。高速计数器的信号为 X000～X007 输入，高速计数器的编号和输入紧密相关，两者均具备断电保持功能，也可以通过设置参数变更为断电不保持，不作为高速计数器使用的输入编号可以在程序中作为普通输入继电器使用。注意给高速计数器传输数值要使用 DMOV 指令。

1）单相单计数输入高速计数器（C235～245）

单相单计数输入高速计数器可以通过 1 个计数的输入端子来实现计数。U/D 可增可减数，具体是增计数还是减计数由其对应的特殊辅助继电器（M8235～M8245）的状态来控制。当特殊辅助继电器状态为 OFF 时，计数器为增计数；当特殊辅助继电器状态为 ON 时，计数器为减计数。R 为复位信号输入，当复位信号接通时，计数器复位清零。S 为启动输入，如果所选用的高速计数器有 S 端子，开始计数时必须先接通启动端子，如 C244 高速计数器要计数必须先接通 X06 端子才能开始计数。

单相单计数输入高速计数器的计数步骤如下。

①在程序里接通计数器线圈。

②设定计数方向，默认为增计数（若设定为增计数，则该步可以忽略）。

③启动输入（所选的高速计数器必须有这项功能，否则该步可以忽略）。

④接收输入高速脉冲。

单相单计数输入高速计数器输入端子如表 4-40 所示。

表 4-40　单相单计数输入高速计数器的输入端子

输入端子	C235	C236	C237	C238	C239	C240	C241	C242	C243	C244	C245
X0	U/D						U/D			U/D	
X1		U/D					R			R	
X2			U/D					U/D			U/D
X3				U/D				R	U/D		R
X4					U/D				R		
X5						U/D					
X6										S	
X7											S

2）单相双计数输入高速计数器（C246~250）

单相双计数输入高速计数器和单相单计数输入高速计数器类似，但区别在于单相双计数输入高速计数器需要通过 2 个计数的输入端子来实现计数，U 表示增计数，D 表示减计数，此时 M8246~M8250 为只读状态，可以通过监控其状态了解计数器的增/减情况。

3）双相双计数输入高速计数器（C251~255）

和前面的单相计数输入高速计数器不同，双相计数输入高速计数器需要两相脉冲输入，即输入信号要有 A 相和 B 相，且两相协作同时进行计数，一般应用于有 A、B 两相输出的光电编码器。单相双计数输入高速计数器和双相双计数输入高速计数器的输入端子如表 4-41 所示。

表 4-41　单相双计数输入高速计数器和双相双计数输入高速计数器的输入端子

输入端子	单相双计数输入高速计数器					双相双计数输入高速计数器				
	C246	C247	C248	C249	C250	C251	C252	C253	C254	C255
X0	U	U		U		A	A		A	
X1	D	D		D		B	B		B	
X2		R		R		R	R		R	
X3			U		U			A		A
X4			D		D			B		B
X5			R		R			R		R
X6			S					S		
X7					S					S

双相双计数输入高速计数器的两个脉冲输入端子是同时工作的，计数方向控制方式由双相脉冲间的相位决定，当 A 相信号处于 ON 状态且 B 相信号为上升沿时，计数器为增计数；当 B 相信号为下降沿时，计数器为减计数，这种特性和增量式光电编码器相对应，当光电编码器正转时，计数器为增计数；当光电编码器反转时，计数器为减计数。

4.7.2　高速计数器使用时注意的问题

由于高速计数器是采取中断方式工作的，容易受机器中断处理能力的限制，因此使用高速计数器时，特别是一次使用多个高速计数器时，应该注意高速计数器的频率总和。

频率总和是指同时在 PLC 输入端口上出现的所有信号的最大频率的总和。FX2N 系列 PLC 频率总和的参考值为 20kHz。FX2N 系列 PLC 除允许 C235、C236、C246 单相输入最大频率为 60kHz，C251 双相输入最大频率为 30kHz 外，其他高速计数器输入的最大频率的总和不得超过 20kHz。当硬件计数器被解除而变换成软件计数器时，C235、C236、C246 单相输入最大的频率为 10kHz，C251 双相输入最大的频率为 5kHz。

FX3U 系列 PLC 的硬件计数器最大频率如表 4-42 所示。

表 4-42　FX3U 系列 PLC 的硬件计数器最大频率

高速计数器类型	单相输入	双相输入
计数器编号	C235、C236、C237、C238、C239、C240、C244、C245、C246、C248	C251、C253
最大频率	100kHz	50kHz

4.8　步进电动机及其驱动器

4.8.1　步进电动机的概述

步进电动机是一种将电脉冲转化为角位移的执行机构。当步进电动机接收到一个步进脉冲信号时，它就按设定的方向转动一个固定的角度（称为步距角），它的旋转是以固定的角度一步一步运行的，因此步进电动机也称为脉冲电动机。步进电动机可以通过控制脉冲个数来控制角位移量，从而达到准确定位的目的；同时可以通过控制脉冲频率来控制电动机转动的速度和加速度，从而达到调速的目的。步进电动机作为一种控制用的特种电动机，利用其没有积累误差（精度为 100%）的特点，广泛应用于各种开环控制。

步进电动机按电磁设计可以分为永磁式步进电动机、反应式步进电动机和混合式步进电动机三类。

永磁式步进电动机采用永磁体建立励磁磁场，其控制功率比反应式步进电动机小，在断电情况下有定位转矩，步距角一般为 7.5° 和 15°。反应式步进电动机的定转子磁路材料由软磁材料制成，定子上有多相励磁绕组，利用磁导的变化产生转矩，可实现大转矩输出，步距角一般为 1.5°，但噪声和振动都很大。

混合式步进电动机集合了永磁式步进电动机和反应式步进电动机的优点，分为两相混合式步进电动机和五相混合式步进电动机，两相混合式步进电动机的步距角一般为 1.8°，而五相混合式步进电动机的步距角一般为 0.72°，混合式步进电动机是目前应用最为广泛的一类步进电动机。

混合式步进电动机按机座号（电动机外径）分类如下。

国际标准：G42BYG（BYG 为感应子式步进电动机代号）、57BYG、86BYG、110BYG 等。国内标准：70BYG、90BYG、130BYG 等。

步进电动机的基本参数有步距角、相数、保持转矩、步距精度、矩角特性、静态温升、动态温升、转矩特性、启动矩频特性、运行矩频特性/惯频特性及升降时间等，其中最为重要的参数如下。

（1）步距角，它表示控制系统每发出一个步进脉冲信号电动机所转动的角度。电动机出厂时给出了一个步距角的值，这个步距角可以称为电动机固有步距角，但它不一定是电动机实际工作时的真正步距角，真正的步距角和驱动器有关。

（2）相数，它指电动机内部的线圈组数，目前常用的有二相步进电动机、三相步进电动机、四相步进电动机和五相步进电动机。步进电动机的相数不同，其步距角也不同，一般二相步进电动机的步距角为 0.9° 和 1.8°，三相电动机的步距角为 0.75° 和 1.5°，五相步进电动机的步距角为 0.36° 和 0.72°。在没有细分驱动器时，用户主要靠选择不同相数的步进电动机来满足自己对步距角的要求。如果使用细分驱动器，则相数将变得没有意义，用户只需在驱动器上改变细分数，就可以改变步距角。

（3）保持转矩，它指当步进电动机通电但没有转动时，定子锁住转子的力矩。保持转矩是步进电动机最重要的参数之一，通常步进电动机在低速时的力矩接近保持转矩。由于步进电动机的输出力矩随速度的增大而不断减小，输出功率也随速度的增大而变化，所以保持转矩就成为衡量步进电动机最重要的参数之一。例如，人们说的 2N·m 步进电动机，在没有特殊说明的情况下是指保持转矩为 2N·m 的步进电动机。

4.8.2 步进电动机驱动器

步进电动机是一种感应电动机，它是利用电子电路，将直流电变成分时供电的、多相时序控制电流，用这种电流为步进电动机供电，步进电动机才能正常工作，而步进电动机驱动器就是为步进电动机分时供电的多相时序控制器。

1. 步进电动机驱动器的接线方法

步进电动机驱动器的典型接线方法如图 4-63 和图 4-64 所示。若 PLC 输出为 NPN（三菱PLC，FX3U 及后续型号可选 PNP 输出），则采用共阳接法进行接线；若 PLC 输出为 PNP，（西门子 PLC），则采用共阴接法进行接线。

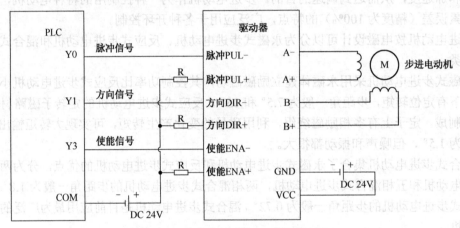

图 4-63　驱动器与 PLC 的共阳接法

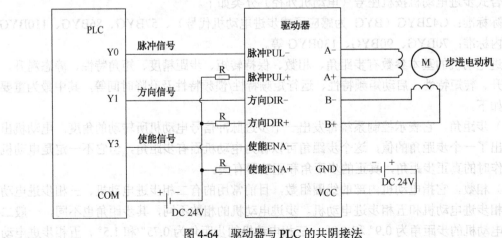

图 4-64　驱动器与 PLC 的共阴接法

（1）脉冲端子

脉冲端子常标注为 CP 或 PUL，为步进脉冲信号输入端。输入的脉冲宽度一般不小于 2μs。

（2）方向端子

方向端子常标注为 DIR，为方向信号输入端。步进电动机换向需要在步进电动机降速停机后进行，且换向信号需要在前一个方向的最后一个脉冲结束后和下一个方向的第一个脉冲前发出。

（3）脱机端子

脱机端子常标注为 ENA 或 FREE，为使能（脱机）信号输入端。当有信号时驱动器将切断电动机各相绕组电流使步进电动机轴处于自由状态，此时步进脉冲将不能被响应。此状态可有效降低驱动器和步进电动机的功耗和温升。脱机控制信号撤销后驱动器自动恢复到脱机前的相序并恢复步进电动机电流。当不需用此功能时，该端子可不接。

2. 步进电动机驱动器的设定

因为驱动器的型号很多，参数设定各有不同，下面以 SH-32206N 驱动器为例加以说明。

（1）细分选择

将步进电动机固有步距角细分成若干小步的驱动方法称为细分驱动，细分是通过驱动器精确控制步进电动机的相电流实现的，与电动机本身无关。用户可通过驱动器侧板上的第 1、2、3、4 位拨码开关选择细分模式，共 16 种细分模式，用步进电动机每转的步数来标志。例如，设定为 5000 步/r，即步进电动机转动一圈需要 5000 步（5000 个脉冲）。需要注意的是，细分模式更改后，驱动器必须重新上电才能生效。

（2）单/双脉冲选择

用户可以通过驱动器侧板上的第 6 位拨码开关选择单脉冲模式（ON）或双脉冲模式（OFF）。例如，设定为单脉冲模式，即第 6 位为 ON。需要注意的是，单/双脉冲模式更改后，驱动器必须重新上电才能生效。

（3）自动半电流选择

用户可以通过驱动器侧板上的第 5 位拨码开关选择是否开放自动半电流功能，当第 5 位拨码开关设定为 ON 时，驱动器若连续 150ms 没有接收到新的脉冲则自动进入半电流状态，相电流降低为标准值的 50%，以达到降低功耗的目的，在重新收到脉冲后驱动器自动退出半电流状态。需要注意的是，自动半电流选择更改后，驱动器必须重新上电才能生效。

（4）输出电流选择

SH-32206N 驱动器采用双极恒流方式，最大输出电流值为 6A/相（有效值），用户可以通过驱动器侧板上的第 7、8 位拨码开关选择 4 种电流值，即 4.5A、5A、5.5A、6A。需要注意的是，输出电流选择更改后，不需要驱动器重新上电即可生效。

4.9　高速处理指令 1

1. 高速计数器比较置位、比较复位指令（HSCS、HSCR）

高速计数器比较置位、比较复位指令如表 4-43 所示。

表 4-43　高速计数器比较置位、比较复位指令

FNC No.	指令符号	指令功能	操作数	D 指令	P 指令
53	HSCS	比较置位（高速计数器）	[S1.]: KnX、KnY、KnM、KnS、T、C、D、V、Z	○	—
54	HSCR	比较复位（高速计数器）	[S2.]: C234～C255 [D.]: Y、M、S		

注：1. D 指令表示 32 位操作数指令，P 指令表示脉冲执行型指令。

2. 表格中的符号—表示不具备此功能，符号○表示具备此功能。

高速计数器比较置位指令举例如图 4-65 所示。高速计数器比较置位、比较复位指令说明如下。

```
      X000
  ────┤├────[DHSCS  K100    C255    Y000  ]
```

图 4-65 高速计数器比较置位指令举例

（1）高速计数器的输入信号、输出信号均采用中断方式执行。

（2）图 4-66（a）中，当高速计数器 C255 的当前值从 99 变到 100，或 101 变到 100 时，将会以中断方式立即置位 Y010。

（3）图 4-66（b）中，当高速计数器 C255 的当前值从 199 变到 200，或从 201 变到 200 时，将以中断方式立即复位 Y010。

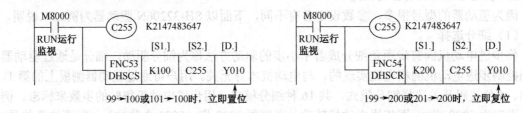

（a）高速计数器比较置位指令的使用　　　　　　　（b）高速计数器比较复位指令的使用

图 4-66 高速计数器比较置位、比较复位指令举例

2. 脉冲输出指令（PLSY）

脉冲输出指令如表 4-44 所示。

表 4-44 脉冲输出指令

FNC No.	指令符号	指令功能	操作数	D 指令	P 指令
57	PLSY	脉冲输出	[S.]: KnX、KnY、KnM、KnS、T、C、D、V、Z [D.]: Y000 或 Y001	○	○

注：1. D 指令表示 32 位操作数指令，P 指令表示脉冲执行型指令。

2. 表格中的符号○表示具备此功能。

脉冲输出指令举例如图 4-67 所示。脉冲输出指令说明如下。

```
      X000                  [S1.]    [S2.]    [D.]
  ────┤├────[PLSY    D100    D200    Y000  ]
```

图 4-67 脉冲输出指令举例

（1）[S1.]：指定脉冲频率。

16 位运算：1～32 767Hz。

32 位运算：1～200 000Hz

（2）[S2.]：指定脉冲的个数。

16 位运算：1～32 767 个。

32 位运算：1～2 147 483 647 个。

当[S2.]设置的脉冲个数为 0 时，则产生无穷个脉冲。

（3）[D.]：指定脉冲输出元件号Y000、Y001。脉冲占空比为50%，脉冲以中断的方式输出。脉冲输出指令只用于晶体管输出的PLC。

（4）脉冲输出指令在程序中只能使用一次。

3. 带加减速脉冲输出指令（PLSR）

带加减速脉冲输出指令如表 4-45 所示。

表 4-45 带加减速脉冲输出指令

FNC No.	指令符号	指令功能	操作数	D 指令	P 指令
59	PLSR	带加减速脉冲输出	[S.]：KnX、KnY、KnM、KnS、T、C、D、V、Z [D.]：Y0 或 Y1	○	—

注：1. D 指令表示 32 位操作数指令，P 指令表示脉冲执行型指令。

2. 表格中的符号—表示不具备此功能，符号○表示具备此功能。

带加减速脉冲输出指令举例如图 4-68 所示。带加减速脉冲输出指令说明如下。

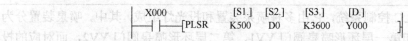

图 4-68 带加减速脉冲输出指令举例

（1）[S1.]：最高频率。

16 位运算：1～32 767Hz。

32 位运算：1～200 000Hz。

（2）[S2.]：总输出脉冲数。

16 位运算：1～32 767 个。

32 位运算：1～2 147 483 647 个。

（3）[S3.]：加减速时间（ms）。

可设定范围：50～5000ms。

（4）[D.]：脉冲输出信号。

允许设定范围：Y000、Y001。

（5）带加减速脉冲输出指令只用于晶体管输出的 PLC。

（6）带加减速脉冲输出指令在程序中只能使用一次。

任务六　花样喷泉控制系统

任务单 4-6

任务名称	花样喷泉控制系统

一、任务目标

1. 掌握 PWM 指令的用法；
2. 掌握花样喷泉 PLC 控制系统的编程方法、硬件接线及软/硬件调试。

二、任务描述

现有花样喷泉 PLC 控制系统，它由多种喷泉装置和投光灯组成，其中，喷泉装置分为中央喷泉阀门 YV0 和第一层环形喷泉阀门 YV1、第二层环形喷泉阀门 YV2，而对应的投光灯分别为中央喷泉紫色投光灯 HL0、第一层环形喷泉紫色投光灯 HL1 和第二层环形喷泉绿色投光灯 HL2。当按下启动按钮 SB1 时，喷泉控制系统按设定的时序工作流程以 1min 为周期循环运行；当按下停止按钮 SB2 时，喷泉控制系统停止工作。要求在 1min 周期内，使用触点比较指令和 PWM 指令，按设定的时序工作流程运行，实现花样喷泉的控制。花样喷泉控制系统示意图如图 4-69 所示。

该系统的控制要求如下。

中央喷泉阀门 YV0 在 5～20s 时段以开 1s、关 4s 为周期动作，在 40～50s 时段以开 3s、关 2s 为周期动作；而对应动作时段的中央喷泉紫色投光灯 HL0 亮起。

第一层环形喷泉阀门 YV1 在 0～15s 时段以开 1s、关 4s 为周期动作，在 30～45s 时段以开 2s、关 3s 为周期动作，在 40～50s 时段以开 4s、关 1s 为周期动作；而对应的环形喷泉紫色投光灯 HL1 亮起，且在 45～50s 时段以 1s 为周期闪烁。

第二层环形喷泉阀门 YV2 在 0～10s 时段以开 2s、关 3s 为周期动作，在 40～50s 时段以开 1s、关 4s 为周期动作，在 40～50s 时段以开 3s、关 2s 为周期动作；而对应的环形喷泉绿色投光灯 HL2 亮起，且在 45～50s 时段以 2s 为周期闪烁。

根据控制要求，列出 PLC 的 I/O 地址分配表，绘制 PLC 的 I/O 接线示意图，设计 PLC 控制程序，连接 PLC 外部设备，输入程序并运行调试，直至满足要求。

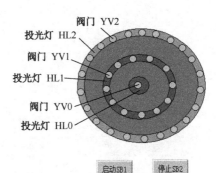

图 4-69　花样喷泉控制系统示意图

任务名称	花样喷泉控制系统

三、任务实施

1. 认真阅读任务描述，明确所需完成的任务要求；
2. 通过网上搜索等方式查找资料，掌握相关知识点；
3. 学生根据工作任务制订计划，由组长组织讨论，做出决策并实施；
4. 计划实施结束后进行自我评价、教师评价；
5. 对所完成的任务进行归纳总结并完成任务报告

四、任务报告

1. 列出 PLC 的 I/O 地址分配表；
2. 绘制 PLC 的 I/O 接线示意图；
3. 编写 PLC 控制程序；
4. 写入程序并接线调试，总结在实训操作过程中出现的问题

4-8 简单花样喷泉控制系统（动画演示）

案例演示——简单花样喷泉控制系统

1. 任务描述

现有简单花样喷泉 PLC 控制系统，它由多种喷泉装置和投光灯组成，其中，喷泉装置分为中央喷泉阀门 YV0 和环形喷泉阀门 YV1，而对应的投光灯分别为中央喷泉红色投光灯 HL0、环形喷泉黄色投光灯 HL1。当按下启动按钮 SB1 时，喷泉控制系统按设定的时序工作流程以 1min 为周期循环运行；当按下停止按钮 SB2 时，喷泉控制系统停止工作。要求在 1min 周期内，使用触点比较指令和 PWM 指令，按设定的时序工作流程运行，实现简单花样喷泉的控制。简单花样喷泉控制系统示意图如图 4-70 所示。该系统的控制要求如下。

中央喷泉阀门 YV0 在 5～20s 时段以开 1s、关 4s 为周期动作，在 40～50s 时段以开 3s、关 2s 为周期动作；而对应动作时段的中央喷泉红色投光灯 HL0 亮起。

环形喷泉阀门 YV1 在 0～15s 时段以开 1s、关 4s 为周期动作，在 30～45s 时段以开 2s、关 3s 为周期动作，在 45～50s 时段以开 4s、关 1s 为周期动作；而对应的环形喷泉黄色投光灯 HL1 亮起，且在 45～50s 时段以 1s 为周期闪烁。

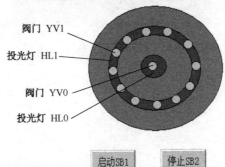

图 4-70 简单花样喷泉控制系统示意图

2. 任务实施

（1）根据任务分析，确定 I/O 地址分配，填写现场元件信号对照表，如表 4-46 所示。

表 4-46 现场元件信号对照表

PLC 输入信号				PLC 输出信号			
代号	名称	功能	PLC 端子号	代号	名称	功能	PLC 端子号
SB1	按钮	启动	X0	YV0	阀门	控制中央喷泉	Y0
SB2	按钮	停止	X1	YV1	阀门	控制环形喷泉	Y1
				HL0	投光灯	中央喷泉红光	Y10
				HL1	投光灯	环形喷泉黄光	Y11

（2）绘制 PLC 的 I/O 接线示意图，如图 4-71 所示，并进行系统接线。

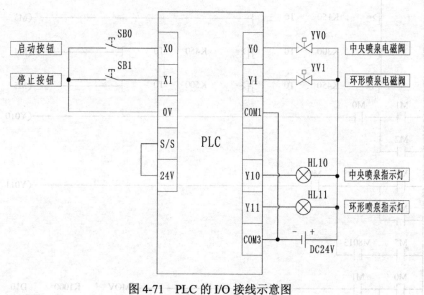

图 4-71 PLC 的 I/O 接线示意图

（3）设计用户控制程序。简单花样喷泉控制程序如图 4-72 所示。

（4）输入程序。

通过编程软件 GX Developer 或 GX Works2 在微机上编制用户控制程序，并将程序写入 PLC。

（5）调试。

结合控制要求，操作有关输入信号，并观察输出状态。

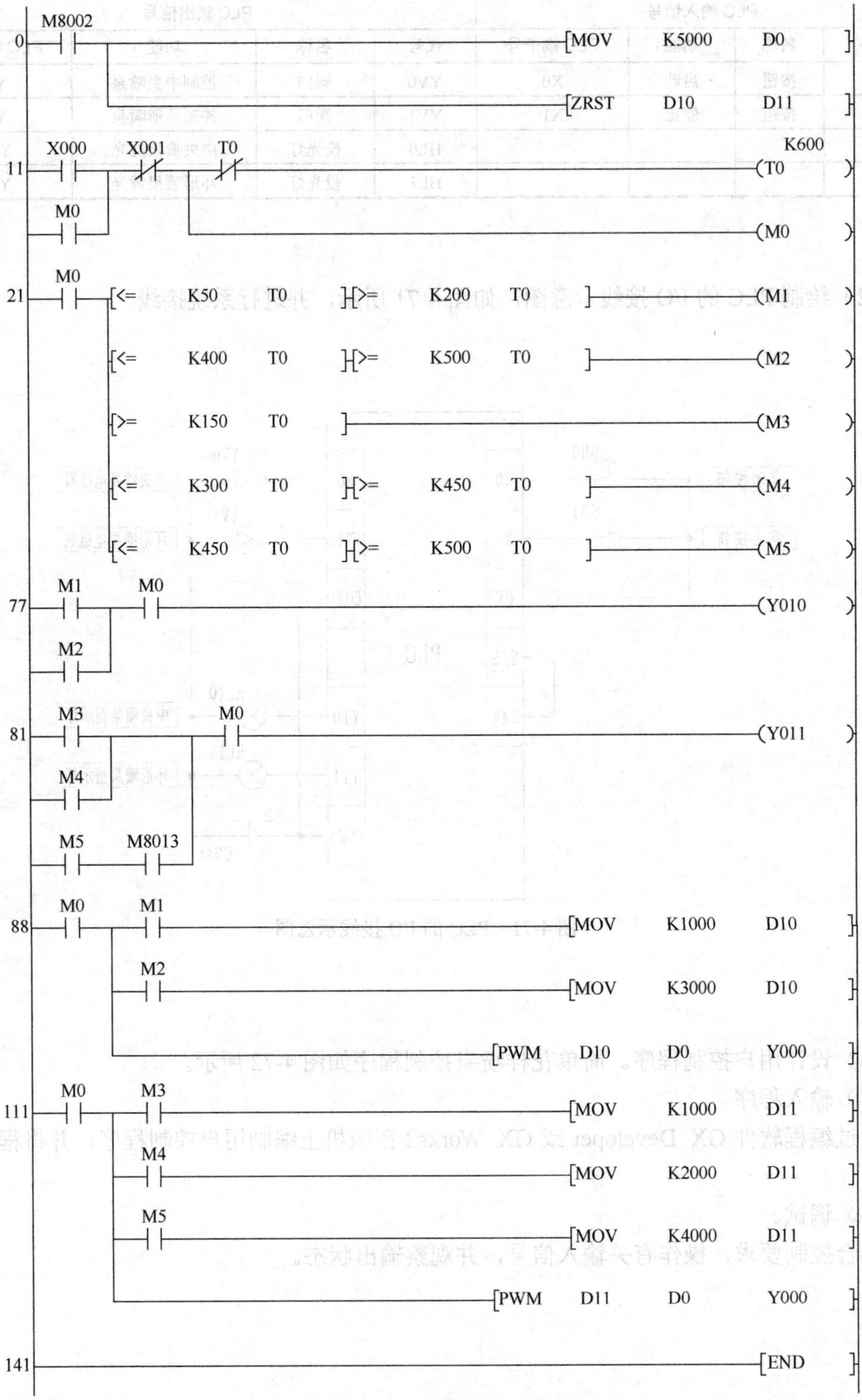

```
0  M8002                                              ┌MOV    K5000    D0 ┐
   ├┤├─┬──────────────────────────────────────────────                    
       │                                             ┌ZRST    D10     D11 ┐
                                                                          

11 X000   X001    T0                                              K600
   ├┤├─┬──┤/├───┤/├─────────────────────────────────────────────(T0  )
      │M0                                              │
      ├┤├───────────────────────────────────────────┘
                                                     ────────────(M0  )

21 M0
   ├┤├──┤[<=   K50    T0 ]├──┤[>=   K200    T0 ]├─────────────────(M1  )

        ┤[<=   K400    T0 ]├──┤[>=   K500    T0 ]├────────────────(M2  )

        ┤[>=   K150    T0 ]├──────────────────────────────────────(M3  )

        ┤[<=   K300    T0 ]├──┤[>=   K450    T0 ]├────────────────(M4  )

        ┤[<=   K450    T0 ]├──┤[>=   K500    T0 ]├────────────────(M5  )

77 M1     M0
   ├┤├──┬──┤├──────────────────────────────────────────────────(Y010 )
      M2 │
   ├┤├──┘

81 M3              M0
   ├┤├──┬──────────┤├──────────────────────────────────────────(Y011 )
      M4 │
   ├┤├──┤
      M5  M8013│
   ├┤├──┤├─────┘

88 M0     M1                                          ┌MOV    K1000    D10 ┐
   ├┤├──┬──┤├──────────────────────────────────────────                    
      M2 │                                            ┌MOV    K3000    D10 ┐
   ├┤├──┤                                                                  
        │                                            ┌PWM    D10   D0  Y000┐
        └───────────────────────────────────────────                      

111 M0    M3                                          ┌MOV    K1000    D10 ┐
   ├┤├──┬──┤├──────────────────────────────────────────                    
      M4 │                                            ┌MOV    K2000    D11 ┐
   ├┤├──┤                                                                  
      M5 │                                            ┌MOV    K4000    D11 ┐
   ├┤├──┤                                                                  
        │                                            ┌PWM    D11   D0  Y000┐
        └───────────────────────────────────────────                      

141                                                   ┌END ┐
```

图 4-72　简单花样喷泉控制程序

知识链接 4-6

4.10 高速处理指令 2

上文已经对高速处理指令中的部分指令进行了介绍，下文将对脉宽调制指令（PWM）进行介绍。脉宽调制指令如表 4-47 所示。

表 4-47 脉宽调制指令

FNC No.	指令符号	指令功能	操作数	D 指令	P 指令
58	PWM	脉宽调制	[S.]: KnX、KnY、KnM、KnS、T、C、D、V、Z [D.]: Y000 或 Y001	○	○

注: 1. D 指令表示 32 位操作数指令，P 指令表示脉冲执行型指令。

2. 表格中的符号○表示具备此功能。

脉宽调制指令举例如图 4-73 所示。脉宽调制指令说明如下。

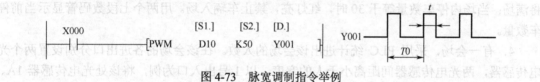

图 4-73 脉宽调制指令举例

（1）[S1.]用于指定脉冲的宽度 t，单位为 ms，范围为 0～32 767。

（2）[S2.]用于指定脉冲的周期 $T0$，单位为 ms，范围为 0～32 767，且[S1.]≤[S2.]。

（3）[D.]指定输出脉冲的 Y 编码。

习 题 4

1. 当按下正转启动按钮或反转启动按钮时，电动机正转或反转（KM1 或 KM2 主触头闭合），并运行在 Y 形接法（低速运行，KM3 主触头闭合），5s 后，KM3 主触头断开，1s 后，切换成 △ 形接法（全速运行，KM4 主触头闭合）。当按下停止按钮时，电动机停止转动。请用功能指令编写 PLC 控制程序。

2. 设计一个控制系统，对某质检产线上的待检测产品数和次品数进行实时统计，当不合格率达到一定比例时自动报警。当产品分拣前经过光门 1，待检测产品数加 1，产品通过质检装置后，次品将被分拣出并通过光门 2，此时次品数加 1。产品数每 1000 件为一批次，若次品数大于 10，则报警指示灯亮。另有一复位按钮对次品数清零。

3. 假设有一汽车停车场，最多可停 30 辆车。用两个光电传感器检测进出车辆数，每进一辆车停车数增加 1，每出一辆车停车数减 1。当场内停车数量小于 25 时，入口处绿灯亮，允许车辆入场；当场内停车数量大于或等于 25，且小于 30 时，绿灯闪烁，提醒待进车辆即将满场；当场内停车数量等于 30 时，红灯亮，禁止车辆入场。用两个七段数码管显示当前停车数量。

4. 有一会场，采用 PLC 统计进出该会场的人数。在该会场的各进出口分别设置两个光电传感器，两光电传感器间距离小于人的宽度。以 1 号出入口为例，将该处光电传感器 1A、1B 检测到的信号送入 PLC 的 X0、X1，当有人进出时会遮住光信号，当光信号被遮挡时，PLC 对应 X 端口为 ON，反之为 OFF。根据该信号补充合适的条件设计 PLC 程序，统计该会场内现有人员数量。

5. 用触点比较指令完成图 4-74 中交通信号灯的动作。

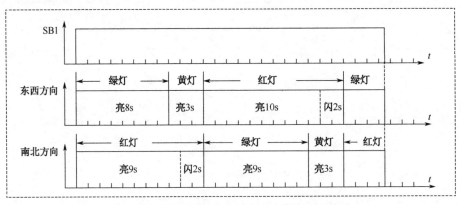

图 4-74　触点比较指令完成交通信号灯控制设计

6. 将光电编码器（AB 相、600p/r）与待测电动机主轴用联轴器连接，在单位时间内读取光电编码器发出的脉冲，用功能指令换算成转速（r/min）存放在数据寄存器 D10。

7. 某精密位移系统用 PLC 控制步进电动机，具体控制要求如下：当按下启动按钮时，步进电动机正转 5 圈，暂停 2s 后，反转 5 圈，暂停 2s 后重复上述步骤，直到按下停止按钮。该步进电动机步距角为 1.8°，正反转速度均为 1 圈/s。

模块五　模拟量指令的应用

任务一　热水炉控制系统设计

任务单 5-1

任务名称	热水炉控制系统设计
一、任务目标	

一、任务目标

1. 掌握 FX 系列 PLC 的模拟量输入模块的使用方法；
2. 掌握 FX 系列 PLC 的模拟量输入模块的安装与接线方法；
3. 掌握特殊功能模块的 FROM 指令、TO 指令的用法；
4. 掌握热水炉 PLC 控制系统的编程方法、硬件接线及软/硬件调试。

二、任务描述

　　图 5-1 为热水炉控制系统的内部结构示意图,该系统控制要求如下：当水位低于低液位时，进水阀门 YV1 打开，加入液体，当水位到达高液位时，停止加入液体；当水位高于低液位，且温度低于 80℃时，加热器工作，当温度到达 80℃时，加热器停止加热，搅拌电动机 M 和加热器工作时序相同；当液体温度超过 80℃，且水位超过低液位时，出水阀门 YV2 打开，放水，当水位降到低液位时，出水阀门 YV2 关闭，进水阀门 YV1 打开。请用 PLC 对热水炉进行控制。

5-1 热水炉控制
系统（动画演示）

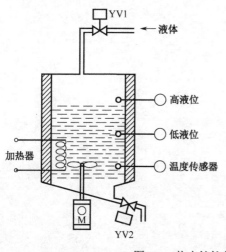

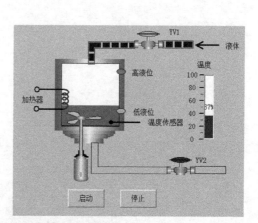

图 5-1　热水炉控制系统的内部结构示意图

任务名称	热水炉控制系统设计

三、任务实施

1. 认真阅读任务描述，明确所需完成的任务要求；
2. 通过网上搜索等方式查找资料掌握相关知识点；
3. 学生根据工作任务制订计划，由组长组织讨论，做出决策并实施；
4. 计划实施结束后进行自我评价、教师评价；
5. 对所完成的任务进行归纳总结并完成任务报告。

四、任务报告

1. 列出 PLC 的 I/O 地址分配表；
2. 绘制 PLC 的 I/O 接线示意图；
3. 编写 PLC 控制程序；
4. 写入程序并接线调试，总结在实训操作过程中出现的问题。

案例演示——水箱温度控制系统

1. 任务描述

水箱的结构示意图如图 5-2 所示。首先通过一个温度传感器检测水箱内液体的温度值，并把它转换成标准的电流（或电压）信号送到 A/D 转换模块，然后将其转换成的数字信号传输到 PLC 主机。当水温低于设定值时，加热器和搅拌电动机同时工作（搅拌电动机接触器 KM1 和加热器接触器 KM2 吸合）；当温度到达设定值时，加热器和搅拌电动机停止工作。该系统设有自动/手动转换开关 SA1、启动按钮 SB1、停止按钮 SB2、手动加热启动按钮 SB3、手动加热停止按钮 SB4、手动搅拌启动按钮 SB5、手动搅拌停止按钮 SB6、搅拌指示灯 HL1、加热指示灯 HL2、自动运行指示灯 HL3 和手动运行指示灯 HL4。

5-2 水箱温度
控制系统
（动画演示）

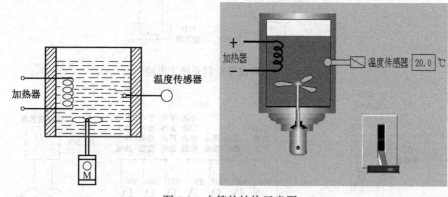

图 5-2　水箱的结构示意图

2. 任务实施

（1）根据任务分析，确定 I/O 地址分配，填写现场元件信号对照表，如表 5-1 所示。

表 5-1　现场元件信号对照表

PLC 输入信号				PLC 输出信号			
代号	名称	功能	PLC 端子号	代号	名称	功能	PLC 端子号
SA1	转换开关	自动/手动	X0	KM1	接触器	电动机搅拌	Y0
SB1	按钮	启动	X1	KM2	接触器	加热器工作	Y2
SB2	按钮	停止	X2	HL1	指示灯	搅拌指示灯	Y3
SB3	按钮	手动加热启动	X3	HL2	指示灯	加热指示灯	Y4
SB4	按钮	手动加热停止	X4	HL3	指示灯	自动运行指示灯	Y5
SB5	按钮	手动搅拌启动	X5	HL4	指示灯	手动运行指示灯	Y6
SB6	按钮	手动搅拌停止	X6				

（2）根据水箱温度控制系统主电路和 PLC 的 I/O 接线示意图进行系统接线，如图 5-3 和图 5-4 所示。

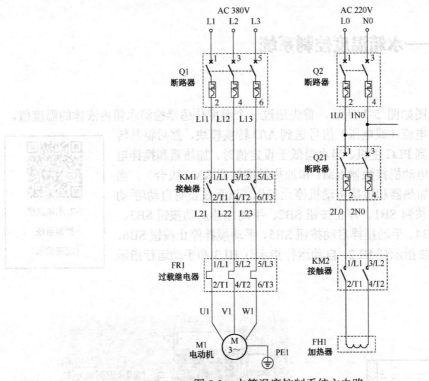

图 5-3　水箱温度控制系统主电路

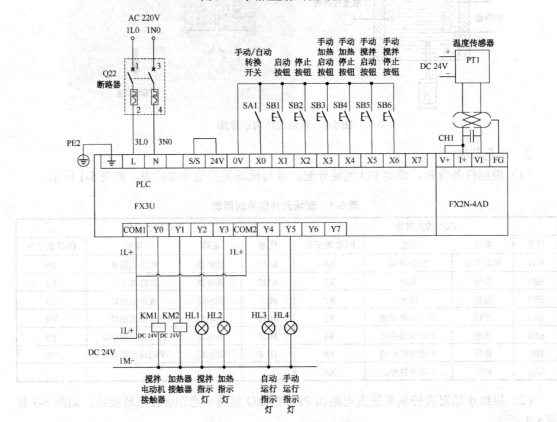

图 5-4　PLC 的 I/O 接线示意图

（3）设计用户控制程序。水箱温度控制系统的梯形图程序如图 5-5 所示。

（4）输入程序。

通过编程软件 GX Developer 或 GX Works2 在微机上编制用户控制程序，并将程序写入 PLC。

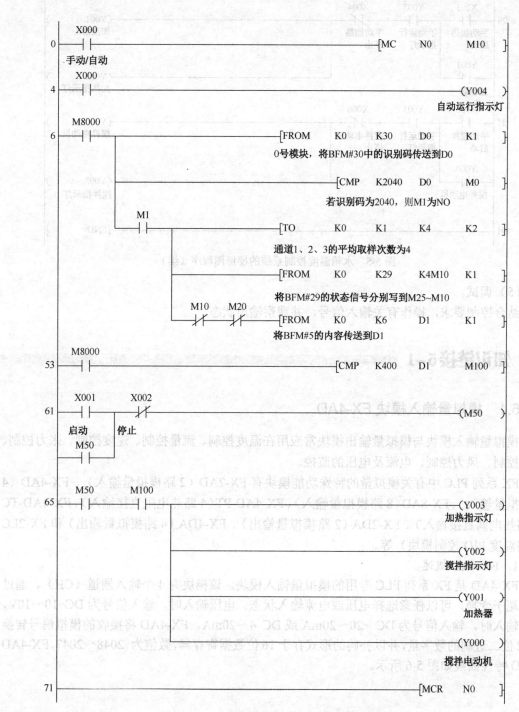

图 5-5 水箱温度控制系统的梯形图程序

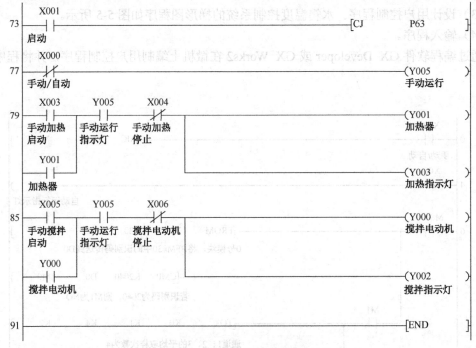

图 5-5　水箱温度控制系统的梯形图程序（续）

（5）调试。

结合控制要求，操作有关输入信号，并观察输出状态。

 知识链接 5-1

5.1　模拟量输入模块 FX-4AD

模拟量输入模块与模拟量输出模块常应用在温度控制、流量控制、速度控制、张力控制、压力控制、风力控制、电流及电压的监控。

FX 系列 PLC 中有关模拟量的特殊功能模块有 FX-2AD（2 路模拟量输入）、FX-4AD（4路模拟量输入）、FX-8AD（8 路模拟量输入）、FX-4AD-PT（4 路热电阻直接输入）、FX-4AD-TC（4 路热电偶直接输入）、FX-2DA（2 路模拟量输出）、FX-4DA（4 路模拟量输出）和 FX-2LC（2 路温度 PID 控制模块）等。

1. FX-4AD 概述

FX-4AD 是 FX 系列 PLC 专用的模拟量输入模块。该模块有 4 个输入通道（CH），通过输入端子变换，可以任意选择电压或电流输入状态。电压输入时，输入信号为 DC-10～10V，电流输入时，输入信号为 DC -20～20mA 或 DC 4～20mA。FX-4AD 将接收的模拟信号转换成 12 位二进制的数字量，并以补码的形式存于 16 位数据寄存器，数值为-2048～2047，FX-4AD 的 I/O 特性曲线如图 5-6 所示。

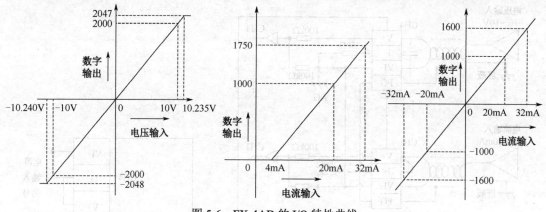

图 5-6　FX-4AD 的 I/O 特性曲线

FX-4AD 的模拟量与数字量之间采用光电隔离技术，但模拟量通道之间没有隔离。FX-4AD 消耗 PLC 主单元或有源扩展单元 5V 电源槽 30mA 的电流。FX-4AD 的输入通道占用基本单元的 8 个映像表，即在软件上占用 8 个 I/O 点数，在计算 PLC 的 I/O 点数时可以将这 8 个点作为 PLC 的输入点来计算。FX-4AD 性能指标如表 5-2 所示。

表 5-2　FX-4AD 性能指标

性能项目	电压输入	电流输入
	输入信号为电压输入或电流输入时，使用端子有所不同	
模拟量输入范围	−10～10V 直流（输入电阻为 200kΩ） 最大绝对量程为±15V	−20～20mA 直流（输入电阻为 200kΩ） 最大绝对量程为±32mA
数字输出	带符号位的 12 位二进制数字（有效位为 11 位） 最大值为 2047，最小值为−2048	
分辨率	5mV（10V 默认范围为 1/2000）	20μA（20mA 默认范围为 1/1000）
总体精度	±1%（−10～10V）	±1%（−20～20mA）
转换速度	15ms/通道（标准速度），6ms/通道（高速）	
占用 I/O 点数	该模块占用 8 个 I/O 点（输入、输出均可）	
隔离	在模拟量与数字量之间采用光电隔离技术；直流/直流变压器隔离主单元电源；模拟量通道之间无隔离	

2. FX-4AD 的接线

FX-4AD 的接线图如图 5-7 所示，图中模拟输入信号采用双绞屏蔽电缆与 FX-4AD 连接，电缆应远离电源线或其他可能产生电气干扰的导线。如果输入有电压波动，或在外部接线中有电气干扰，可以接一个 0.1～0.47μF（25V）的电容；如果是电流输入，应将端子 V+和 I+ 连接。FX-4AD 接地端与 PLC 主单元接地端连接，如果存在过多的电气干扰，再将外壳地端 FG 和 FX-4AD 接地端连接。

3. FX-4AD 缓冲寄存器（BFM）的分配

FX-4AD 的内部有一个数据缓冲寄存器区，它由 32 个 16 位的缓冲寄存器组成，BFM 编号为#0～#31，FX-4AD 缓冲寄存器的内容与作用如表 5-3 所示。数据缓冲寄存器区的内容可以通过 PLC 的 FROM 指令和 TO 指令进行读、写操作。

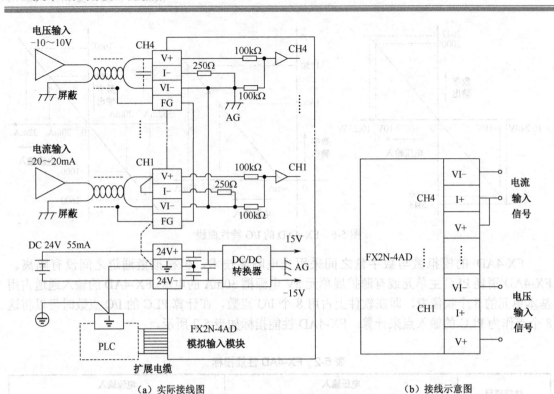

（a）实际接线图 　　　　　　　　　　　　（b）接线示意图

图 5-7　FX-4AD 的接线图

表 5-3　FX-4AD 缓冲寄存器的分配

BFM 编号	内容		备注
#0（*）	通道初始化，用 4 位十六位数字 H××××表示，4 位数字从右至左分别控制 1、2、3、4 四个通道		每位数字取值范围为 0～3，其含义如下： 0 表示输入范围为-10～10V； 1 表示输入范围为+4～20mA； 2 表示输入范围为-20～20mA； 3 表示该通道关闭； 默认值为 H0000
#1（*）	通道 1	采样次数设置	采样次数是用于得到平均值，其设置范围为 1～4096，默认值为 8
#2（*）	通道 2		
#3（*）	通道 3		
#4（*）	通道 4		
#5	通道 1	平均值存放单元	根据#1～#4 缓冲寄存器的采样次数，分别得出的每个通道的平均值
#6	通道 2		
#7	通道 3		
#8	通道 4		
#9	通道 1	当前值存放单元	每个输入通道读入的当前值
#10	通道 2		
#11	通道 3		
#12	通道 4		
#13～#14	保留		
#15（*）	A/D 转换速度设置		设为 0 时，正常速度，15ms/通道（默认值）； 设为 1 时，高速度，6ms/通道
#16～#19	保留		

BFM 编号	内容	备注
#20（*）	复位到默认值和预设值	默认值为 0； 设为 1 时，所有设置将复位默认值
#21（*）	禁止调整偏置值和增益值	b1、b0 位分别设为 1、0 时，禁止； b1、b0 位分别设为 0、1 时，允许（默认值）
#22（*）	偏置、增益调整通道设置	b7 与 b6、b5 与 b4、b3 与 b2、b1 与 b0 分别表示调整通道 4、3、2、1 的增益值与偏置值
#23（*）	偏置值设置	默认值为 0000，单位为 mV 或 μA
#24（*）	增益值设置	默认值为 5000，单位为 mV 或 μA
#25～#28	保留	
#29	错误信息	表示本模块的出错类型
#30	识别码（K2010）	固定为 K2010，可用 FROM 指令读出识别码来确认此模块
#31	禁用	

注：带（*）的缓冲寄存器可用 TO 指令写入，其他的缓冲寄存器可用 FROM 指令读出；

偏置值是指当数字输出为 0 时的模拟量输入值；增益值是指当数字输出为 1000 时的模拟量输入值。

BFM#29 表示本模块的出错类型。FX-4AD 的 BFM#29 各位的状态信息如表 5-4 所示。

表 5-4　FX-4AD 的 BFM#29 各位的状态信息

BFM#29 的位元件	ON	OFF
b0：错误	b1～b3 中任何一个为 ON，则 b0 为 ON；如果 b2～b4 中任何一个为 ON，则所有通道的 A/D 转换停止	无错误
b1：偏移与增益错误	偏移值和增益值调整错误	偏移值和增益值正常
b2：电源故障	24V DC 错误	电源正常
b3：硬件错误	A/D 或其他器件错误	硬件正常
b10：数字范围错误	数字输出值小于 -2048 或者大于 2047	数字输出正常
b11：平均取样错误	数字平均采样值大于 4096 或小于 0（使用 8 位默认值设定）	平均值正常（1～4096）
b12：偏移与增益调整禁止	禁止调整：将 BFM#21 的（b1，b0）设置为（1，0）	允许调整：将 BFM#21 的（b1，b0）设置为（0，1）

4. FX-4AD 偏置与增益的调整

偏置是校正线的位置，由数字 0 标识。增益决定了校正线的角度（斜率），由数字 1000 标识，偏置与增益的调整如图 5-8 所示。偏置值和增益值的调整是对数字值设置实际的输出模拟值，可通过 FX-4AD 的容量调节器，并使用电压和电流表来完成。增益值的设置范围为 1～15V 或 4～32mA。偏移值的设置范围为 -5～5V 或 -20～20mA。

5. FROM 指令和 TO 指令

FX 系列 PLC 与特殊功能模块之间的通信是通过 FROM 指令和 TO 指令实现的。FROM 指令用于 PLC 基本单元读取特殊功能模块中的数据，TO 指令用于 PLC 基本单元将数据写到特殊功能模块。读、写操作都是针对特殊功能模块的缓冲寄存器进行的。FROM 指令如表 5-5 所示。

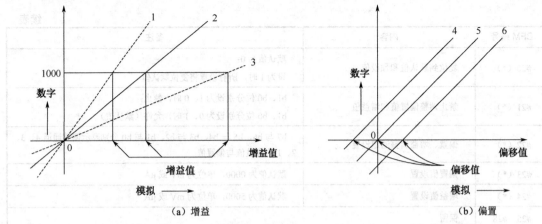

（a）增益 （b）偏置

1—增益小，读取数字值间隔大；2—增益为 0，默认为 5V 或 20mA；3—增益大，读取数字值间隔小；

4—偏移为负；5—偏移为 0，默认为 5V 或 20mA；6—偏移为正

图 5-8　偏置与增益的调整

表 5-5　FROM 指令

指令名称	操作码	操作数			
		$m1$	$m2$	[D.]	n
读指令	FROM	K、H $m1=0\sim7$	K、H $m2=0\sim31$	KnY、KnM、KnS、T、C、D、V、Z	K、H $n=1\sim32$

1）FROM 指令

FROM 指令是基本单元从 FX-4AD、FX-2DA 的缓冲寄存器中读数据指令。

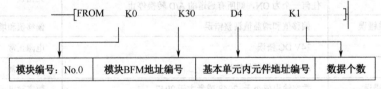

图 5-9　FROM 指令格式

FROM 指令说明如下。

（1）图 5-9 中，FROM 指令的功能是从 No.0 模块（FX-4AD）的 BFM#30 中读取识别码。

（2）特殊功能模块的模块编号说明。当 PLC 与特殊功能模块连接时，数据通信是通过 FROM 指令和 TO 指令实现的。每个特殊功能模块都有一个确定的地址编号。FX-4AD 直接连接在基本单元 FX3U-48MR 上，如图 5-10 所示，其模块编号为 No.0。

FX3U-48MR （X0～X27） （Y0～Y27）	FX-4AD	FX-8EX （X30～X37）	FX-32ER （X40～X57） （Y30～Y47）	FX-2AD-PT

模块编号：　　　　　　　No.0　　　　　　　　　　　　　　　　　　No.1

图 5-10　基本单元 FX3U-48MR 与特殊功能模块连接示意图

2）TO 指令

TO 指令如表 5-6 所示。

表 5-6 TO 指令

指令名称	操作码	操作数			
		*m*1	*m*2	[D.]	*n*
写指令	TO	K、H	K、H	K*n*Y、K*n*M、K*n*S、T、	K、H
		*m*1=0~7	*m*2=0~31	C、D、V、Z	*n*=1~32

TO 指令是基本单元向 FX-4AD、FX-2DA 的缓冲寄存器中写数据指令。图 5-11 中，TO 指令的功能是将 H3300 通过 TO 指令写入到模块编号为 No.0 的 BFM#0 的地址。

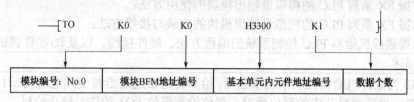

图 5-11 TO 指令格式

6. 程序举例

FX-4AD 连在最靠近基本单元 FX3U-48MR 的地方，故其模块编号为 No.0。仅开通 CH1 通道和 CH2 通道作为电压量输入通道。计算平均值的取样次数为 4，而 PLC 中的 D0 和 D1 分别接收这两个通道输入量平均值的数字量，并编制梯形图程序，如图 5-12 所示。

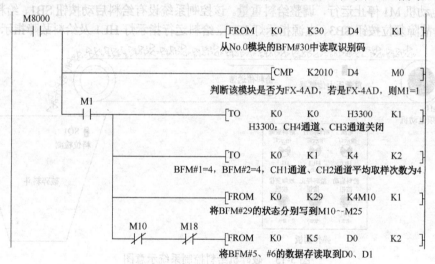

图 5-12 举例梯形图程序

任务二　破碎机给料控制系统设计

任务单 5-2

任务名称	破碎机给料控制系统设计

一、任务目标

1. 掌握 FX 系列 PLC 的模拟量输出模块的使用方法；
2. 掌握 FX 系列 PLC 的模拟量输出模块的安装与接线方法；
3. 掌握破碎机给料 PLC 控制系统的编程方法、硬件接线、以及软/硬件调试。

二、任务描述

图 5-13 为破碎机给料控制系统示意图，给料传送带通过给料变频电动机 M1 驱动向破碎料斗给料，当破碎料斗中的料位满时，料位检测限位 SQ1 动作，停止给料。

在给料过程中，重量压力传感器 PG1（4～20mA）将检测到的给料重量信号传送到 PLC 模拟量输入模块进行处理，并将处理结果数据通过 PLC 模拟量输出模块把模拟量控制信号（DC 0～10V）发送到给料变频器，在对应的频率下驱动给料变频电动机 M1 运行。

控制要求：当给料重量为 0～500kg 时，给料变频器给定频率为 0～50Hz，且给料重量与给定频率成反比关系，即给定频率随给料重量的增加而减小；当给料重量等于 500kg 时，给料变频电动机 M1 停止运行，调整给料重量。该控制系统设有给料启动按钮 SB1、给料停止按钮 SB2、故障复位按钮 SB3、电源指示灯 HL0、给料运行指示灯 HL1 及给料故障指示灯 HL2。

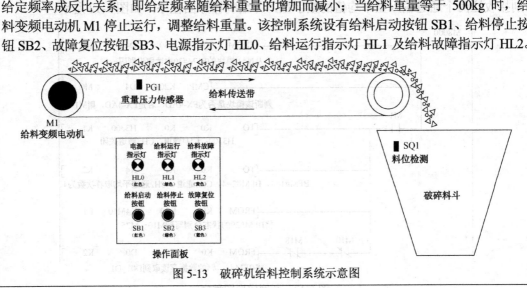

图 5-13　破碎机给料控制系统示意图

三、任务实施

1. 认真阅读任务描述，明确所需完成的任务要求；
2. 通过网上搜索等方式查找资料，掌握相关知识点；
3. 学生根据任务制订计划，由组长组织讨论，做出决策并实施；
4. 计划实施结束后进行自我评价、教师评价；
5. 对所完成的任务进行归纳总结并完成任务报告。

四、任务报告

1. 列出 PLC 的 I/O 地址分配表；
2. 绘制 PLC 的 I/O 接线示意图；
3. 编写 PLC 控制程序；
4. 写入程序并接线调试，总结在实训操作过程中出现的问题。

案例演示——给料控制系统

1. 任务描述

在给料过程中,重量压力传感器 PG1(4~20mA)将检测到的给料重量信号传送到 FX3U 系列 PLC 的模拟量输入模块 FX-4AD 进行处理,并将处理结果数据通过 PLC 模拟量输出模块 FX-2DA 把模拟量控制信号(DC 0~10V)发送到给料变频器 FR-E740,在对应的频率下驱动 给料变频电动机 M1 运行。该系统控制要求如下:当给料重量为 0~300kg 时,给料变频器给 定频率为 0~50Hz,且给料重量与给定频率成反比关系,即给定频率随给料重量的增加而减 小;当给料重量大于 300kg 时,给料变频电动机 M1 停止运行,调整给料重量。该控制系统 设有给料启动按钮 SB1、给料停止按钮 SB2、故障复位按钮 SB3、电源指示灯 HL0、给料运 行指示灯 HL1 及给料故障指示灯 HL2。

根据 PLC 模拟量输入模块 FX-4AD 的输入特性曲线,当输入信号为 4~20mA 时,对应 的转换数值为 0~1000;根据 PLC 模拟量输出模块 FX-2DA 的输出特性曲线,当输出数值为 0~4000 时,对应的转换输出信号为 DC 0~10V。涉及变频器的相关具体内容参照模块六的 知识链接或查阅相关文献。

2. 任务实施

(1)根据任务分析,确定 I/O 地址分配,填写现场元件信号对照表,如表 5-7 所示。

表 5-7 现场元件信号对照表

PLC 输入信号				PLC 输出信号			
代号	名称	功能	PLC 端子号	代号	名称	功能	PLC 端子号
SB1	按钮	给料启动	X0	HL0	灯	电源指示	Y0
SB2	按钮	给料停止	X1	HL1	灯	给料运行指示	Y1
SB3	按钮	故障复位	X2	HL2	灯	给料故障指示	Y2
INV	变频器	变频器故障	X3			正转	Y10
PG1	重量压力传感器	重量模拟量输入	I+/VI-	INV	变频器	故障复位	Y11
						模拟量输出	Iout/Vout

(2)根据 PLC 的 I/O 接线示意图,如图 5-14 所示,进行系统接线。

(3)设计用户控制程序。给料控制系统的梯形图程序如图 5-15 所示。

(4)变频器参数设定。

根据给料控制系统中的给料变频器的工作要求,需将所用的三菱 FR-E740 变频器的模拟 量参数编号 Pr.73(模拟量输入选择)设定值改为 0(端子 2 输入 0~10V)。

(5)输入程序。

通过编程软件 GX Developer 或 GX Works2 在微机上编制用户控制程序,并将程序写入 PLC。

(6)调试。

结合控制要求,操作有关输入信号,并观察输出状态。

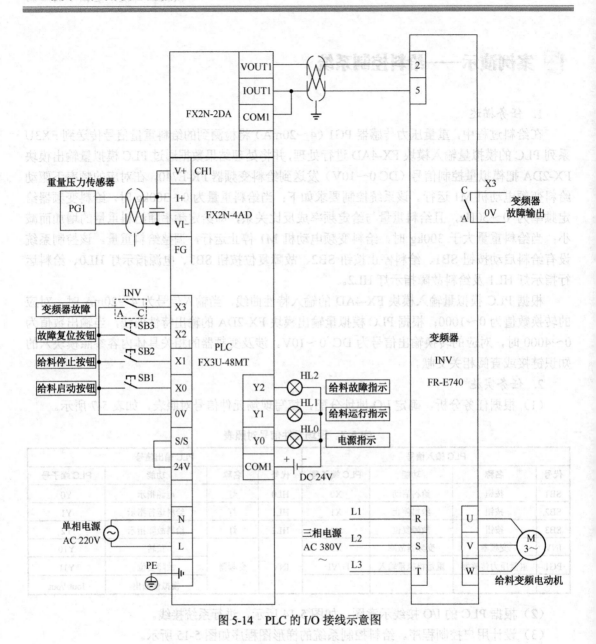

图 5-14　PLC 的 I/O 接线示意图

图 5-15　给料控制系统的梯形图程序

```
18    M8000
      ─┤├──────────────────────────────[FROM  K0    K30   D10   K1 ]

           ─[= K2010  D10 ]─────────────────────────────────────( M10 )

                 M10
                ─┤├────────────────────[TO    K0    H3331 K1 ]

                 ─────────────────────[FROM  K0    K29   K4M100 K1 ]

                    M100  M108
                 ───┤/├──┤/├──────────[FROM  K0    K5    D100  K1 ]

66    M8000
      ─┤├─[<= D100  K1000 ]────────────────────────────────────( M1 )

73    X000   X001   M1
      ─┤├────┤/├────┤├─────────────────────────────────────────( M0 )
       M0
      ─┤├─

78    M0     X003
      ─┤├────┤/├───────────────────────────────────────────────( Y001 )

                                                                ( Y010 )

82    M0
      ─┤├───────────────────────────────[SUB   K1000 D100  D110 ]

                                         [MUL   K4    D110  D200 ]

97    M8000   M0
      ─┤├─────┤├─────────────────────────[FROM  K1    K30   D20   K1 ]

                  ─[= K3010  D20 ]──────────────────────────────( M20 )

                      M20
                     ─┤├──────────────────[MOV   D200  K4M200 ]

                     ─────────────────────[TO    K1    K16   K2M200 K1 ]

                     ─────────────────────[TO    K1    K17   H4     K1 ]

                     ─────────────────────[TO    K1    K17   H0     K1 ]

                     ─────────────────────[TO    K1    K16   K1M208 K1 ]

                     ─────────────────────[TO    K1    K17   H2     K1 ]

                     ─────────────────────[TO    K1    K17   H0     K1 ]

176   X003
      ─┤├───────────────────────────────────────────────────────( Y002 )

178   X002   M0
      ─┤├────┤/├──────────────────────────────────────────────( Y011 )

181                                                             [END ]
```

图 5-15 给料控制系统的梯形图程序（续）

知识链接 5-2

5.2 模拟量输出模块 FX-2DA

1. FX-2DA 概述

FX-2DA 是 FX 系列 PLC 专用的模拟量输出模块之一。该模块能将 12 位的数字值转换成相应的模拟量输出。FX-2DA 工作电源为 DC 24V，模拟量与数字量之间采用光电隔离技术。FX-2DA 的 2 个输出通道，通过输出端子变换，也可任意选择电压或电流输出状态。电压输出时，输出信号为 DC0～10V；电流输出时，输出信号为 DC 4～20mA。FX-2DA 的输出通道占用基本单元的 8 个映像表，即在软件上占用 8 个 I/O 点数，在计算 PLC 的 I/O 点数时可以将这 8 个点作为 PLC 的输出点来计算。FX-2DA 输出特性曲线如图 5-16 所示。

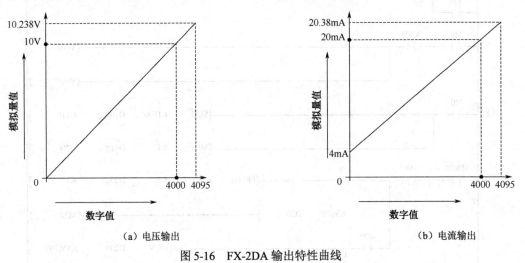

（a）电压输出　　　　　　　　　　　　（b）电流输出

图 5-16　FX-2DA 输出特性曲线

2. FX-2DA 的接线

FX-2DA 的接线图如图 5-17 所示，图中模拟输出信号采用双绞屏蔽电缆与外部执行机构连接，电缆应远离电源线或其他可能产生电气干扰的导线。当电压输出有波动或存在大量噪声干扰时，可以接一个 0.1～0.47μF（25V）的电容。

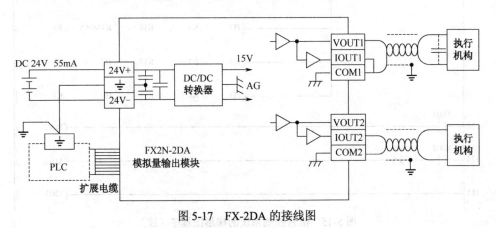

图 5-17　FX-2DA 的接线图

3. FX-2DA 的缓冲寄存器（BFM）分配

FX-2DA 的内部有一个数据缓冲寄存器区，它由 32 个 16 位的缓冲寄存器组成，BFM 编号为#0～#31，其内容与作用如表 5-8 所示。数据缓冲寄存器区的内容可以通过 PLC 的 FROM 指令和 TO 指令进行读、写操作。

表 5-8 FX-2DA 缓冲寄存器的分配

BFM 编号	内容		备注
#0	通道初始化,用 2 位十六位数字 H×× 表示，2 位数字从右至左分别控制 CH1、CH2 两个通道		每位数字取值范围为 0、1，其含义如下： 0 表示输出范围为-10～10V； 1 表示输入范围为 4～20mA
#1	通道 1	存放输出数据	
#2	通道 2		
#3～#4	保留		
#5	输出保持与复位		H00 表示 CH2 保持、CH1 保持； H01 表示 CH2 保持、CH1 复位； H10 表示 CH2 复位、CH1 保持； H11 表示 CH2 复位、CH1 复位
	默认值为 H00		
#6～#15	保留		
#16	输出数据的当前值		由 BFM#17（数字值）指定的通道的 D/A 转换数据被写。D/A 数据以二进制形式，并以下端 8 位和高端 4 位两部分的顺序进行写操作
#17	转换通道设置		将 b0 由 1 变成 0，CH2 的 D/A 转换开始； 将 b1 由 1 变成 0，CH1 的 D/A 转换开始； 将 b2 由 1 变成 0，转换的低 8 位数据保持
#18～#19	保留		
#20	复位到默认值和预设值		默认值为 0； 设为 1 时，所有设置将复位默认值
#21	禁止调整偏置和增益值		b1、b0 位设为 1、0 时，禁止； b1、b0 位设为 0、1 时，允许（默认值）
#22	偏置、增益调整通道设置		b3 与 b2、b1 与 b0 分别表示调整 CH2、CH1 的增益值与偏置值
#23	偏置值设置		默认值为 0000，单位为 mV 或 μA
#24	增益值设置		默认值为 5000，单位为 mV 或 μA
#25～#28	保留		
#29	错误信息		表示本模块的出错类型
#30	识别码（K3010）		固定为 K3010，可用 FROM 指令读取识别码来确认此模块
#31	禁用		

4. 程序举例

FX-2DA 连在 2 号（No.1）模块位置。将 CH1 设为电压输出，CH2 设为电流输出。当 PLC 从 RUN 状态转为 STOP 状态后，最后的输出保持不变，示例梯形图程序如图 5-18 所示。

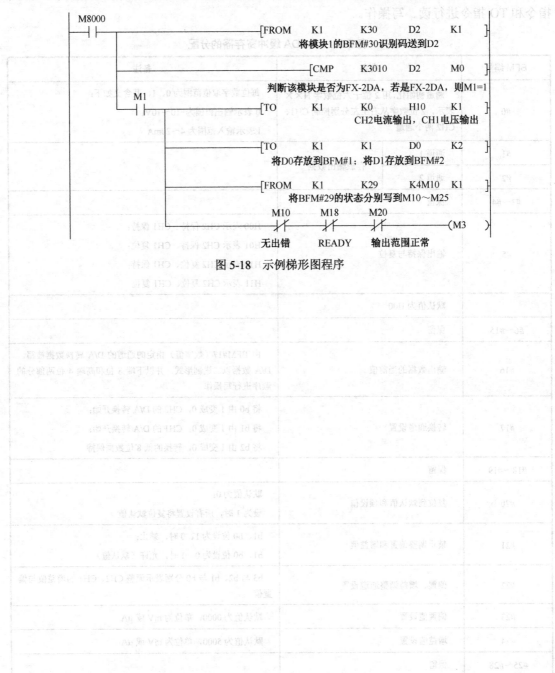

图 5-18 示例梯形图程序

习　题　5

一、选择题

1. 关于指令"FROM　K0　K0　H3300　K1"，下列描述错误的是（　　）。

（A）FROM 指令是基本单元从扩展单元的缓冲寄存器中读数据指令。

（B）第二个 K0 是指紧挨着基本单元的模块编号为 No.0。

（C）该指令的功能是从编号为 No.0 模块的 BFM#30 中读取识别码。

（D）K1 是指指令读取的数据个数是 1 个。

2. FX-4AD 采用 DC 4～20mA 电流输入，当输入电流为 20mA 时，其转换后的数字值应用是（　　）。

（A）3000　　　　（B）2000　　　　（C）1500　　　　（D）1000

二、设计题

1. 利用 CH1、CH2、CH3 三个通道采集三路温度信号，各路温度设定标准值分别为 40℃、30℃、20℃，若各路温度低于标准温度则分别启动相应的加热器。

2. 利用 SB1、SB2 控制两组数据的模拟量输出，两组数据分别存放在 D0 和 D1。当 SB1 接通时，需将 D0 的 12 位数字量转换为模拟量，并且在通道 1 中进行输出；当 SB2 接通时，需将 D1 的 12 位数字量转换为模拟量，并且在通道 2 中进行输出。

模块六　工程综合应用

任务一　B 型钢板压型机控制系统

任务单 6-1

任务名称	B 型钢板压型机控制系统

一、任务目标

1. 了解 PLC 控制系统设计的一般步骤；
2. 初步掌握电气控制柜中电气元件的布置方法和技巧；
3. 了解实际工程项目中电气原理图和电气设备安装图的绘制特点；
4. 初步掌握 PLC、变频器、光电编码器在运动控制系统中的应用。

二、任务描述

请参照案例所示的 A 型钢板压型机控制系统的流程和要求做适当调整，该系统控制要求如下。

该控制系统有自动、一次送料、手动三种控制方式。自动方式是指从送料电动机接通开始送料，当到达标准板长位置后发出剪切信号进行剪切，剪切完成后，冲头返回上限点并发出继续送料信号，其过程为送料→送料停止→剪切→送料，此过程循环进行。一次送料方式是指进行送料一次并剪切的操作。手动方式是指手动前进、手动后退，但不剪切，该方式有四种状态：手动快进、手动慢进、手动快退、手动慢退。在自动方式中，如果改为一次送料方式，则加工完此板后停止；如果改为手动方式，则走完此板后停止，但不剪切。

6-1 钢板压型机
——设备组成介绍

请根据控制要求设计 B 型钢板压型机控制系统，完成系统的软件、硬件设计和调试，并提交如下技术文档：系统设计方案、电气原理图、接线图、电气元件布置图、操作面板布置图、电气元件明细表、I/O 地址分配表及 PLC 用户程序等。

任务名称	B 型钢板压型机控制系统

三、任务实施

1. 认真阅读任务描述，明确所需完成的任务要求；

2. 通过网上搜索等方式查找资料，掌握相关知识点；

3. 制定任务的实施方案，并明确小组内的人员分工；

4. 制作项目汇报 PPT，并作项目实施情况汇报；

5. 任务实施结束后进行自我评价、教师评价；

6. 对所完成的任务进行归纳总结，并完成任务报告。

四、任务报告

1. 提交项目设计报告，设计报告中包含电气原理图、接线图、电气元件布置图、操作面板布置图、电气元件明细表、I/O 地址分配表及 PLC 用户程序等；

2. 提交项目汇报 PPT。

案例演示——A 型钢板压型机控制系统

1. 任务描述

某企业专业生产钢板压型机设备，其中某 A 型钢板压型机设备如图 6-1 和图 6-2 所示。卷装钢板经一系列压辊逐步压型后，再由切断装置切断。切断长度根据不同的建筑物的需要而不同，种类繁多。传统的剪切生产线由异步电动机驱动、行程开关定长，存在定长剪切精度低（误差为 10～15mm）、效率低等问题。为改善此问题，需开发以 PLC 作为控制器，光电编码器作为测量元件，再配合由变频调速器构成的自动定长切断系统。请按照如图 6-3 所示的 PLC 控制系统的设计流程图完成设计工作。

6-2 钢板压型机
——任务讲解
教学视频

图 6-1　A 型钢板压型机设备

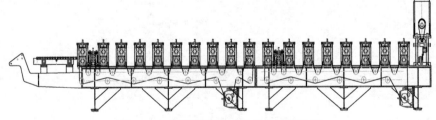

图 6-2　A 型钢板压型机设备结构示意图

2. 任务实施

（1）分析控制对象及控制要求。

生产工艺流程如图 6-4 所示。钢板经开卷机送入压辊装置，压辊由齿轮减速三相异步电动机 M1 驱动，钢板经过多道压辊的冷压，压成预先设计的形状；用于测量钢板长度的光电编码器位于压辊装置的末端，剪切机的前端，光电编码器安装在测长辊上；当钢板出料达到设定长度时，齿轮减速三相异步电动机 M1 停机，油泵电动机 M2 启动，驱动剪切机剪断钢板。

（2）制定控制方案，选择 PLC 型号。

在设计 PLC 系统时，首先应确定控制方案。该 A 型钢板压型机设备的控制器采用三菱的 PLC，其高速计数端子 X0、X1 可用于接收光电编码器的高速脉冲，以测量钢板长度，其开关量输入端子可用于接收按钮等信号，其开关量输出端子可用于控制中间继电器和指示灯等负载。为了保证钢板的剪切精度，采用变频器对齿轮减速三相异步电动机 M1 进行多挡速控制，以实现变频定位控制。

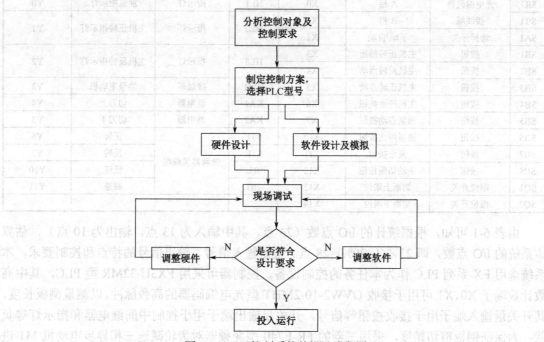

图 6-3 PLC 控制系统的设计流程图

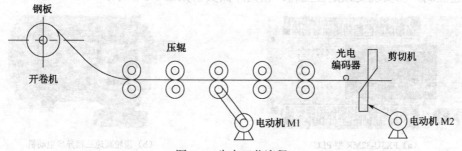

图 6-4 生产工艺流程

接下来针对控制方案来选择 PLC 型号。工艺流程的特点和应用要求是选择 PLC 型号的主要依据。PLC 及有关设备应是集成的、标准的，按照"易于与工业控制系统形成一个整体，易于扩充其功能"的原则选择 PLC 型号，所选用 PLC 应是在相关工业领域有投运业绩、成熟可靠的系统，PLC 的系统硬件、软件的配置及功能应与装置规模和控制要求相适应。工程设计选型和估算时，应详细分析工艺过程的特点、控制要求，明确控制任务和范围来确定所需的操作，然后根据控制要求，估算 I/O 点数及所需存储器容量，确定 PLC 的功能及外部设备特性等，最后选择有较高性能价格比的 PLC 和设计相应的控制系统。

在 I/O 点数估算时应考虑适当的余量，通常将统计的 I/O 点数增加 10%～20% 的可扩展余量后的数据作为 I/O 点数的估算数据。

根据各环节控制要求，I/O 地址分配表如下。

表 6-1 I/O 地址分配表

PLC 输入信号				PLC 输出信号			
代号	名称	功能	PLC 端子号	代号	名称	功能	PLC 端子号
SR1	光电编码器	A 相	X0	HL1	指示灯	油泵指示灯	Y0
SR1	接线端	B 相	X1	HL2	指示灯	主机正转指示灯	Y1
SA1	选择开关	手动/自动	X2				
SB1	按钮	主机正转按钮	X3	HL3	指示灯	主机反转指示灯	Y2
SB2	按钮	主机反转点动	X4				
SB3	按钮	主机正转点动	X5	KM1	接触器	油泵电动机	Y3
SB4	按钮	主机停止按钮	X6	KA1	继电器	切刀上	Y4
SB5	按钮	油泵启动按钮	X7	KA2	继电器	切刀下	Y5
SB6	按钮	油泵停止按钮	X10	STF		正转	Y6
SB7	按钮	复位按钮	X11	STR	变频器接线端	反转	Y7
SB8	按钮	手动切断按钮	X12	RL		低速	Y10
SQ1	限位开关	切断上限位	X13	RH		高速	Y11
SQ2	限位开关	切断下限位	X14				

由表 6-1 可知，根据统计的 I/O 点数（23 点，其中输入为 13 点，输出为 10 点），估算该系统的 I/O 点数，即 23×(1+20%)=28 点。根据输入信号、输出信号的特点和控制要求，本系统选用 FX 系列 PLC 作为本任务的控制设备。控制器可采用 FX3U-32MR 型 PLC，其中高数计数端子 X0、X1 可用于接收 OVW2-10-2MHT 型光电编码器的高数脉冲，以测量钢板长度，其开关量输入端子用于接收按钮等信号，开关量输出端子用于控制中间继电器和指示灯等负载；为保证钢板剪切精度，采用三菱的 FR-E740 型变频器对齿轮减速三相异步电动机 M1 进行多挡速控制，以实现变频定位控制。相关产品实物如图 6-5 所示。

（a）FX3U-32MR 型 PLC

（b）齿轮减速三相异步电动机

（c）FR-E740 型变频器

（d）OVW2-10-2MHT 型光电编码器

图 6-5　相关产品实物图

（3）硬件设计。

硬件设计指电气线路设计，包括主电路及 PLC 外部控制电路电气原理图、操作面板布置图、电气控制柜电气元件布置图等，如图 6-6～图 6-10 所示。

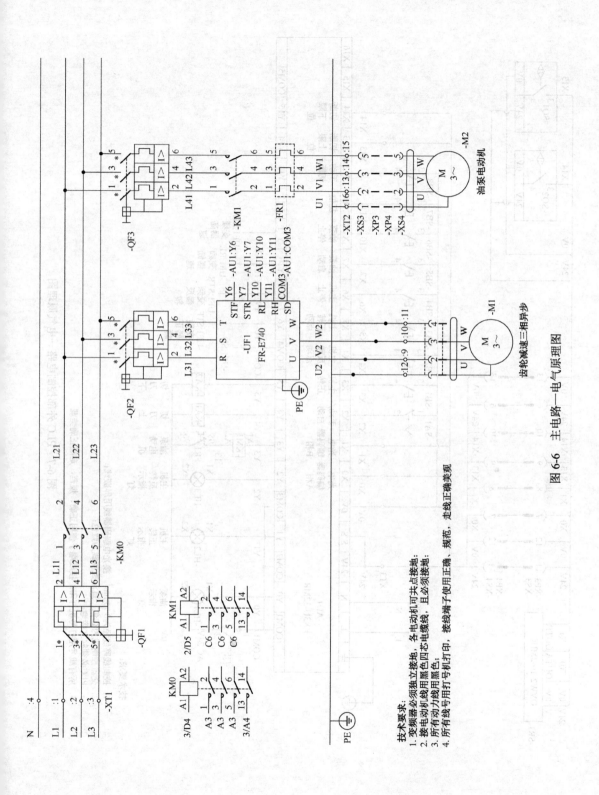

图 6-6 主电路—电气原理图

技术要求：
1. 变频器必须独立接地，各电动机可共点接地；
2. 接电动机线用黑色四芯电缆线，且必须接地；
3. 所有动力线用黑色；
4. 所有线号用打号机打印，接线端子使用正确。规范，走线正确美观。

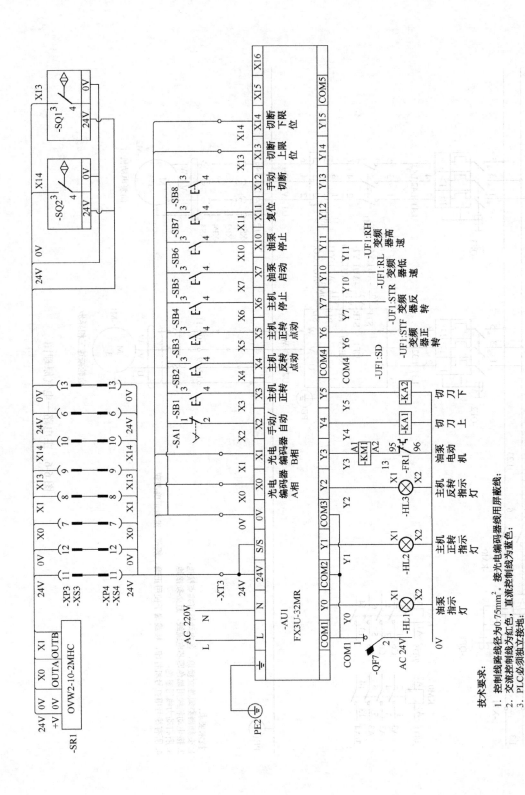

图 6-7　PLC 外部控制电路—电气原理图

技术要求：

1. 控制线路线径为0.75mm²，接光电编码器线用屏蔽线；
2. 交流控制线为红色，直流控制线为蓝色；
3. PLC必须独立接地；
4. 所有线号用打号机打印，接线端子使用正确，规范，走线正确美观。

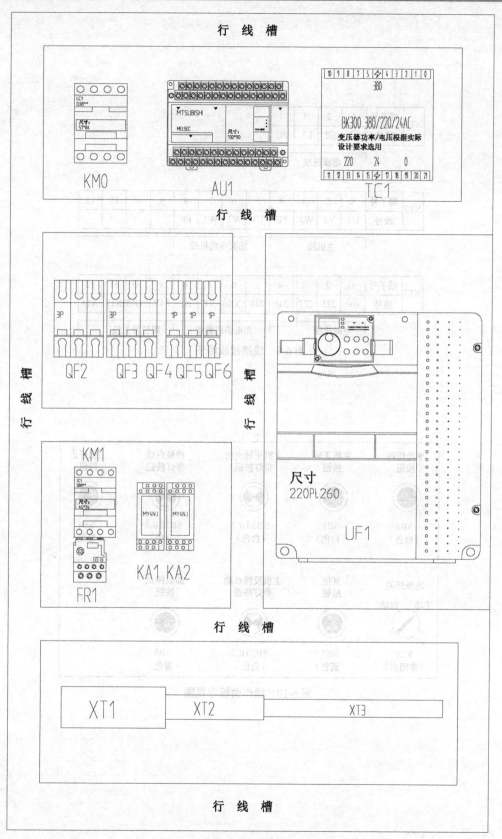

图 6-8 电气控制柜电气元件布置图

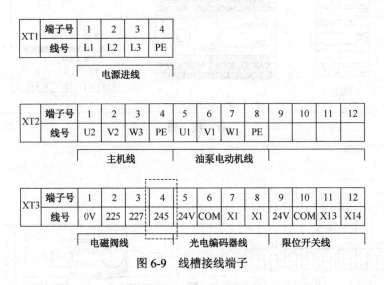

图 6-9　线槽接线端子

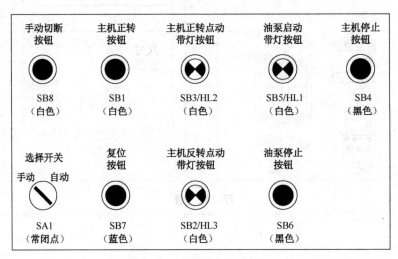

图 6-10　操作面板布置图

（4）软件设计。

软件设计包括状态表、状态转换图、梯形图、指令表等，控制程序设计是 PLC 系统应用中最关键的问题，也是整个控制系统设计的核心。控制程序流程图和系统控制梯形图如图 6-11 和图 6-12 所示。

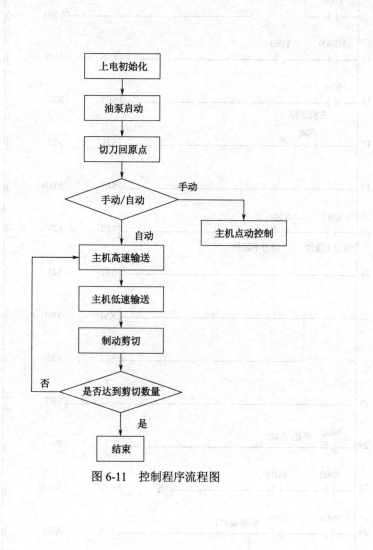

图 6-11 控制程序流程图

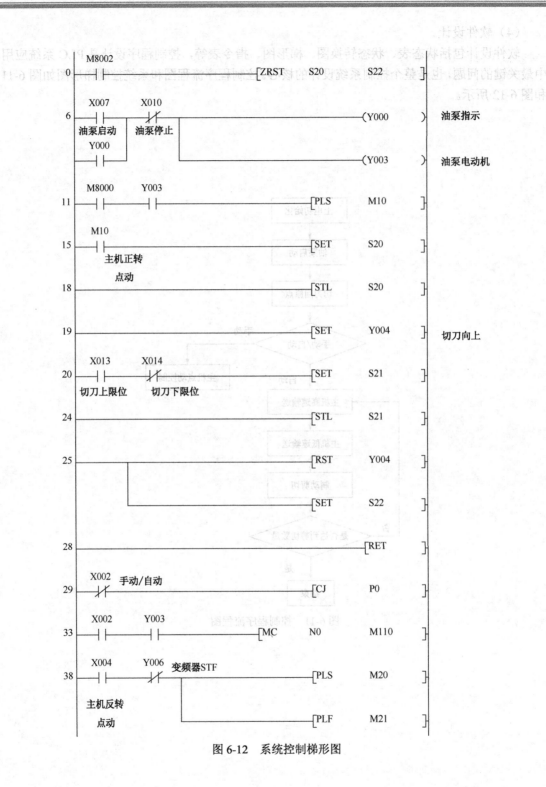

图 6-12　系统控制梯形图

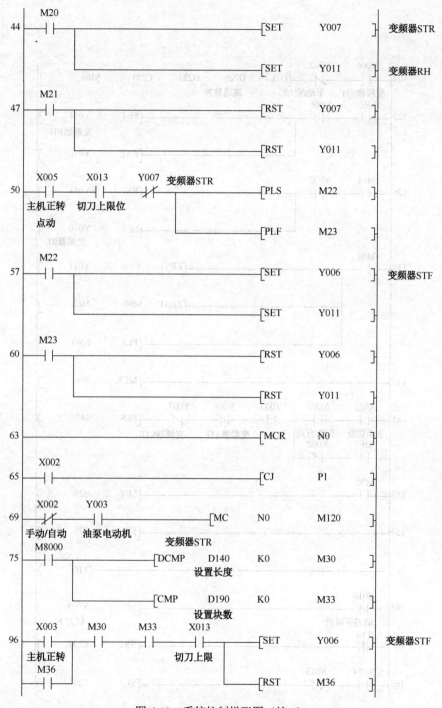

图 6-12 系统控制梯形图（续 1）

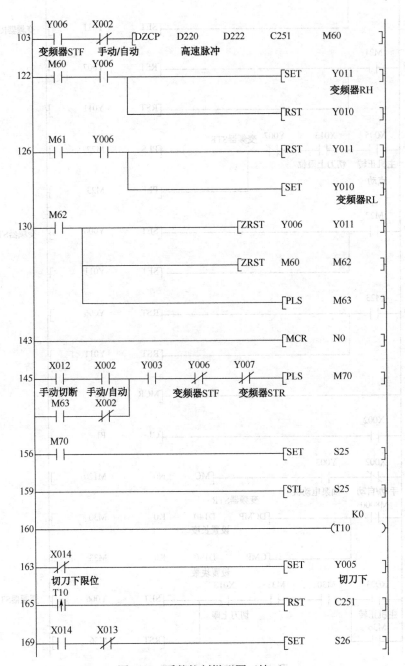

图 6-12　系统控制梯形图（续 2）

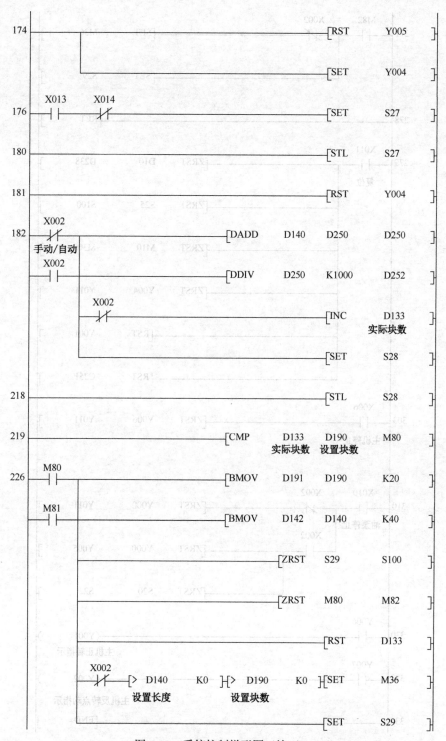

图 6-12 系统控制梯形图（续 3）

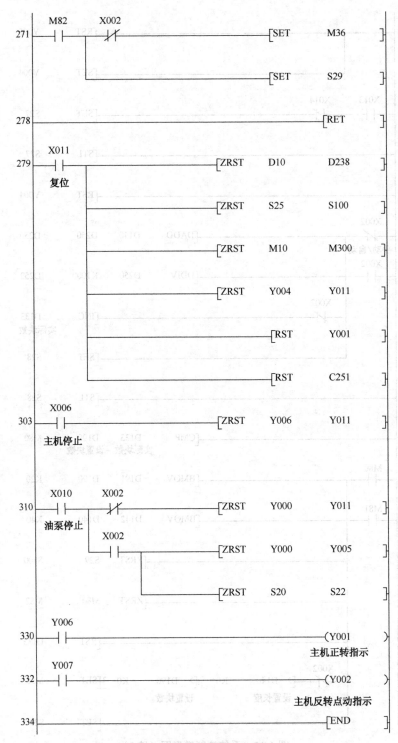

图 6-12　系统控制梯形图（续 4）

（5）进行系统调试。

一般先要进行模拟调试，即不带输出设备根据 PLC 的 I/O 模块的指示灯显示进行调试，发现问题及时修改，直到完全满足设计要求，此后就可联机调试。先连接电气控制柜而不带负载，在各输出设备调试正常后，再接上负载运行调试，不断修改或调整软件和硬件的设计直到完全满足设计要求为止。

（6）试运行检验。

系统调试后，还要经过一段时间的试运行，以检验系统的可靠性。

（7）技术文件整理。

最后还需将相关技术文件整理成开发、说明文档。技术文件包括设计说明书、电气原理图、电气设备安装图、电气元件明细表、状态表、梯形图及软件使用说明书等。

知识链接6-1

6.1 基于 PLC 的变频器开关量控制

6.1.1 三菱变频器简介

变频器是应用变频技术与微电子技术，通过改变电动机工作电源频率的方式来控制交流电动机的电力控制设备。变频器主要由整流（交流变直流）、滤波、逆变（直流变交流）、制动单元、驱动单元、检测单元、微处理单元等组成，变频器包括控制电路和主电路两个部分。另外，变频器还有很多保护功能，如过流保护、过压保护、过载保护等。变频器是根据内部绝缘栅双极型晶体管 IGBT 的开断来调整输出电源的电压和频率，并根据电动机的实际需要来提供其需要的工作频率和电源电压，从而达到节能、调速的目的。

变频器的工作原理：通过控制电路来控制主电路，主电路中的整流器将交流电转变为直流电，直流中间电路将直流电进行平滑滤波，逆变器最后将直流电再转换为所需频率和电压的交流电，部分变频器还会在电路中加入 CPU 等部件进行必要的转矩运算。

交流电动机的同步转速表达式：

$$n=60f(1-s)/p$$

式中，n：电动机转速；

f：电动机频率；

s：电动机转差率；

p：电动机极对数。

从公式中可以看出，转速与频率成正比，因此只要改变频率就可以改变电动机转速，当频率在 0～50Hz 范围内变化时，电动机转速的调节范围非常宽，这是一种较为理想的高效率、高性能调速手段。

三菱变频器是世界知名的变频器之一，由三菱电动机株式会社生产，在世界各地的市场占有率比较高。在国内市场上，三菱变频器因为其稳定的质量、强大的品牌影响，有着相当广阔的市场，并已广泛应用于各个领域。

三菱变频器目前在市场上用量最多的是 A700 系列及 E700 系列变频器。三菱 A700 系列变频器为通用型变频器，适合于高启动转矩和高动态响应场合；而三菱 E700 系列变频器则适合于功能要求简单，对动态性能要求较低的场合，且价格比较有优势。三菱系列变频器如图 6-13 所示。

（a）三菱 FR-E700 系列变频器

（b）三菱 FR-D700 系列变频器

（c）三菱 FR-F700 系列变频器

（d）三菱 FR-A700 系列变频器

图 6-13　三菱系列变频器

（1）矢量重负载型：三菱 FR-A740 变频器。

● 功率范围：0.4～500kW；

● 闭环时可进行高精度的转矩/速度/位置控制；

● 采用无传感器矢量控制，可实现转矩/速度控制；

● 内置 PLC 功能（特殊型号）；

● 使用长寿命元件，内置 EMC 滤波器；

● 具有强大的网络通信功能，支持 DeviceNet、Profibus-DP、Modbus 等协议。

（2）风机水泵型：三菱 FR-F740 变频器。

● 功率范围：0.75～630kW；

● 采用简易磁通矢量控制，3Hz 时 120%输出转矩；

● 采用最佳励磁控制，可以实现更高节能运行；

● 内置 PID，可以实现多泵循环运行；

● 内置独立的 RS485 通信口；

● 使用长寿命元件；

● 内置噪声滤波器（75K 以上）；

● 具有节能监控功能，使节能效果一目了然。

（3）经济通用型：三菱 FR-E740 变频器。

● 功率范围：0.1～15kW。

● 采用先进磁通矢量控制，0.5Hz 时 200%转矩输出；

- 扩充 PID，柔性 PWM；
- 支持 Modbus-RTU 通信；
- 停止精度提高；
- 内置选件卡 FR-A7NC，可以支持 CC-Link 通信；
- 内置选件卡 FR-A7NL，可以支持 LONWORKS 通信；
- 内置选件卡 FR-A7ND，可以支持 Deveice Net 通信；
- 内置选件卡 FR-A7NP，可以支持 Profibus-DP 通信。

（4）简易型：三菱 FR-D740 变频器。

- 功率范围：0.4～7.5kW；
- 采用磁通矢量控制，1Hz 时 150%转矩输出；
- 采用长寿命元件；
- 支持 Modbus-RTU 通信；
- 内置制动晶体管；
- 扩充 PID，具有三角波功能；
- 具有安全停止功能。

1. 三菱变频器的基本操作和参数设置

（1）三菱变频器的操作面板

变频器的操作面板具有变频器各种模式的切换选择及显示、变频器参数的设定及显示，以及变频器运行状态的监视等功能。三菱 FR-700 系列变频器的操作面板如图 6-14 所示。

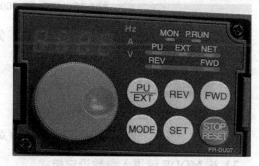

（a）三菱 FR-E700/D700 系列变频器的操作面板　　　　（b）三菱 FR-F700/A700 系列变频器的操作面板

图 6-14　三菱 FR-700 系列变频器的操作面板

1）按键表示。

MODE 键：模式切换，可用于各设定模式。MODE 键和 PU/EXT 键同时按下也可以用来切换运行模式。

SET 键：各设定的确定。在运行中按此键则监视器循环显示：输出频率→输出电流→输出电压。

PU/EXT 键：运行模式的切换，用于切换 PU/外部运行模式。

STOP/RESET 键：停止运转指令，用于停止运行，当出现严重故障时可以进行报警复位。

M 旋钮：设置频率和改变参数的设定值。

RUN 键：启动指令键（E700/D700）。

FWD 键：正转启动指令键（F700/A700）。

REV 键：反转启动指令键（F700/A700）。

2）单位表示和运行状态表示。

Hz：显示频率时灯亮。

A：显示电流时灯亮。

V：显示电压时灯亮（F700/A700）。

MON：监视显示模式时灯亮。

PRM：参数设定模式时灯亮。

PU：PU 操作模式时灯亮。

EXT：外部操作模式时灯亮。

NET：网络运行模式时灯亮。

RUN：变频器动作时灯亮/闪烁（E700/D700）。

FWD：正转时灯亮，当无频率指令且有 MRS 信号输入时灯闪烁（F700/A700）。

REV：反转时灯亮，当无频率指令且有 MRS 信号输入时灯闪烁（F700/A700）。

（2）三菱 FR-700 系列变频器参数设定值的更改

针对上述几种三菱变频器，以更改参数编号 Pr.1 的上限频率设定值为例进行说明。

1）接通变频器电源，显示监视画面，如图 6-15 所示。

（a）三菱 FR-E700/D700 系列变频器的监视画面　　　　（b）三菱 FR-F700/A700 系列变频器的监视画面

图 6-15　三菱 FR-700 系列变频器的监视画面

2）按 PU/EXT 键切换到 PU 运行模式，如图 6-16 所示。

（a）三菱 FR-E700/D700 系列变频器的 PU 运行模式　　　（b）三菱 FR-F700/A700 系列变频器的 PU 运行模式

图 6-16　三菱 FR-700 系列变频器的 PU 运行模式

3）按 MODE 键进入参数设定模式。

4）旋转旋钮，将参数编号设定为 P.1，如图 6-17 所示。

图 6-17　三菱 FR-700 系列变频器参数编号改变

5）按 SET 键，读取当前的设定值，显示 120.0（120.0Hz），如图 6-18 所示。

图 6-18　三菱 FR-700 系列变频器参数上限频率显示

6）旋转旋钮，将参数值设定为 50.00（50.00Hz），如图 6-19 所示。

图 6-19 三菱 FR-700 系列变频器参数值改变

7）按 SET 键确定，显示画面闪烁，参数值设定完成，如图 6-20 所示。

图 6-20 三菱 FR-700 系列变频器参数值设定完成

错误代码说明如下。

Er1——禁止写入错误；

Er2——运行中写入错误；

Er3——校正错误；

Er4——模式指定错误。

（3）三菱 FR-700 系列变频器输出电流和输出电压的监视

1）接通变频器电源，显示监视画面。

2）按 PU/EXT 键切换到 PU 运行模式，监视器显示输出频率，如图 6-21 和图 6-22 所示。

图 6-21 三菱 FR-E700/D700 系列变频器切换到 PU 运行模式

图 6-22 三菱 FR-F700/A700 系列变频器切换到 PU 运行模式

3）按 SET 键，监视器显示输出电流。

4）接着按 SET 键，监视器显示输出电压。

5）再次按 SET 键，监视器显示输出频率。

（4）三菱 FR-700 系列变频器参数清除

1）接通变频器电源，显示监视画面。

2）按 PU/EXT 键切换到 PU 运行模式。

3）按 MODE 键进入参数设定模式。

4）旋转旋钮，将参数编号设定为 Pr.CL（参数清除）。

5）再旋转旋钮，将参数编号设定为 ALLC（参数全部清除）。

（5）三菱 FR-D700 系列变频器基本功能参数

基本功能参数一览表如表 6-2 所示。

表 6-2 基本功能参数一览表

参数编号	名称	单位	初始值	范围	用途
0	转矩提升	0.1%	6%、4%、3% 或 2%*1	0～30%	V/F 控制时,在需要进一步提高启动时的转矩,以及负载后电动机不转,输出报警(OL)且(OC1)发生跳闸的情况下使用
1	上限频率	0.01Hz	120Hz 或 60Hz*2	0～120Hz	在设定输出频率的上限时使用
2	下限频率	0.01Hz	0Hz	0～120Hz	在设定输出频率的下限时使用
3	基波频率	0.01Hz	50Hz	0～400Hz	请看电动机的额定铭牌
4	3 速设定(高速)	0.01Hz	50Hz	0～400Hz	由参数预先设定运转速度,用端子切换运行速度时进行设定
5	3 速设定(中速)	0.01Hz	30Hz	0～400Hz	
6	3 速设定(低速)	0.01Hz	10Hz	0～400Hz	
7	加速时间	0.1s	5s 或 15s*3	0～3600s	可以设定加减速时间
8	减速时间	0.1s	5s 或 15s*3	0～3600s	
9	电子过电流保护	0.1A 或 0.01A*4	变频器额定输出电流	0～500A 或 0～3600A*4	用变频器对电动机进行热保护,设定电动机的额定电流
79	运行模式选择	1	0	0	外部/PU 切换模式。电源接通时为外部运行模式
				1	PU 运行模式,用操作面板、参数单元键进行数字设定
				2	外部运行模式,启动需要来自外部的信号
				3	外部/PU 组合运行模式 1
				4	外部/PU 组合运行模式 2
				5	无
				6	切换模式,在运行状态下,进行 PU 运行和外部运行的切换
				7	外部运行模式(PU 运行互锁)
125	端子 2 频率设定增益	0.01Hz	50Hz	0～400Hz	改变电位器最大值(5V 初始值)频率
126	端子 4 频率设定增益	0.01Hz	50Hz	0～400Hz	改变电流最大输入(20mA 初始值)时的频率
160	用户参数组读取选择	1	0	0, 1, 9 999	可以限制通过操作面板或参数单元读取的参数

注:*1～*4 表示初始值因变频器的容量不同而不同。

2．三菱变频器的接线

（1）三菱 FR-E700 系列变频器端子接线图如图 6-23 所示。

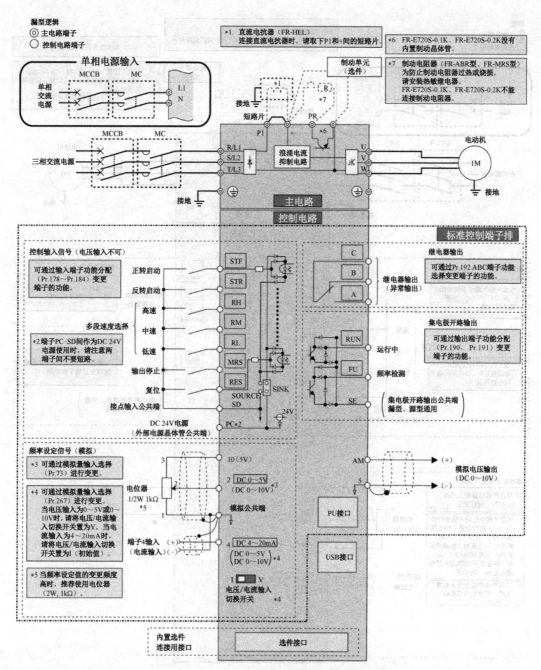

图 6-23　三菱 FR-E700 系列变频器端子接线图

（2）三菱 FR-D700 系列变频器端子接线图如图 6-24 所示。

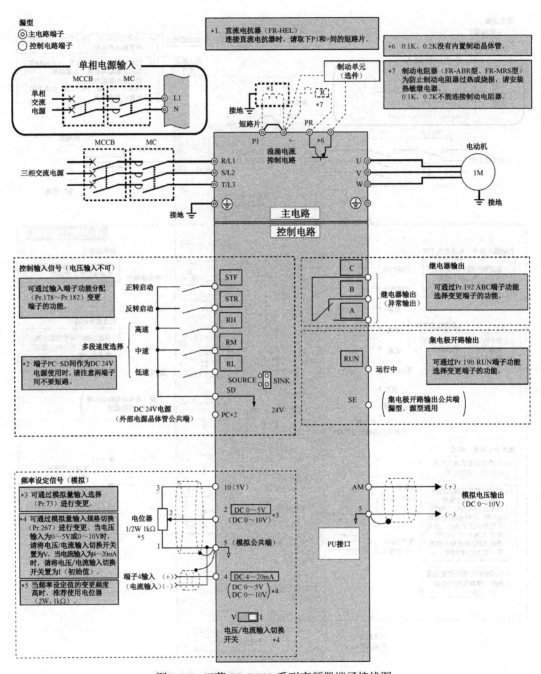

图 6-24　三菱 FR-D700 系列变频器端子接线图

（3）三菱 FR-A700 系列变频器端子接线图如图 6-25 所示。

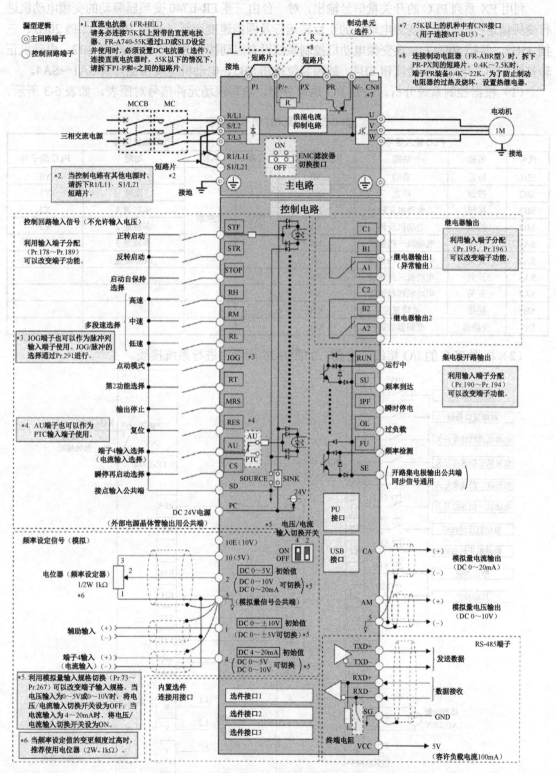

图 6-25 三菱 FR-A700 系列变频器端子接线图

6.1.2　基于 PLC 的变频器开关量控制应用

利用 FX 系列 PLC 的开关量信号输出，对一台由三菱 FR-E740 变频器驱动的变频电动机进行变频调速控制，实现变频电动机的正反转运行及四挡速度运行（一挡 10Hz、二挡 20Hz、三挡 35Hz、四挡 50Hz）。该变频电动机控制系统设有启动按钮 SB1、停止按钮 SB2、电动机正转按钮 SB3、电动机反转按钮 SB4、故障复位按钮 SB5、电动机速度挡位开关 SA1～SA4。

（1）根据控制系统分析，确定 I/O 地址分配，填写现场元件信号对照表，如表 6-3 所示。

表 6-3　现场元件信号对照表

PLC 输入信号				PLC 输出信号			
代号	名称	功能	PLC 端子号	代号	名称	功能	PLC 端子号
SB1	按钮	启动	X0			正转	Y0
SB2	按钮	停止	X1			反转	Y1
SB3	按钮	电动机正转	X2	INV	变频器	多段速 1	Y2
SB4	按钮	电动机反转	X3			多段速 2	Y3
SA1	开关	电动机一挡速度	X4			多段速 3	Y4
SA2	开关	电动机二挡速度	X5			故障复位	Y5
SA3	开关	电动机三挡速度	X6				
SA4	开关	电动机四挡速度	X7				
SB5	按钮	故障复位	X10				
INV	变频器	变频器故障	X11				

（2）根据 PLC 的 I/O 接线示意图，如图 6-26 所示，进行系统接线。

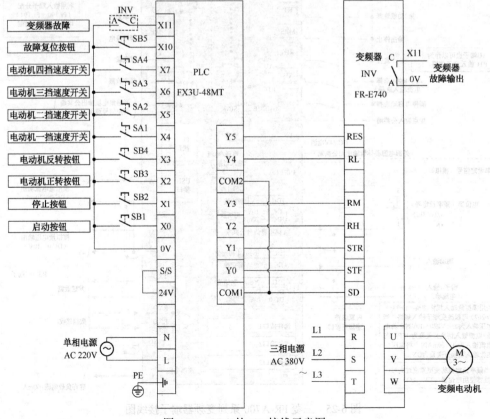

图 6-26　PLC 的 I/O 接线示意图

（3）设计用户控制程序。变频电动机控制系统的梯形程序如图 6-27 所示。

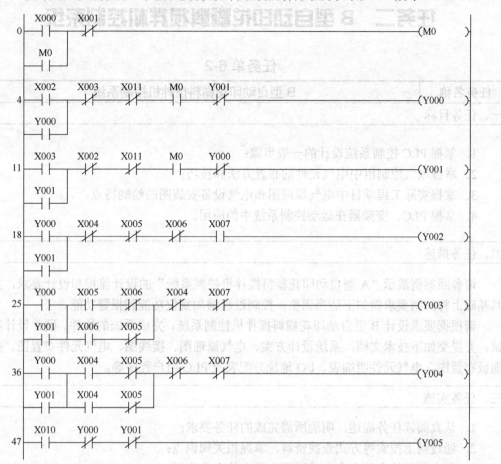

图 6-27 变频电动机控制系统的梯形图程序

（4）变频器参数设定。

根据变频电动机控制要求，需对所用的三菱 FR-E740 变频器进行参数设定，如表 6-4 所示。

表 6-4 三菱 FR-E740 变频器参数设定

参数编号	名称	设定值	备注
Pr.4	多段速设定（高速）	50	RH 为 ON 时的频率
Pr.5	多段速设定（中速）	35	RM 为 ON 时的频率
Pr.6	多段速设定（低速）	10	RL 为 ON 时的频率
Pr.24	多段速设定（4 速）	20	RM 和 RL 为 ON 时的频率
Pr.79	运行模式选择	2	固定为外部运行模式
Pr.178	STF 端子功能选择	60	STF（正转指令）
Pr.179	STR 端子功能选择	61	STR（反转指令）
Pr.180	RL 端子功能选择	0	RL（低速运行指令）
Pr.181	RM 端子功能选择	1	RM（中速运行指令）
Pr.182	RH 端子功能选择	2	RH（高速运行指令）
Pr.184	RES 端子功能选择	62	RES（变频器复位）

任务二　B 型自动印花糊料搅拌机控制系统

任务单 6-2

任务名称	B 型自动印花糊料搅拌机控制系统

一、任务目标

1. 掌握 PLC 控制系统设计的一般步骤；
2. 掌握电气控制柜中电气元件的布置方法和技巧；
3. 掌握实际工程项目中电气原理图和电气设备安装图的绘制特点；
4. 掌握 PLC、变频器在运动控制系统中的应用。

二、任务描述

　　请参照案例演示"A 型自动印花糊料搅拌机控制系统"的设计流程和设计要求，并在其基础上将控制要求做如下适当调整：控制过程增加复位功能和报警功能。

　　请根据要求设计 B 型自动印花糊料搅拌机控制系统，完成系统的软件、硬件设计和调试，并提交如下技术文档：系统设计方案、电气原理图、接线图、电气元件布置图、操作面板布置图、电气元件明细表、I/O 地址分配表及 PLC 用户程序等。

三、任务实施

1. 认真阅读任务描述，明确所需完成的任务要求；
2. 通过网上搜索等方式查找资料，掌握相关知识点；
3. 制定任务的实施方案，并明确小组内的人员分工；
4. 制作项目汇报 PPT，并作项目实施情况汇报；
5. 任务实施结束后进行自我评价、教师评价；
6. 对所完成的任务进行归纳总结，并完成任务报告。

四、任务报告

1. 提交项目设计报告，设计报告中包含电气原理图、接线图、电气元件布置图、操作面板布置图、电气元件明细表、I/O 地址分配表及 PLC 用户程序等；
2. 提交项目汇报 PPT。

案例演示——A 型自动印花糊料搅拌机控制系统

1. 任务描述

自动印花糊料搅拌机广泛应用于印染企业，它代替了传统手工搅拌方式，能够准确而快速地调制印花糊料。如图 6-28 所示的 A 型自动印花糊料搅拌机最多可同时搅拌 16 杯印花糊料，效率比传统手工提高二十倍以上，而且搅拌均匀，能消除糊料不均而引起的色差，提高试样室和生产车间的一致性。

6-3 自动印花糊料
搅拌机控制
系统讲解

图 6-28 A 型自动印花糊料搅拌机实物图

该 A 型自动印花糊料搅拌机控制系统的特点如下。

一键式完成搅拌、出料、清洗的过程，操作简便；一次可同时搅拌 16 杯印花糊料，效率高；搅拌程序可设定，包括搅拌速度和时间，其中，搅拌电动机的速度通过 PLC 的模拟量输出信号传送给搅拌变频器；控制单元由 PLC 和变频器控制组成，稳定可靠；采用色糊杯分离式设计，方便操作和清洗。该系统的具体控制要求如下。

该系统的工作方式分为自动运行模式和手动调试/检修模式。

（1）在自动运行模式下，该系统的工作流程又分为自动搅拌和搅刀清洗两个环节，工作流程分别如图 6-29 和图 6-30 所示。

（2）手动调试/检修模式：通过操作控制箱内的按钮开关来完成，各按钮开关的功能如下。

① 工作方式选择：手动、自动。

② 托盘运动方向：向内、向外。

③ 定时选择。

④ 升降、托盘选择：托盘、升降。

⑤ 向上、向下选择：上升、下降。

⑥ 搅刀开、停选择：开、停。

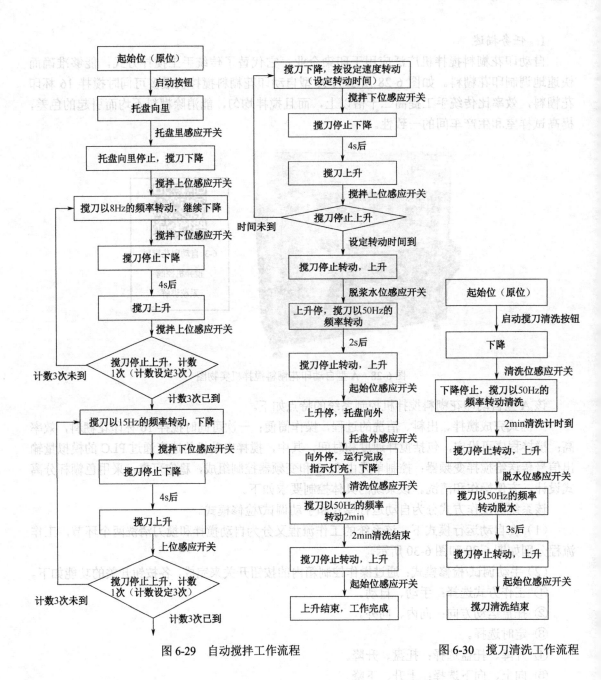

图 6-29 自动搅拌工作流程　　　　图 6-30 搅刀清洗工作流程

2. 任务实施

（1）根据任务分析，确定 I/O 地址分配，填写现场元件信号对照表，如表 6-5 所示。

表 6-5　现场元件信号对照表

PLC 输入信号				PLC 输出信号			
代号	名称	功能	PLC 端子号	代号	名称	功能	PLC 端子号
SB1	按钮	停止	X0	HL1	指示灯	油泵指示灯	Y0
SB2	按钮	启动	X1	HL2	指示灯	运行完成指示灯	Y2
SB3	按钮	复位	X2	HL3	指示灯	运行指示灯	Y3
SQ1	感应开关	起始位	X3	HL4	指示灯	清洗指示灯	Y4
SA1	转换开关	自动/手动	X4	HL5	指示灯	复位指示灯	Y5
SQ2	感应开关	搅拌下位	X5	H3CR	计时器	搅拌高速计时	Y6
KM1	接触器常开接点	托盘电动机运行	X6	KM1	接触器	托盘/升降电动机切换	Y7
SQ3	感应开关	脱水位	X7	INV1:STF	变频器	搅拌运行	Y10
SA2	转换开关	定时选择	X10	INV1:2/5	变频器	模拟量输出	Iout/ Vout
SQ4	感应开关	清洗位	X11	INV2:STF		向上/向里运行	Y14
INV2	变频器端子	运行信号	X12	INV2:STR		向下/向外运行	Y15
SQ5	感应开关	搅拌上位	X13	INV2:RL	变频器	托盘/升降电动机低速运行	Y16
H3CR	定时器	搅拌定时结束	X14				
SQ6	感应开关	托盘里	X15				
SA3	转换开关	升降托盘手动选择	X16				
SQ7	感应开关	托盘外	X17				
SQ8	感应开关	脱浆水位	X20				
SA4	转换开关	向下	X21				
		向内	X22				
		搅拌电动机	X23				
		向外	X24				
		向上	X25				
SB4	按钮	搅刀清洗	X26				

（2）绘制系统主电路图和 PLC 外部接线图，如图 6-31 和图 6-32 所示，并进行系统接线。

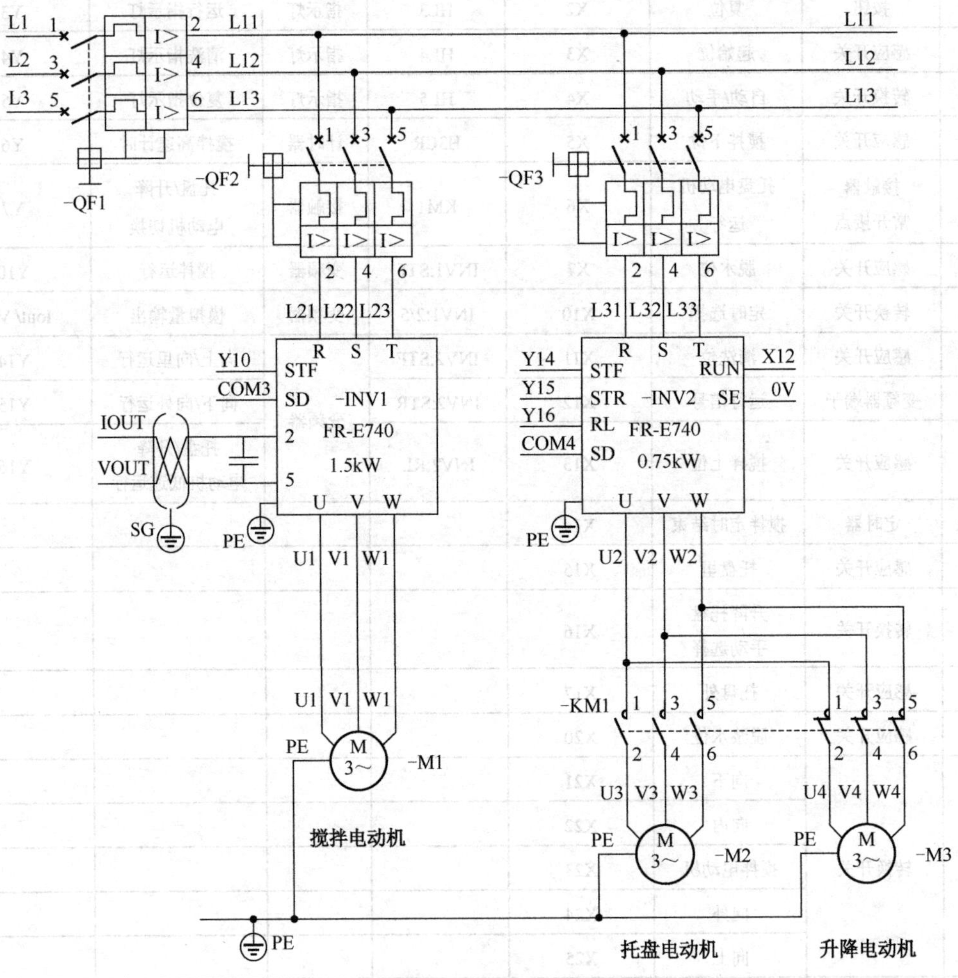
L1
L2
L3
-QF1
L11
L12
L13
-QF2
-QF3
L21 L22 L23
L31 L32 L33
Y10
COM3
STF
SD
-INV1
FR-E740
1.5kW
IOUT
VOUT
SG
PE
U1 V1 W1
-M1
搅拌电动机
Y14
Y15
Y16
COM4
STR
RL
-INV2
FR-E740
0.75kW
RUN
SE
X12
0V
U2 V2 W2
-KM1
U3 V3 W3
U4 V4 W4
-M2
-M3
托盘电动机
升降电动机

图 6-31　系统主电路图

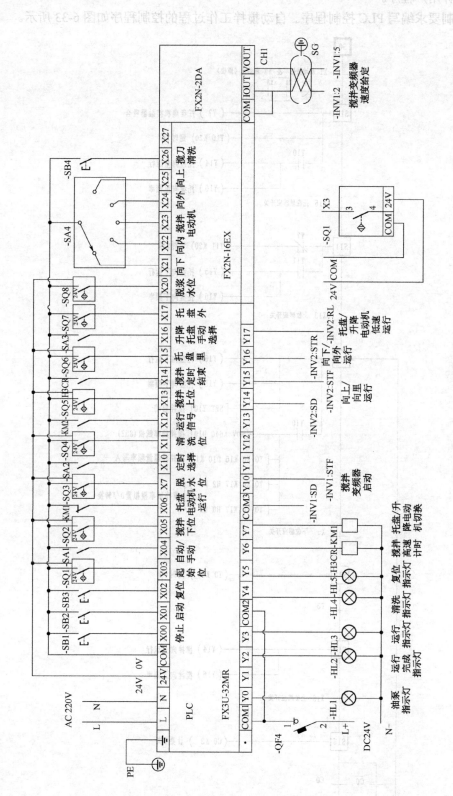

图 6-32　PLC 外部接线图

（3）设计用户程序。

根据控制要求编写 PLC 控制程序。自动搅拌工作过程的控制程序如图 6-33 所示。

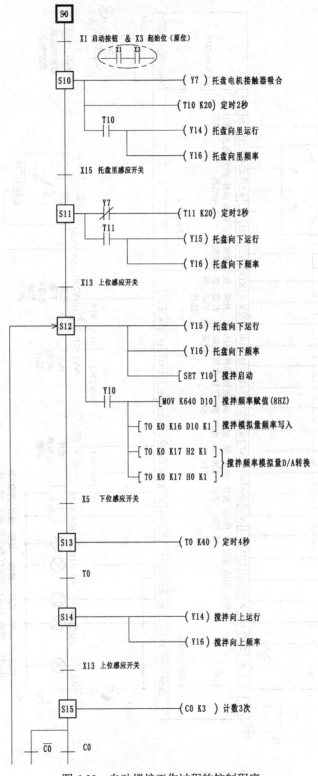

图 6-33　自动搅拌工作过程的控制程序

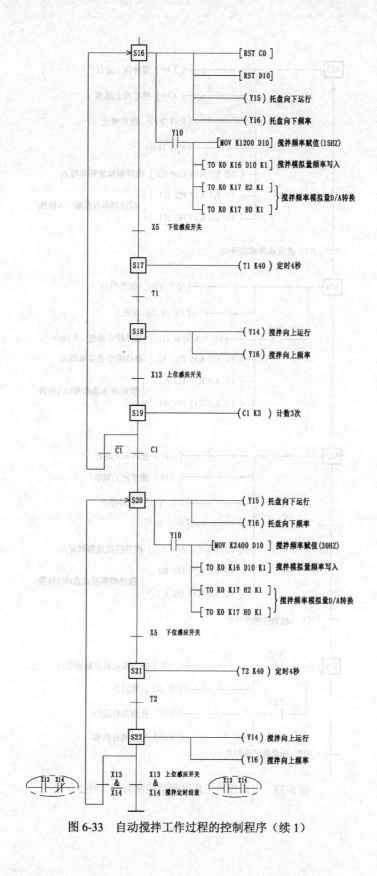

图 6-33　自动搅拌工作过程的控制程序（续 1）

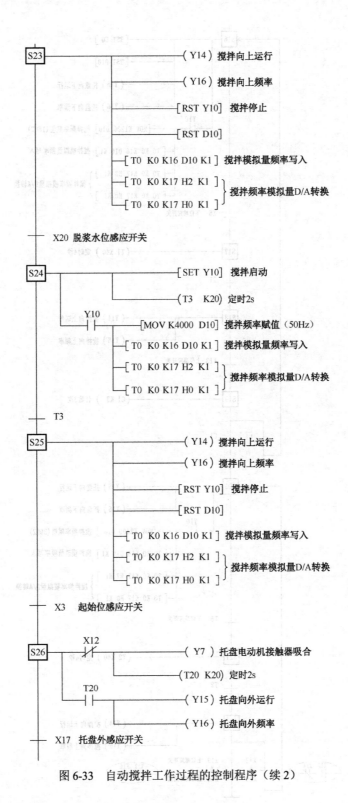

图 6-33　自动搅拌工作过程的控制程序（续 2）

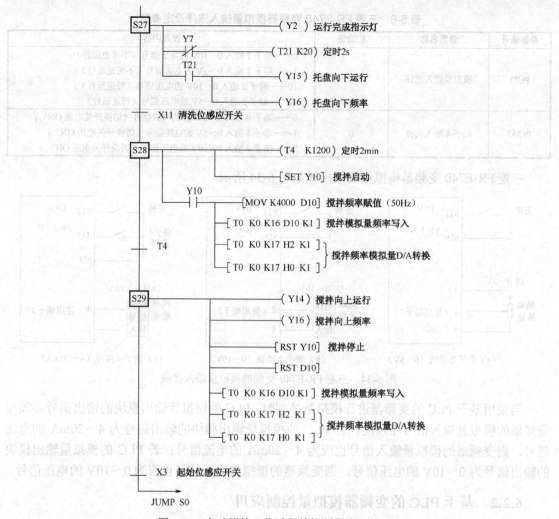

图 6-33　自动搅拌工作过程的控制程序（续 3）

知识链接6-2

6.2　基于 PLC 的变频器模拟量控制

6.2.1　三菱变频器的模拟量输入

三菱变频器的模拟量输入分为电流信号输入和电压信号输入，模拟量输入电流信号为 4～20mA，电压信号为 0～5V 或 0～10V。这些变频器的模拟量电流信号或电压信号，可根据变频器的参数设定和变频器的接线来进行选定。下面以三菱 FR-E740 变频器为例，对三菱变频器的模拟量输入进行说明。

三菱 FR-E740 变频器的模拟量输入参数有模拟量输入选择（Pr.73/Pr.267）、模拟量输入的响应性及噪音消除（Pr.74）、频率设定电压（电流）的偏置和增益（Pr.125/Pr.126）。通常主要用到的模拟量输入参数是模拟量输入选择（Pr.73/Pr.267），如表 6-6 所示。

表 6-6　三菱 FR-E740 变频器模拟量输入选择设定参数

参数编号	参数名称	初始值	设定内容
Pr.73	模拟量输入选择	1	0——端子 2 输入 0～10V 的电压信号（不可逆运行）； 1——端子 2 输入 0～5V 的电压信号（不可逆运行）； 10——端子 2 输入 0～10V 的电压信号（可逆运行）； 11——端子 2 输入 0～5V 的电压信号（可逆运行）
Pr.267	端子 4 输入选择	0	0——端子 4 输入 4～20mA 的电流信号（切换开关电流 ON）； 1——端子 4 输入 0～5V 的电压信号（切换开关电压 ON）； 2——端子 4 输入 0～10V 的电压信号（切换开关电压 ON）

三菱 FR-E740 变频器模拟量输入接线如图 6-34 所示。

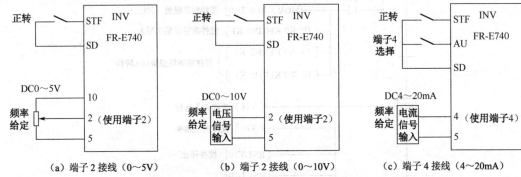

（a）端子 2 接线（0～5V）　　（b）端子 2 接线（0～10V）　　（c）端子 4 接线（4～20mA）

图 6-34　三菱 FR-E740 变频器模拟量输入接线

当采用基于 PLC 的变频器进行模拟量控制时，PLC 的模拟量输出模块的输出信号必须与变频器的模拟量输入信号相匹配。若 PLC 的模拟量输出模块的输出信号为 4～20mA 的电流信号，则变频器的模拟量输入信号也应为 4～20mA 的电流信号；若 PLC 的模拟量输出模块的输出信号为 0～10V 的电压信号，则变频器的模拟量输入信号也应为 0～10V 的电压信号。

6.2.2　基于 PLC 的变频器模拟量控制应用

通过三菱 FX3U 系列 PLC 连接的模拟量扩展模块 FX-2DA 的模拟量信号输出，对一台由三菱 FR-E740 变频器驱动的变频电动机，进行变频模拟量调速控制，实现变频电动机的正反转运行及无级调速运行。对应变频器的频率（0～50Hz），会随着用户人机界面的给定值（0～4000）的变化而变化。该变频电动机控制系统设有启动按钮 SB1、停止按钮 SB2、电动机正转按钮 SB3、电动机反转按钮 SB4 及故障复位按钮 SB5。

（1）根据控制系统分析，确定 I/O 地址分配，填写现场元件信号对照表，如表 6-7 所示。

表 6-7　现场元件信号对照表

PLC 输入信号				PLC 输出信号			
代号	名称	功能	PLC 端子号	代号	名称	功能	PLC 端子号
SB1	按钮	启动	X0			正转	Y0
SB2	按钮	停止	X1			反转	Y1
SB3	按钮	电动机正转	X2			故障复位	Y2
SB4	按钮	电动机反转	X3	INV	变频器	模拟量输出	Iout/ Vout
SB5	按钮	故障复位	X10				
INV	变频器	变频器故障	X11				

（2）根据控制系统 PLC 的 I/O 接线示意图，进行系统接线，如图 6-35 所示。

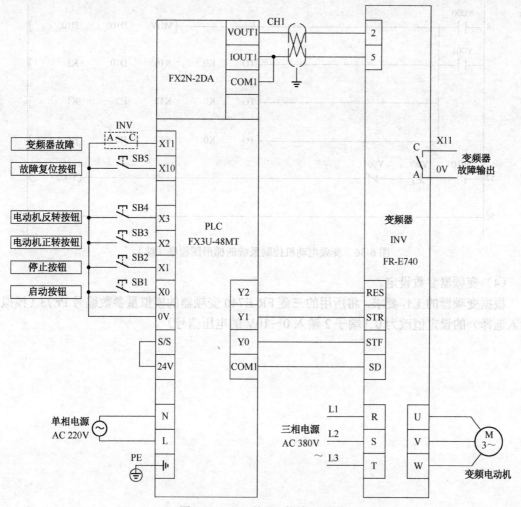

图 6-35　PLC 的 I/O 接线示意图

（3）设计 PLC 控制程序。变频电动机控制系统的梯形图程序如图 6-36 所示。

用户人机界面的给定值 D100=4000，PLC 的模拟量输出电压为 10V，变频器对应的给定频率为 50Hz。

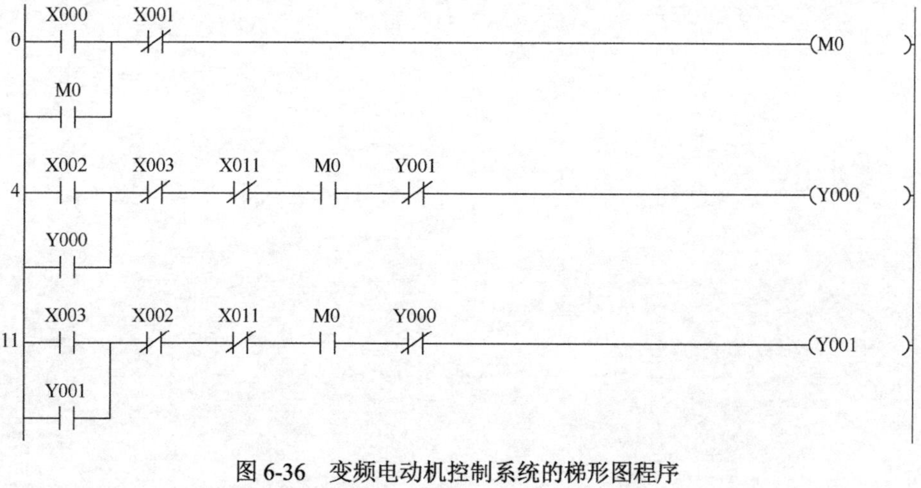

图 6-36　变频电动机控制系统的梯形图程序

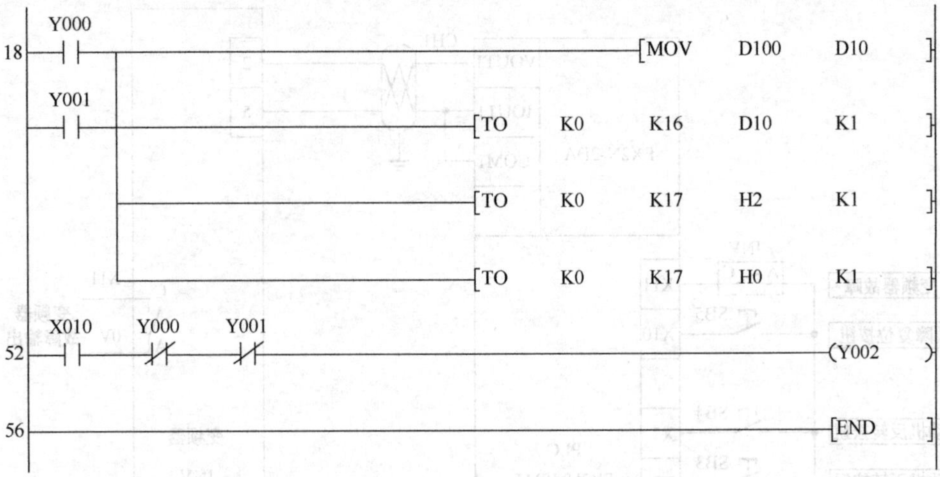

图 6-36　变频电动机控制系统的梯形图程序（续）

（4）变频器参数设定。

根据变频器的工作要求，将所用的三菱 FR-E740 变频器的模拟量参数编号 Pr.73（模拟量输入选择）的设定值改为 0（端子 2 输入 0~10V 的电压信号）。

任务三 B型门式起重机大车自动纠偏控制系统

任务单 6-3

任务名称	B型门式起重机大车自动纠偏控制系统

一、任务目标

1. 掌握 PLC 控制系统设计的一般步骤；
2. 掌握电气控制柜中电气元件的布置方法和技巧；
3. 掌握实际工程项目中电气原理图和电气设备安装图的绘制特点；
4. 掌握 PLC、变频器及光电编码器在运动控制系统中的应用；
5. 掌握自动纠偏控制系统的设计及编程方法。

二、任务描述

B型门式起重机大车自动纠偏控制系统是通过操作系统设置的大车左右开关及相关按钮，实现门式起重机大车在轨道上左右方向平稳运行。该系统分别设置了启动按钮、停止按钮、大车左右方向运行开关、大车运行速度的高速、中速和低速挡位的选择开关，以及大车运行左右方向极限位置时的左行限位开关和右行限位开关。同时，该系统还设有大车运行模式选择开关，即大车联合运行、大车刚腿单独运行和大车柔腿单独运行选择开关，在正常情况下大车采用的是联合运行方式。

当门式起重机处于大车正常运行状态时，门式起重机能实现大车自动纠偏控制，即当大车的刚腿和柔腿移动偏差值 ΔL 小于其设定值 $L1$（门式起重机跨度值的千分之一）时，大车刚腿变频器和柔腿变频器不进行纠偏；当大车的刚腿和柔腿移动偏差值 ΔL 大于或等于其设定值 $L1$ 且 ΔL 小于或等于其设定值 $L2$（门式起重机跨度值的千分之三）时，大车刚腿变频器和柔腿变频器进行自动纠偏；当大车的刚腿和柔腿移动偏差值 ΔL 大于或等于其设定值 $L2$ 时，大车刚腿变频器和柔腿变频器进行手动纠偏，并回到对位原点对大车的刚腿和柔腿移动偏差值 ΔL 进行校正清零。大车运行的实时距离检测是通过安装在大车刚腿和柔腿测速轮上的光电编码器进行信号采集的，并将数据信号发送给 PLC。同时，实现数据信号的选程传送和显示。

当手动纠偏时，可根据实际情况，选择大车刚腿变频器单独运行或大车柔腿变频器单独运行进行手动纠偏，且大车刚腿变频器或柔腿变频器只能在低速下运行。

请根据要求设计 B型门式起重机大车自动纠偏控制系统，完成系统软件、硬件的设计和调试，并提交如下技术文档：系统设计方案、电气原理图、接线图、电气元件布置图、操作面板布置图、电气元件明细表、I/O 地址分配表及 PLC 用户程序等。

三、任务实施
1. 认真阅读任务描述，明确所需完成的任务要求；
2. 通过网上搜索等方式查找资料，掌握相关知识点；
3. 制定任务的实施方案，并明确小组内的人员分工；
4. 制作项目汇报 PPT，并作项目实施情况汇报；
5. 任务实施结束后进行自我评价、教师评价；
6. 对所完成的任务进行归纳总结，并完成任务报告。
四、任务报告
1. 提交项目设计报告，设计报告中包含电气原理图、电气元件布置图、接线图、操作面板布置图、电气元件明细表、I/O 地址分配表及 PLC 用户程序等；
2. 提交项目汇报 PPT。

案例演示——A 型门式起重机大车自动纠偏控制系统

1. 任务描述

门式起重机是一种采用间隙、重复的工作方式通过起重吊钩或其他取物装置升降或平移重物的特种起重装卸机械产品，广泛应用于工程建设、交通运输和工矿企业等。门式起重机一般由主梁、刚腿、柔腿、上横梁、下横梁、起升机构、大车运行机构、小车运行机构、司机操作室、电控系统、专用吊钩或吊具、楼梯栏杆及安装部件等组成，如图 6-37 所示。

图 6-37 门式起重机主要结构示意图

门式起重机大车运行机构在运行过程中，会存在不同程度的啃轨和车轮磨损现象，在严重时大车运行机构车轮磨损超过了相关标准值，就必须及时更换车轮，但这样会使门式起重机设备安全使用性能大大降低，并且维护成本大大增加。所以，在这样的工况环境条件下，采用门式起重机大车自动纠偏控制技术，可预防和消除门式起重机发生啃轨现象，提高该门式起重机设备的安全使用性能，从而提高了工作使用效率，降低了设备的故障率，减少了维护成本和维修工作量。

A 型门式起重机大车自动纠偏控制系统主要包括刚腿、柔腿、大车运行机构、大车自动纠偏控制系统等。其中，大车自动纠偏控制系统主要由 PLC、刚腿变频器、柔腿变频器、刚腿编码器、柔腿编码器、刚腿测速轮、柔腿测速轮、刚腿运行电动机、柔腿运行电动机及配套的低压配电元件等组成。该门式起重机大车自动纠偏控制系统采用了 RS485 现场总线通信技术对大车自动纠偏控制系统进行数据传输和控制，实现 PLC 与刚腿变频器和柔腿变频器、PLC 与触摸屏之间实时的数据通信和控制，A 型门式起重机大车自动纠偏控制系统组成示意图如图 6-38 所示。

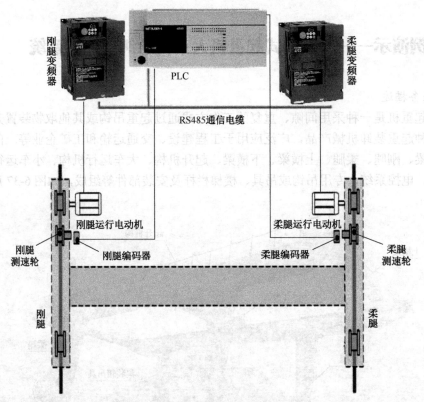

图 6-38　A 型门式起重机大车自动纠偏控制系统组成示意图

A 型门式起重机大车自动纠偏控制系统的工作原理如下。

（1）大车自动纠偏控制系统通过操作系统启动按钮和停止按钮，对该系统的主回路总接触器进行通断控制，来实现系统电源的供给。该系统分别设置了大车左右方向运行开关、大车运行速度的高速、中速和低速挡位的选择开关，以及大车运行左右方向极限位置时的左行限位开关和右行限位开关。同时，该系统还设有大车运行模式选择开关，即大车联合运行、大车刚腿单独运行和大车柔腿单独运行选择开关，在正常情况下大车采用的是联合运行方式。

（2）当门式起重机处于大车联合运行状态时，通过分别安装在大车刚腿和柔腿测速轮上的光电编码器，实时采集大车刚腿和柔腿的运行距离信号，并发送给 PLC，再经 PLC 程序处理后，获得刚腿和柔腿移动偏差值 ΔL，将 ΔL 与预先设定的大车刚腿和柔腿移动偏差的设定值 Ln 进行比较。当大车的刚腿和柔腿移动偏差值 ΔL 小于或等于其设定值 $L1$（门式起重机跨度值的千分之一）时，大车刚腿变频器和柔腿变频器不进行纠偏；当大车刚腿和柔腿移动偏差值 ΔL 大于其设定值 $L1$ 且 ΔL 小于其设定值 $L2$（门式起重机跨度值的千分之三）时，大车刚腿变频器和柔腿变频器进行自动纠偏；当大车的刚腿和柔腿移动偏差值 ΔL 大于或等于其设定值 $L2$ 时，大车刚腿变频器和柔腿变频器进行手动纠偏，并回到对位原点（$A0/B0$）对大车的刚腿和柔腿移动偏差值 ΔL 进行校正清零。A 型门式起重机大车运行示意图如图 6-39 所示。

（3）在进行手动纠偏时，可根据实际情况，选择大车刚腿变频器单独运行或大车柔腿变频器单独运行，且大车刚腿变频器或柔腿变频器只能在低速下运行。

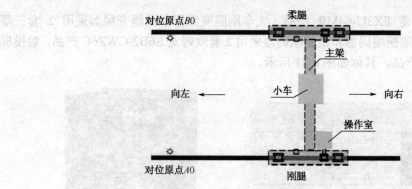

图 6-39　A 型门式起重机大车运行示意图

A 型门式起重机大车自动纠偏控制系统的工作流程如图 6-40 所示。

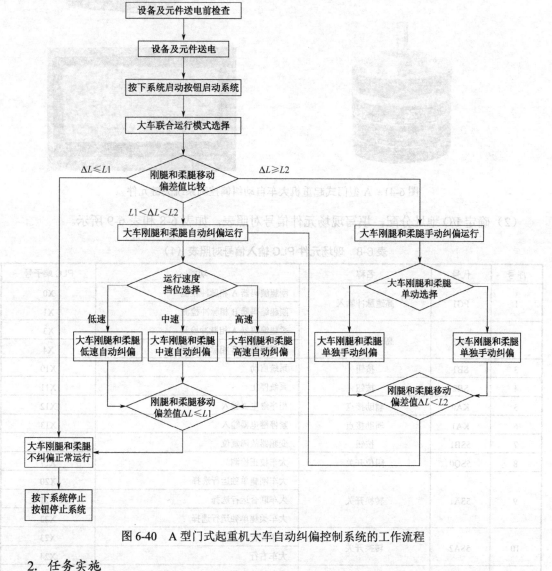

图 6-40　A 型门式起重机大车自动纠偏控制系统的工作流程

2. 任务实施

（1）根据任务描述及分析，该门式起重机大车自动纠偏控制系统的关键元件如下。

PLC 采用 1 套三菱 FX3U-64MR 产品，大车刚腿变频器和柔腿变频器采用 2 套三菱 FR-A740 变频器，大车刚腿编码器和柔腿编码器采用 2 套欧姆龙 E6B2-CWZ6C 产品，触摸屏采用 1 套汇川 IT6000 产品，具体如图 6-41 所示。

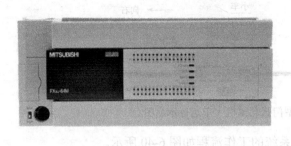

图 6-41　A 型门式起重机大车自动纠偏控制系统关键元件

（2）确定 I/O 地址分配，填写现场元件信号对照表，如表 6-8 和表 6-9 所示。

表 6-8　现场元件 PLC 输入信号对照表（1）

序号	代号	名称	功能	PLC 端子号
1	PG1	高速脉冲输入	刚腿编码器 A 相脉冲检测	X0
			刚腿编码器 B 相脉冲检测	X1
2	PG2	高速脉冲输入	柔腿编码器 A 相脉冲检测	X3
			柔腿编码器 B 相脉冲检测	X4
3	SB1	按钮	系统启动	X10
4	SB2	按钮	系统停止	X11
5	KA0	辅助接点	相序继电器输入	X12
6	KA1	辅助接点	紧停继电器输入	X13
7	5SB1	按钮	变频器故障复位	X15
8	5SQ0	限位开关	大车校正检测	X17
9	5SA1	转换开关	大车刚腿单独运行选择	X20
			大车联合运行选择	X21
			大车柔腿单独运行选择	X22
10	5SA2	转换开关	大车左行	X23
			大车右行	X24
11	5SA3	转换开关	大车低速运行	X25
12	5SA4	转换开关	大车中速运行	X26

序号	代号	名称	功能	PLC端子号
13	5SA5	转换开关	大车高速运行	X27
14	5SQ1	限位开关	限制大车向左运行	X30
15	5SQ2	限位开关	限制大车向右运行	X31
16	INV-D1	刚腿变频器信号输出	大车刚腿变频器运行	X32
			大车刚腿变频器故障	X33
17	INV-D2	柔腿变频器信号输出	大车柔腿变频器运行	X35
			大车柔腿变频器故障	X36

表6-9 现场元件PLC输出信号对照表（2）

序号	代号	名称	功能	PLC端子号
1	7KA1	继电器	总接触器启动输出	Y1
2	7KA3	继电器	大车刚腿制动器输出	Y5
3	7KA4	继电器	大车刚腿风机输出	Y7
4	7KA5	继电器	大车柔腿制动器输出	Y11
5	7KA6	继电器	大车柔腿风机输出	Y13
6	5HA1	报警器	大车刚腿变频器运行报警	Y15
7	5HA2	报警器	大车柔腿变频器运行报警	Y17

（3）A型门式起重机大车自动纠偏控制系统电气图纸设计。

根据A型门式起重机大车自动纠偏控制系统的工作原理和实际工况要求，现对A型门式起重机大车自动纠偏控制系统进行电气图纸的设计。A型门式起重机大车自动纠偏控制系统的电气图纸主要包括低压配电电气原理图、主控制回路电气原理图、大车运行机构电气原理图和PLC控制电气原理图。

该大车自动纠偏控制系统的低压配电电气原理图主要包括提供系统供电电源的总负荷开关、总断路器、控制回路小型断路器、总接触器、相序继电器、控制变压器及直流稳压电源开关等，如图6-42所示。

该大车自动纠偏控制系统的主控制回路电气原理图主要包括总接触器线圈控制、紧急停止控制、系统电源指示、运行指示、大车刚腿制动器接触器线圈控制、大车柔腿制动器接触器线圈控制、大车刚腿风机接触器线圈控制及大车柔腿风机接触器线圈控制等，如图6-43所示。

该大车自动纠偏控制系统的大车运行机构电气原理图主要包括大车刚腿断路器、大车柔腿断路器、大车刚腿变频器、大车柔腿变频器、大车刚腿电动机、大车柔腿电动机、大车刚腿制动电阻、大车柔腿制动电阻、大车刚腿制动器、大车柔腿制动器、大车刚腿风机及大车柔腿风机等，如图6-44和图6-45所示。

该大车自动纠偏控制系统的PLC控制电气原理图主要包括PLC本体元件、系统启动按钮、系统停止按钮、大车运行模式选择开关、大车运行方向选择开关、大车运行速度快慢的选择开关、PLC输出继电器、运行报警器、大车刚腿编码器及大车柔腿编码器，如图6-46所示。

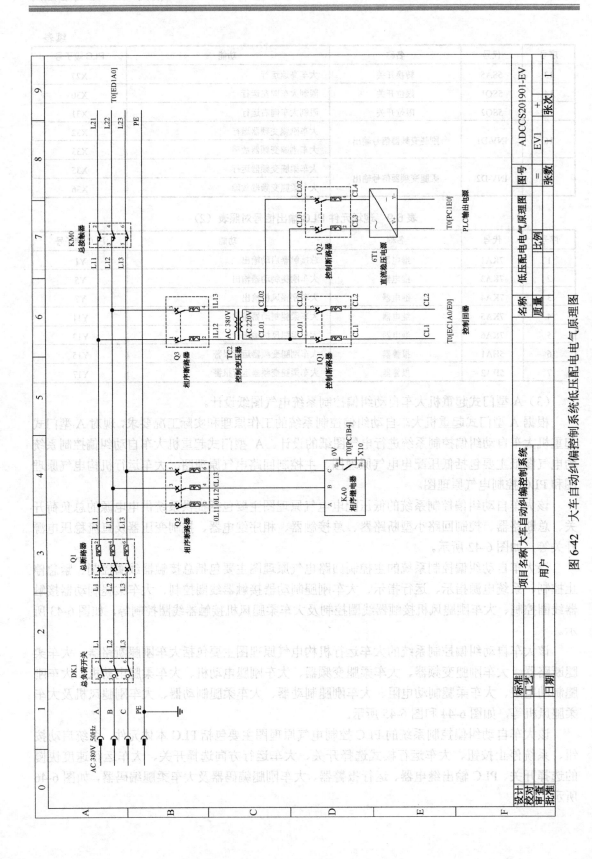

图 6-42 大车自动纠偏控制系统低压配电电气原理图

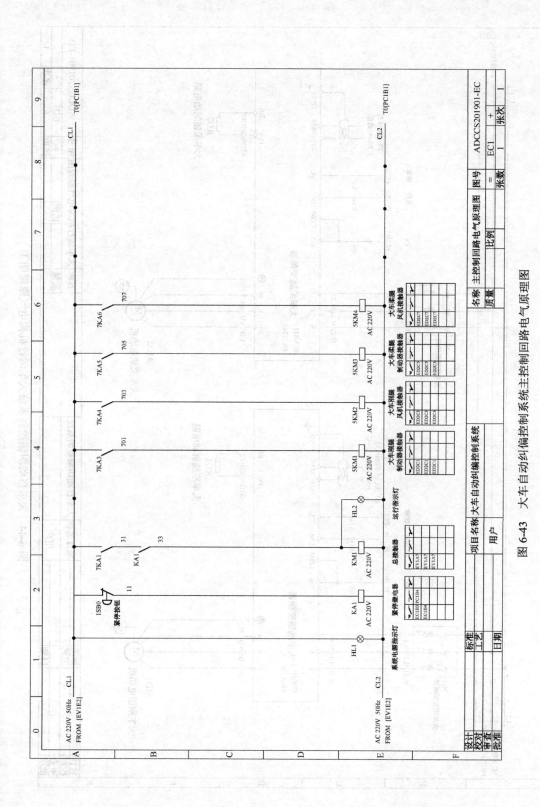

图 6-43 大车自动纠偏控制系统主控制回路电气原理图

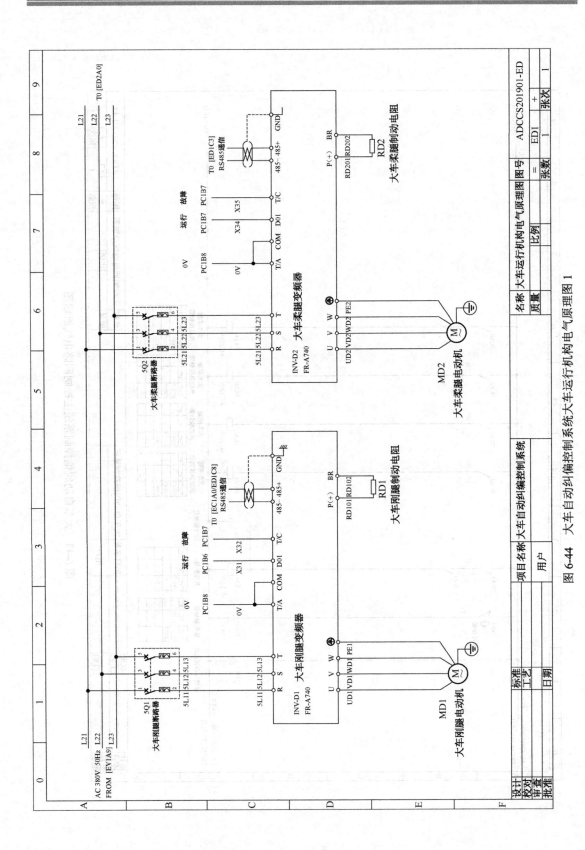

图 6-44 大车自动纠偏控制系统大车运行机构电气原理图 1

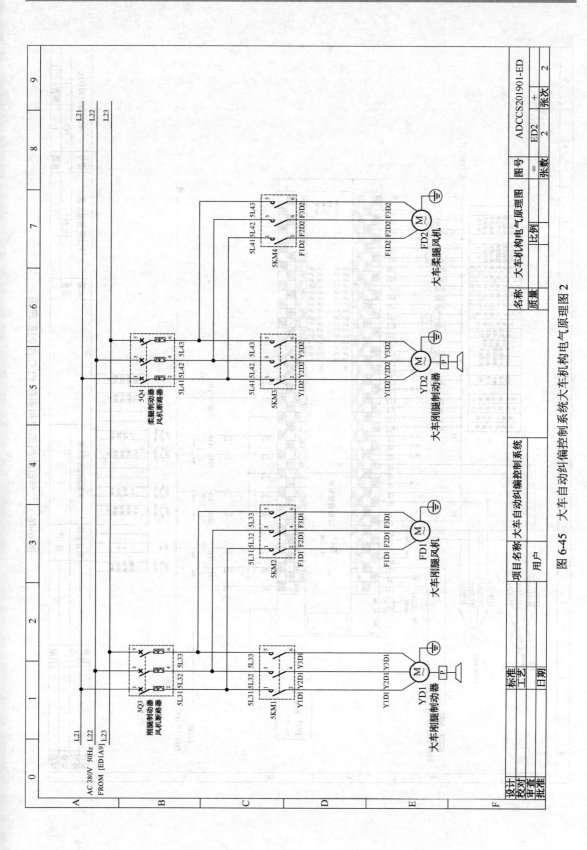

图 6-45 大车自动纠偏控制系统大车机构电气原理图 2

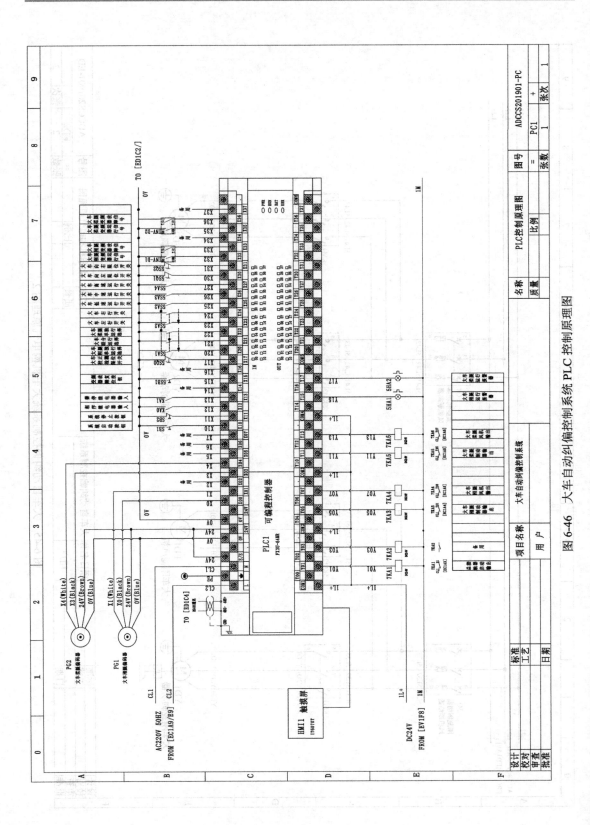

图 6-46 大车自动纠偏控制系统 PLC 控制原理图

（4）编写大车自动纠偏控制系统 PLC 程序，参考 PLC 程序如图 6-47 所示。

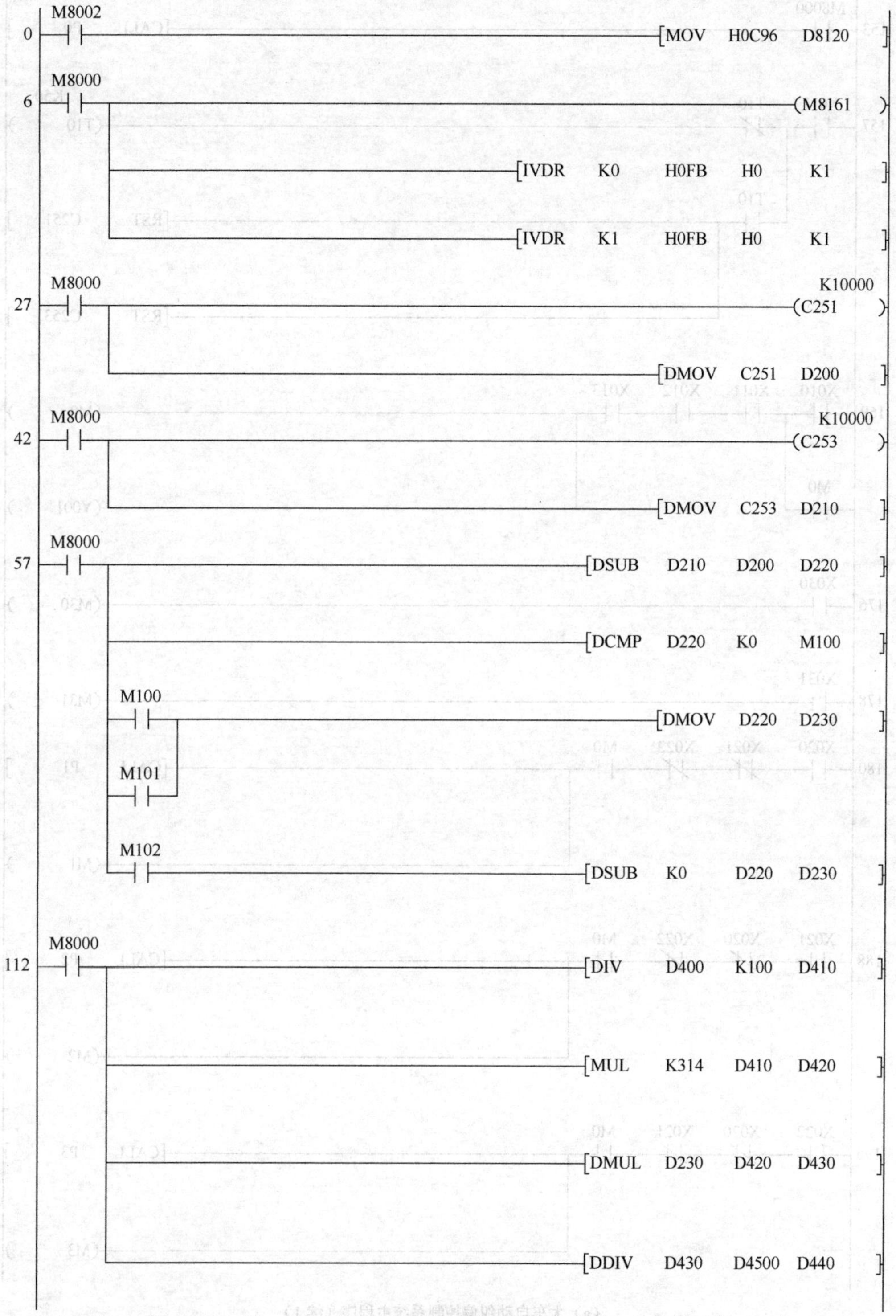

```
M8002
0   ├─┤├────────────────────────────────────[MOV   H0C96   D8120 ]

M8000
6   ├─┤├────────────────────────────────────────────(M8161 )
        │
        ├──────────────────────────[IVDR   K0   H0FB   H0   K1 ]
        │
        └──────────────────────────[IVDR   K1   H0FB   H0   K1 ]

M8000                                                    K10000
27  ├─┤├────────────────────────────────────────────(C251  )
        │
        └──────────────────────────────[DMOV   C251   D200 ]

M8000                                                    K10000
42  ├─┤├────────────────────────────────────────────(C253  )
        │
        └──────────────────────────────[DMOV   C253   D210 ]

M8000
57  ├─┤├──────────────────────────[DSUB   D210   D200   D220 ]
        │
        ├──────────────────────────[DCMP   D220   K0   M100 ]
        │
        │   M100
        ├───┤├──┬──────────────────[DMOV   D220   D230 ]
        │   M101 │
        ├───┤├──┘
        │
        │   M102
        └───┤├──────────────────────[DSUB   K0   D220   D230 ]

M8000
112 ├─┤├──────────────────────────[DIV    D400   K100   D410 ]
        │
        ├──────────────────────────[MUL    K314   D410   D420 ]
        │
        ├──────────────────────────[DMUL   D230   D420   D430 ]
        │
        └──────────────────────────[DDIV   D430   D4500   D440 ]
```

（a）大车自动纠偏控制系统主程序

图 6-47　参考 PLC 程序

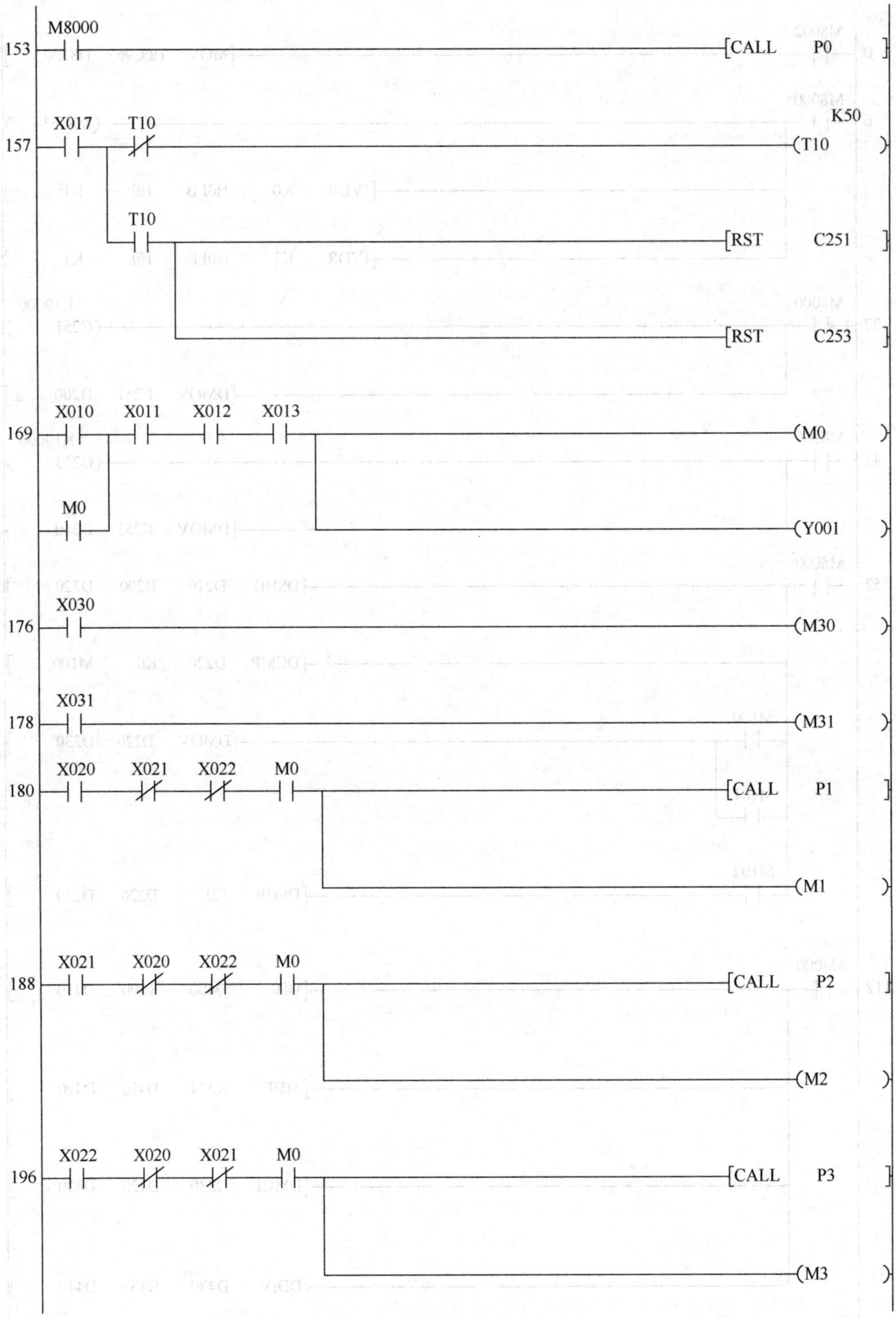

（a）大车自动纠偏控制系统主程序（续1）

图 6-47　参考 PLC 程序（续1）

（a）大车自动纠偏控制系统主程序（续2）

图 6-47 参考 PLC 程序（续2）

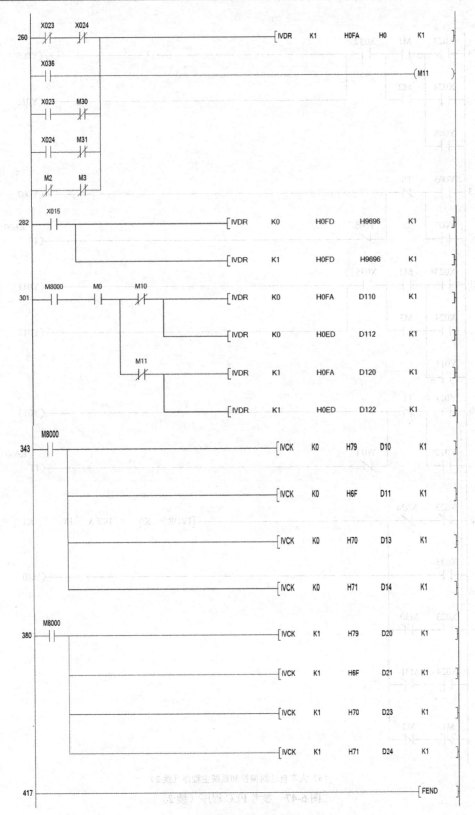

（a）大车自动纠偏控制系统主程序（续3）

图 6-47　参考 PLC 程序（续3）

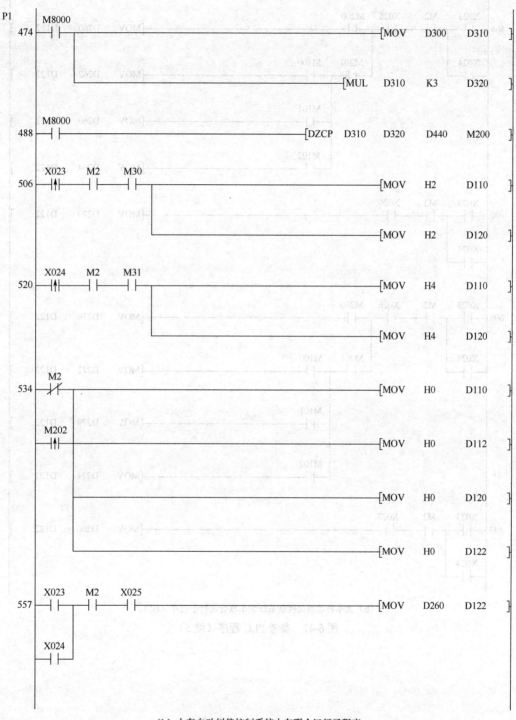

（b）大车自动纠偏控制系统大车联合运行子程序

图 6-47　参考 PLC 程序（续 4）

（b）大车自动纠偏控制系统大车联合运行子程序（续1）

图 6-47　参考 PLC 程序（续 5）

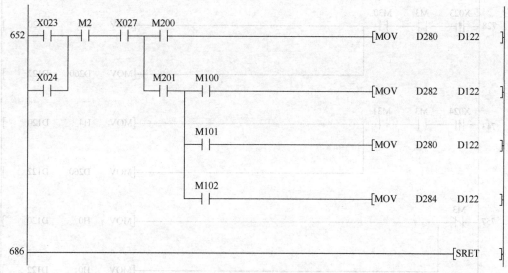

（b）大车自动纠偏控制系统大车联合运行子程序（续2）

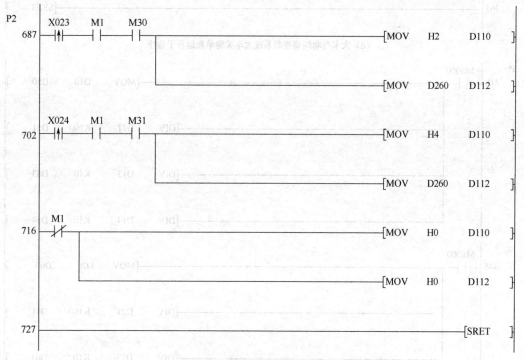

（c）大车自动纠偏控制系统大车刚腿单独运行子程序

图6-47 参考PLC程序（续6）

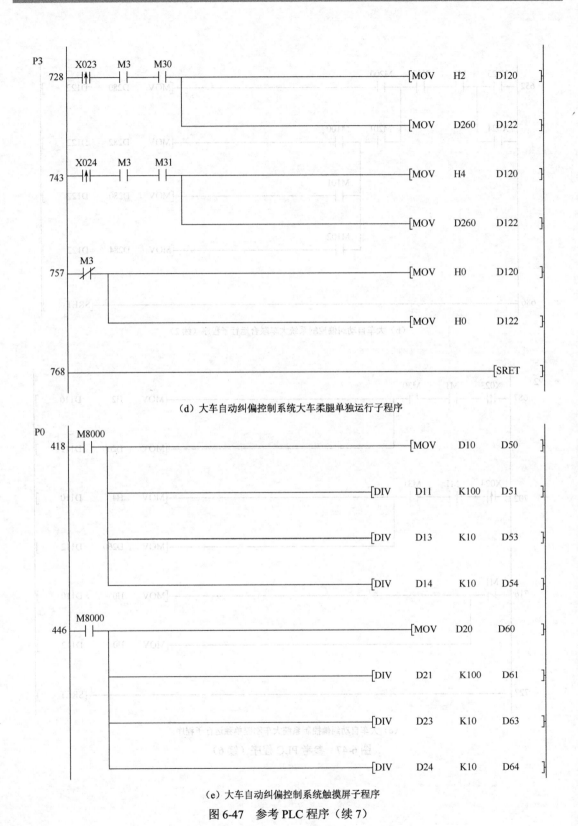

（d）大车自动纠偏控制系统大车柔腿单独运行子程序

（e）大车自动纠偏控制系统触摸屏子程序

图 6-47　参考 PLC 程序（续 7）

（5）变频器参数设置。

根据控制系统要求，对所用的三菱 FR-A740 变频器进行参数设置，如表 6-10 所示。

表 6-10　三菱 FR-A740 变频器参数设置

参数编号	参数名称	设置值	设置内容
Pr331	RS-485 通信站号	2	连接 2 台
Pr332	RS-485 通信速度（波特率）	192	19 200bps
Pr333	RS-485 通信停止位长度	10	数据长度：7 位，停止位：1 位
Pr334	RS-485 通信奇偶校验	2	2：偶校验
Pr336	RS-485 通信等待时间设定	9999	在通信数据中设定
Pr337	RS-485 通信检查时间间隔	9999	通信检查中止
Pr341	选择 RS-485 通信 CR、LF	1	CR：有，LF：无
Pr79	选择运行模式	0	上电时外部运行模式
Pr549	选择协议	0	三菱变频器（计算机链接）协议
Pr340	选择通信启动模式	1	计算机链接

（6）大车自动纠偏控制系统运行效果。

大车自动纠偏控制系统的运行效果可以通过触摸屏的显示状况来体现。大车自动纠偏控制系统的大车自动纠偏显示如图 6-48 所示。大车自动纠偏控制系统的大车运行状态显示如图 6-49 所示。

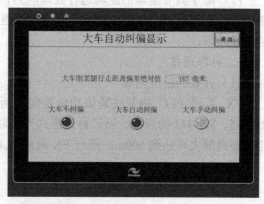

图 6-48　大车自动纠偏控制系统的大车自动纠偏显示

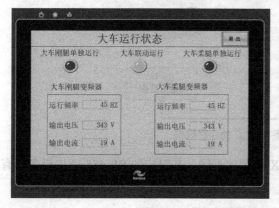
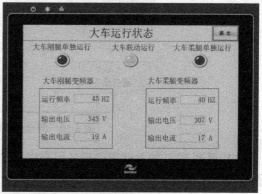

图 6-49　大车自动纠偏控制系统的大车运行状态显示

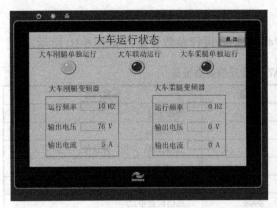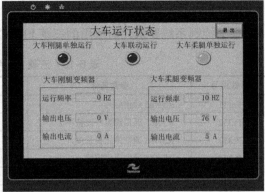

图 6-49　大车自动纠偏控制系统的大车运行状态显示（续）

 知识链接 6-3

6.3　基于 PLC 的变频器通信控制

6.3.1　FX 系列 PLC 通信

PLC 除了具有基本的逻辑运行处理能力，现在大部分 PLC 还集成了通信接口及相应的通信协议，具有强大的通信功能，并支持多种通信协议。下面以 FX 系列 PLC 为例，对 PLC 通信进行介绍。

1．并联通信

（1）并联通信的构成

FX 系列 PLC 的并联通信功能是实现两台同一系列的 PLC 之间通信，通信传送符合 RS-485、RS-442 的规格，通信协议形式为并联通信协议，通信方式为半双工双向，通信的总延长距离最大可达到 500m。两台 FX 系列 PLC 的并联通信如图 6-50 所示。

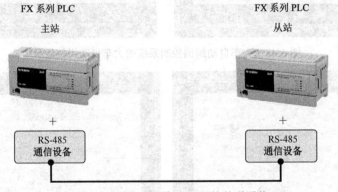

图 6-50　两台 FX 系列 PLC 的并联通信

FX 系列 PLC 的并联通信设备组合根据 FX 系列的不同，其对应的 RS-485 通信设备也有所不同，具体如表 6-11 所示。

表 6-11　FX 系列 PLC 的并联通信设备组合

FX 系列	通信设备（选件）	PLC 之间总延长距离
FX0N	FX2NC-485ADP / FX0N-485ADP	500m
FX1S/FX1N	FX1N-485-BD	50m
	FX1N-CNV-BD+FX2NC-485ADP	500m
FX2N	FX2N-485-BD	50m
	FX2N-CNV-BD+FX2NC-485ADP	500m
FX3S	FX3G-485-BD	50m
	FX3S-CNV-ADP+FX3U-485ADP	500m
FX3G	FX3G-485-BD	50m
	FX3G-CNV-ADP+FX3U-485ADP	500m
FX3U	FX3U-485-BD	50m
	FX3U-CNV-BD+FX3U-485ADP	500m

（2）并联通信接线

在确定 FX 系列 PLC 的并联通信设备组合后，需要对 PLC 与 PLC 通信设备进行接线，通常其接线方式有 1 对通信接线和 2 对通信接线两种。PLC 与 PLC 通信设备接线如图 6-51 所示。

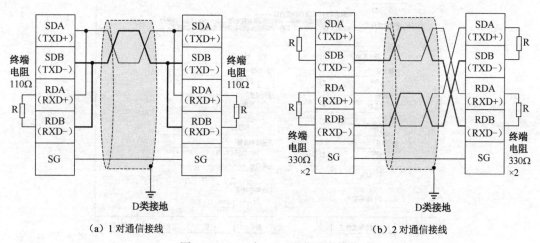

（a）1 对通信接线　　　　　　　　　（b）2 对通信接线

图 6-51　PLC 与 PLC 通信设备接线

（3）并联通信参数设置

FX 系列 PLC 的并联通信参数可以通过编程软件 GX Works2、GX Developer、FXGP/WIN 和手持式编程器 FX-30P 进行设置。下面以 GX Works2 为例，进行 FX 系列 PLC 并联通信参数设置。

1）打开 GX Works2，新建项目后，在"工程"窗格中双击"PLC 参数"选项，弹出"FX 参数设置"对话框，如图 6-52 所示。

2）单击"PLC 系统设置（2）"选项卡，勾选"进行通信设置"复选框，完成参数设置，如图 6-53 所示。

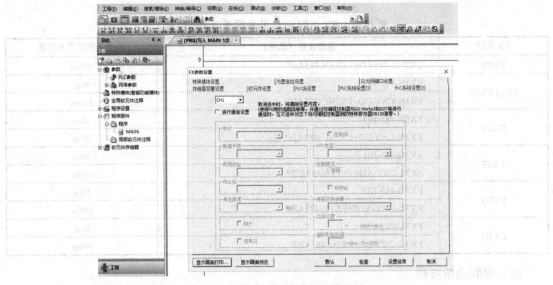

图 6-52　FX 系列 PLC 并联通信参数设置（一）

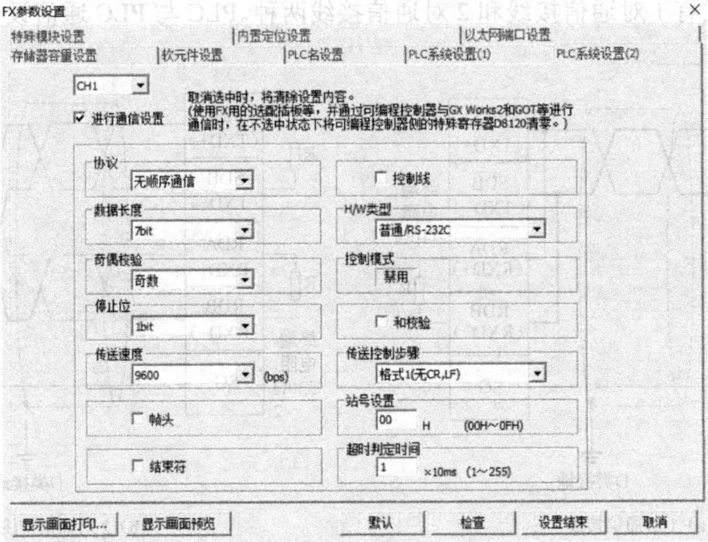

图 6-53　FX 系列 PLC 并联通信参数设置（二）

同时，FX 系列 PLC 并联通信可根据 PLC 之间要通信的点数，选择普通并联通信模式或高速并联通信模式进行通信，具体如表 6-12 所示。

表 6-12　FX 系列 PLC 并联通信设备组合

FX 系列	模式	普通并联通信模式		高速并联通信模式	
		位元件（M）	字元件（D）	位元件（M）	字元件（D）
FX0N、FX1S、FX3S	站号	各站 50 点	各站 10 点	0 点	各站 2 点
	主站（M8070）	M400～M449	D230～D239	—	D230，D231
	从站（M8071）	M450～M499	D240～D249	—	D240，D241
FX2、FX2C、FX1N、FX2N、FX3G、FX3U	站号	各站 100 点	各站 10 点	0 点	各站 2 点
	主站（M8070）	M800～M899	D490～D499	—	D490，D491
	从站（M8071）	M900～M999	D500～D509	—	D500，D501

（4）并联通信程序举例

下面以普通并联通信模式的 FX3U 系列 PLC 并联通信的编程进行说明。举例程序并联通信要求如下。

1）将主站 PLC 的输入点 X0～X7 的状态传送到从站 PLC 的输出点 Y0～Y7；

2）将主站 PLC 中 D10+D20 的数据结果传送到从站 D490，并将 D490 的数据值与 150 进行比较，若 D490 的数据值大于 150，则从站 Y10 导通；

3）将从站 PLC 的辅助继电器 M10～M17 的状态传送到主站 PLC 的输出点 Y10～Y17。

①主站 PLC 并联通信程序如图 6-54 所示。

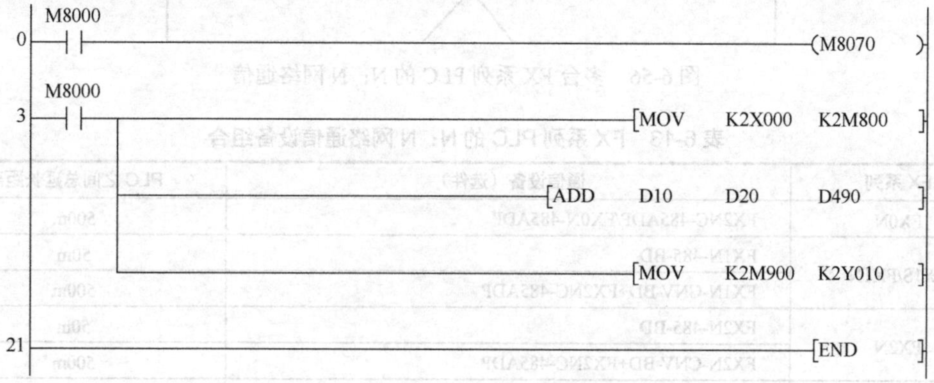

图 6-54 主站 PLC 并联通信程序

②从站 PLC 并联通信程序如图 6-55 所示。

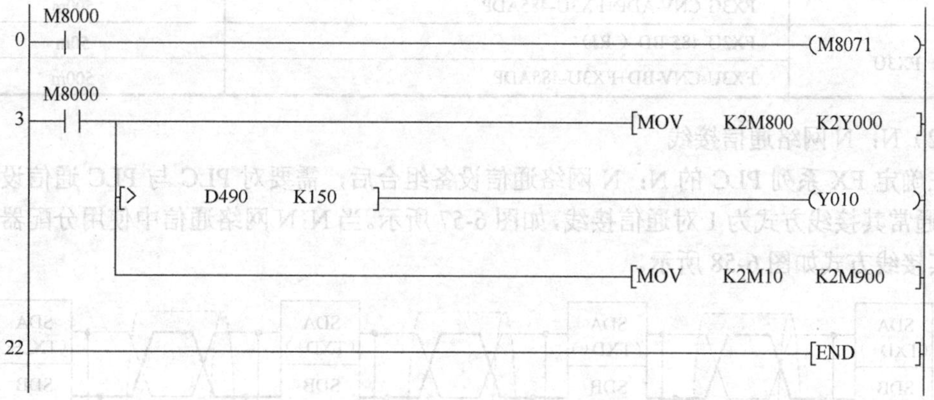

图 6-55 从站 PLC 并联通信程序

2. N：N 网络通信

（1）N：N 网络通信的构成

FX 系列 PLC 的 N：N 网络通信功能是在多台 FX 系列 PLC 之间通过 RS-485 通信设备进行通信及数据交互，N：N 网络最多能连接 8 台 FX 系列的 PLC，通信传送符合 RS-485 的规格，通信协议形式为 N：N 网络通信协议，通信方式为半双工双向，通信的总延长距离最大可达到 500m。多台 FX 系列 PLC 的 N：N 网络通信如图 6-56 所示。

FX 系列 PLC 的 N：N 网络通信设备组合根据 FX 系列的不同，其对应的 RS-485 通信设备也有所不同，具体如表 6-13 所示。

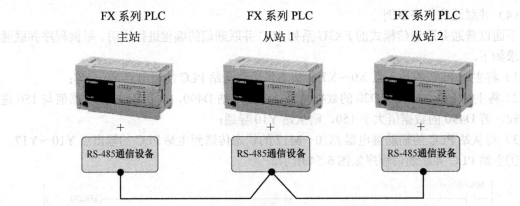

图 6-56　多台 FX 系列 PLC 的 N：N 网络通信

表 6-13　FX 系列 PLC 的 N：N 网络通信设备组合

FX 系列	通信设备（选件）	PLC 之间总延长距离
FX0N	FX2NC-485ADP/FX0N-485ADP	500m
FX1S/FX1N	FX1N-485-BD	50m
	FX1N-CNV-BD+FX2NC-485ADP	500m
FX2N	FX2N-485-BD	50m
	FX2N-CNV-BD+FX2NC-485ADP	500m
FX3S	FX3G-485-BD（-RJ）	50m
	FX3S-CNV-ADP+FX3U-485ADP	500m
FX3G	FX3G-485-BD（-RJ）	50m
	FX3G-CNV-ADP+FX3U-485ADP	500m
FX3U	FX3U-485-BD（-RJ）	50m
	FX3U-CNV-BD+FX3U-485ADP	500m

（2）N：N 网络通信接线

在确定 FX 系列 PLC 的 N：N 网络通信设备组合后，需要对 PLC 与 PLC 通信设备进行接线，通常其接线方式为 1 对通信接线，如图 6-57 所示。当 N：N 网络通信中使用分配器 BMJ-8 时，其接线方式如图 6-58 所示。

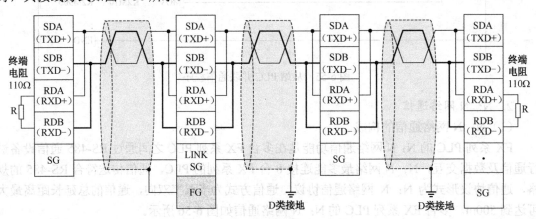

图 6-57　N：N 网络通信设备接线

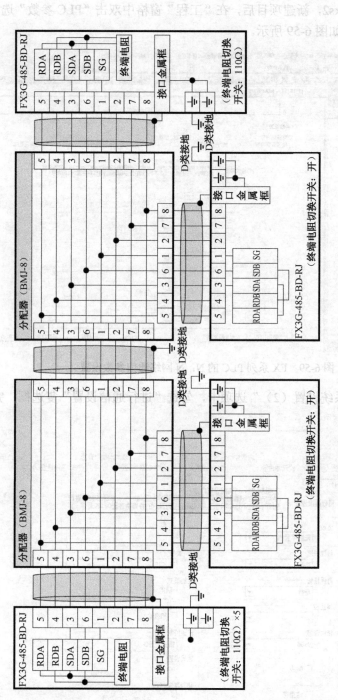

图 6-58　带分配器的 N: N 网络通信设备接线

（3）N：N 网络通信参数设置

FX 系列 PLC 的 N：N 网络通信参数设置与并联通信参数设置类似。

1）打开 GX Works2，新建项目后，在"工程"窗格中双击"PLC 参数"选项，弹出"FX 参数设置"对话框，如图 6-59 所示。

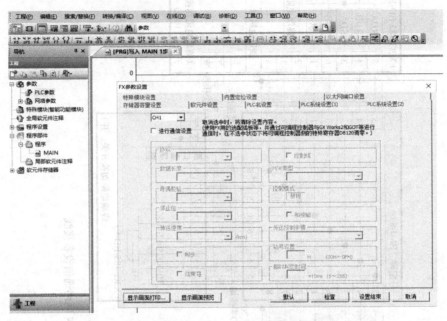

图 6-59　FX 系列 PLC 的 N：N 网络通信参数设置（一）

2）单击"PLC 系统设置（2）"选项卡，勾选"进行通信设置"复选框，完成参数设置，如图 6-60 所示。

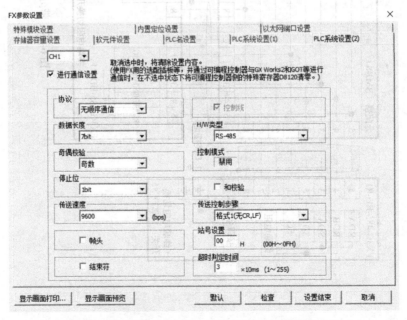

图 6-60　FX 系列 PLC 的 N：N 网络通信参数设置（二）

同时，FX 系列 PLC 的 N：N 网络通信可根据 PLC 之间要通信的点数，可选择三种模式，即网络通信模式 0、网络通信模式 1 和网络通信模式 2（FX0N 系列 PLC 和 FX1S 系列 PLC 不可使用模式 1 和模式 2），具体如表 6-14 所示。

表 6-14 FX 系列 PLC 的 N：N 网络通信模式及点数

站号		网络通信模式 0		网络通信模式 1		网络通信模式 2	
		位元件（M）	字元件（D）	位元件（M）	字元件（D）	位元件（M）	字元件（D）
		0 点	各站 4 点	各站 32 点	各站 4 点	各站 64 点	各站 8 点
主站	站号 0	—	D0～D3	M1000～M1031	D0～D3	M1000～M1031	D0～D7
从站	站号 1	—	D10～D13	M1064～M1095	D10～D13	M1064～M1095	D10～D17
	站号 2	—	D20～D23	M1128～M1159	D20～D23	M1128～M1159	D20～D27
	站号 3	—	D30～D33	M1192～M1223	D30～D33	M1192～M1223	D30～D37
	站号 4	—	D40～D43	M1256～M1287	D40～D43	M1256～M1287	D40～D47
	站号 5	—	D50～D53	M1320～M1351	D50～D53	M1320～M1351	D50～D57
	站号 6	—	D60～D63	M1384～M1415	D60～D63	M1384～M1415	D60～D67
	站号 7	—	D70～D73	M1448～M1479	D70～D73	M1448～M1479	D70～D77

（4）N：N 网络通信程序举例

3 台 FX3U 系列 PLC 建立网络通信，其中 1 台为主站，另外 2 台分别为从站 1 和从站 2，其通信要求如下。

1）将主站输入点 X0～X7 的状态传送到从站 1 输出点 Y0～Y7 和从站 2 输出点 Y0～Y7；

2）将从站 1 输入点 X0～X7 的状态传送到主站输出点 Y10～Y17 和从站 2 输出点 Y10～Y17；

3）将从站 2 输入点 X0～X7 的状态传送到主站输出点 Y20～Y27 和从站 1 输出点 Y20～Y27；

4）将主站 D0 数据和从站 1 的 D10 数据相加后保存到从站 2 的 D21；

5）将主站 D0 数据和从站 2 的 D20 数据相加后保存到从站 1 的 D11；

6）将从站 1 的 D10 数据和从站 1 的 D20 数据相加后保存到主站的 D1。

①主站网络通信程序如图 6-61 所示。

②从站 1 网络通信程序如图 6-62 所示。

③从站 2 网络通信程序如图 6-63 所示。

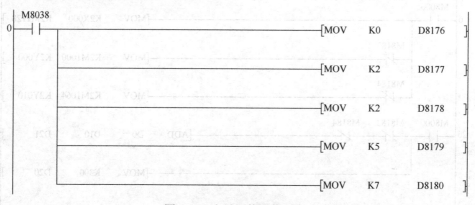

图 6-61 主站网络通信程序

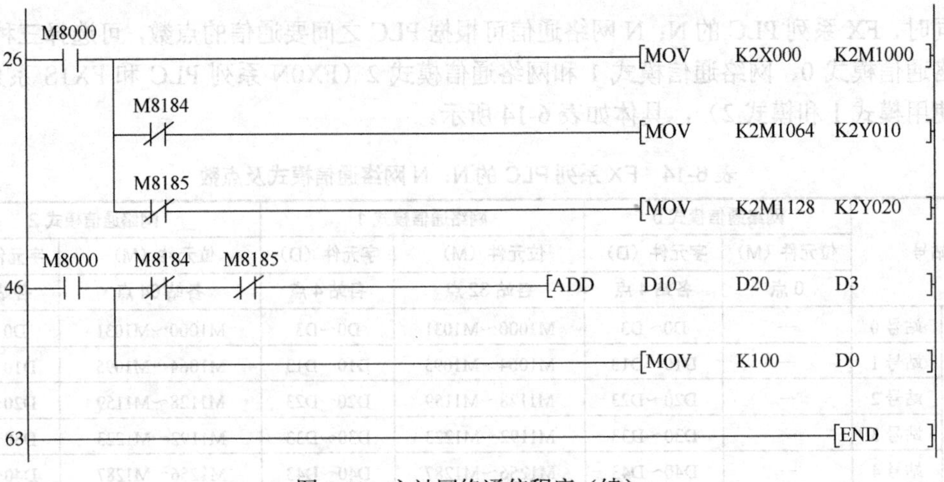

图 6-61　主站网络通信程序（续）

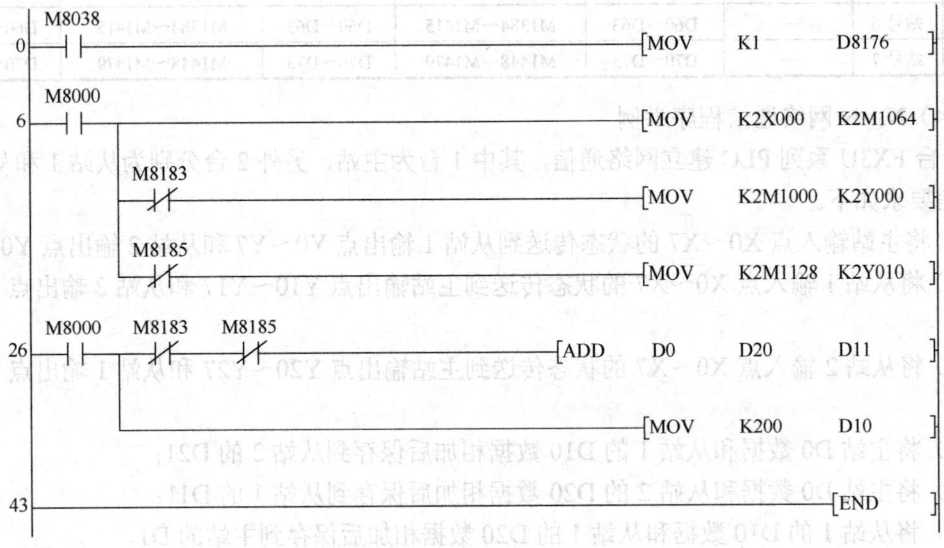

图 6-62　从站 1 网络通信程序

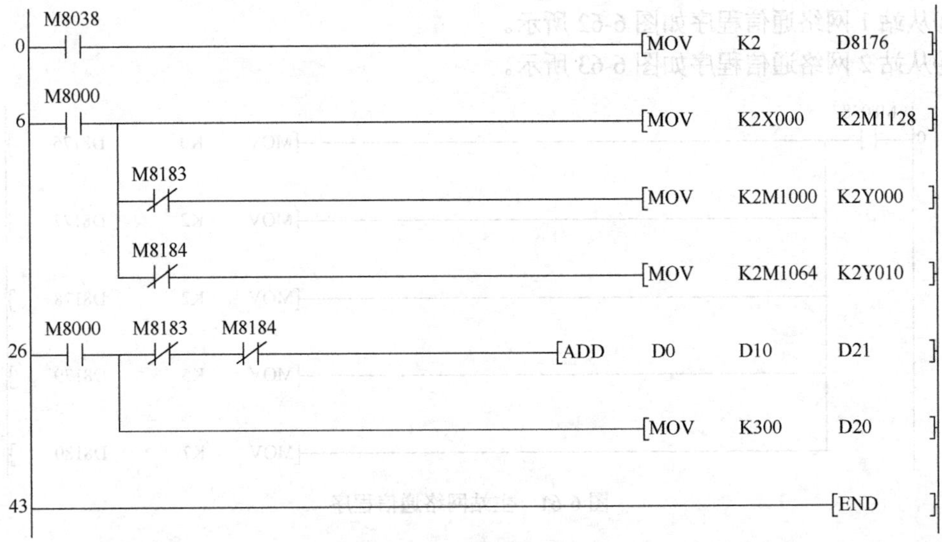

图 6-63　从站 2 网络通信程序

3. 上位机通信

（1）上位机通信的构成

FX 系列 PLC 的上位机通信功能是实现计算机或工控机与 PLC 的通信，并以计算机或工控机为主站，最多可以连接 16 台 FX 系列 PLC 进行通信，通信传送符合 RS-485、RS-232 的规格，通信协议形式为计算机通信专用协议，通信方式为半双工双向，通信的总延长距离：使用 RS-485 时最大可达到 500m，使用 RS-232 时最大可达到 15m。计算机与 PLC 的通信如图 6-64 和图 6-65 所示。

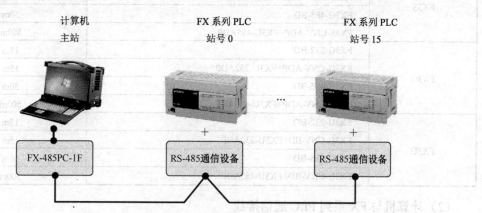

图 6-64　计算机与多台 FX 系列 PLC 的通信（RS-485）

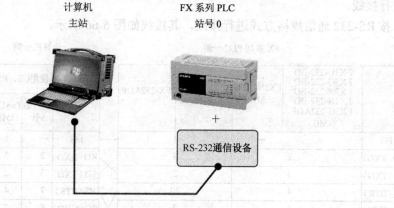

图 6-65　计算机与 FX 系列 PLC 的通信（RS-232）

计算机与 FX 系列 PLC 的通信设备组合根据 FX 系列的不同，其对应的 RS-485 通信设备和 RS-232 通信设备也有所不同，具体如表 6-15 所示。

表 6-15　计算机与 FX 系列 PLC 的通信设备组合

FX 系列	通信设备（选件）	PLC 之间总延长距离
FX0N	FX2NC-232ADP/FX0N-232ADP	15m
	FX2NC-485ADP/FX0N-485ADP	500m
FX1S/FX1N	FX1N-232-BD	15m
	FX1N-CNV-BD+FX2NC-232ADP	15m
	FX1N-485-BD	50m
	FX1N-CNV-BD+FX2NC-485ADP	500m

FX 系列	通信设备（选件）	PLC 之间总延长距离
FX2N	FX2N-232-BD	15m
	FX2N-CNV-BD+FX2NC-232ADP	15m
	FX2N-485-BD	50m
	FX2N-CNV-BD+FX2NC-485ADP	500m
FX3S	FX3G-232-BD	15m
	FX3S-CNV-ADP+FX3U-232ADP	15m
	FX3G-485-BD	50m
	FX3S-CNV-ADP+FX3U-485ADP	500m
FX3G	FX3G-232-BD	15m
	FX3G-CNV-ADP+FX3U-232ADP	15m
	FX3G-485-BD	50m
	FX3G-CNV-ADP+FX3U-485ADP	500m
FX3U	FX3U-232-BD	15m
	FX3U-CNV-BD+FX3U-232ADP	15m
	FX3U-485-BD	50m
	FX3U-CNV-BD+FX3U-485ADP	500m

（2）计算机与 FX 系列 PLC 通信接线

在确定计算机与 FX 系列 PLC 的通信设备组合后，需要对计算机与 FX 系列 PLC 通信设备进行接线。

按 RS-232 通信规格方式进行接线，其接线如图 6-66 所示。

FX 系列 PLC 一侧　　　　　　　　　　　　　　　　　　计算机一侧

FX3U-232-BD FX3G-232-BD FX2N-232-BD FX1N-232-BD FX3U-232ADP （-MB）	FX2NC-232 ADP	FX0N-232 ADP	FX-232ADP	名称	使用CS、RS		名称	使用DR、ER	
					D-SUB 9针	D-SUB 25针		D-SUB 9针	D-SUB 25针
FG	—		1	FG	—	1	FG	—	1
RD（RXD）	2		3	RD（RXD）	2	3	RD（RXD）	2	3
SD（TXD）	3		2	SD（TXD）	3	2	SD（TXD）	3	2
ER（DTR）	4		20	RS（RTS）	7	4	ER（DTR）	4	20
SG（GND）	5		7	SG（GND）	5	7	SG（GND）	5	7
DR（DSR）	6		6	CS（CTS）	8	5	CS（CTS）	6	6

图 6-66　PLC 与 PLC 通信设备接线

按 RS-485 通信规格方式进行接线，通常其接线方式有 1 对通信接线和 2 对通信接线，如图 6-67 所示。

（3）上位机通信参数设置

计算机与 FX 系列 PLC 通信参数设置与并联通信参数设置类似。

1）打开 GX Works2，新建项目后，在"工程"窗格中双击"PLC 参数"选项，弹出"FX 参数设置"对话框，如图 6-68 所示。

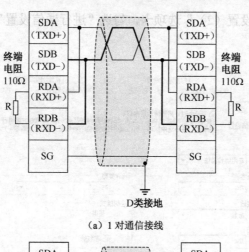

（a）1对通信接线

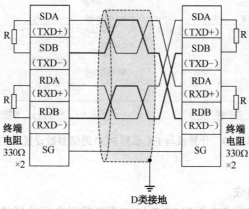

（b）2对通信接线

图 6-67 计算机与 PLC 通信设备接线

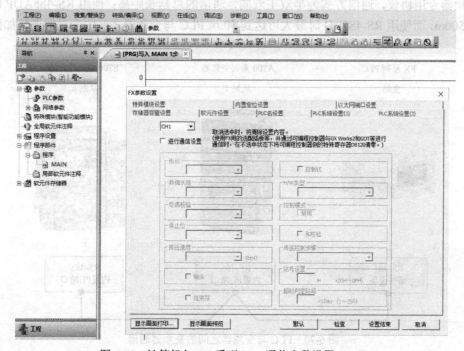

图 6-68 计算机与 FX 系列 PLC 通信参数设置（一）

2）单击"PLC 系统设置（2）"选项卡，勾选"进行通信设置"复选框，完成参数设置，如图 6-69 所示。

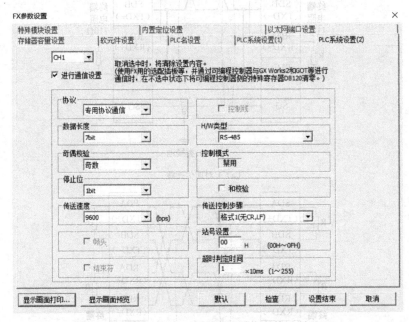

图 6-69　计算机与 FX 系列 PLC 通信参数设置（二）

4. 变频器通信

（1）变频器通信的构成

变频器通信功能是实现 FX 系列 PLC 与三菱变频器之间的通信，最多可以对 8 台变频器进行运行监控、各种指令及参数的读取/写入，其通信传送符合 RS-485 的规格，通信协议形式为变频器专用协议，通信方式为半双工双向，通信的总延长距离：使用 RS-485ADP 时最大可达到 500m，而使用 RS-485BD 时最大可达到 50m。PLC 与变频器之间的变频器通信如图 6-70 所示。

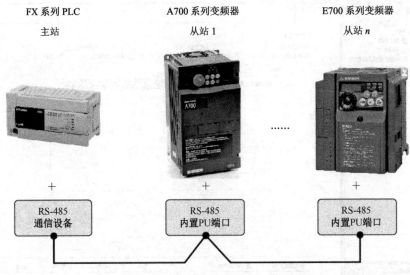

图 6-70　PLC 与变频器之间的变频器通信

在变频器通信中，FX 系列 PLC 中的 FX0、FX0N、FX1、FX1S、FX1N、 FX1NC、FX2、FX2C 不具有变频器通信功能，FX 系列 PLC 的变频器通信设备组合如表 6-16 所示。

表 6-16　FX 系列 PLC 的变频器通信设备组合

FX 系列	通信设备（选件）	PLC 之间总延长距离
FX2N（+ROM）	FX2N-485-BD	50m
	FX2N-CNV-BD+FX2NC-485ADP	500m
FX3S	FX3G-485-BD（-RJ）	50m
	FX3S-CNV-ADP+FX3U-485ADP	500m
FX3G	FX3G-485-BD（-RJ）	50m
	FX3G-CNV-ADP+FX3U-485ADP	500m
FX3U	FX3U-485-BD（-RJ）	50m
	FX3U-CNV-BD+FX3U-485ADP	500m

（2）变频器通信接线

在确定 FX 系列 PLC 的变频器通信设备组合后，需要根据三菱变频器系列及类型，对 PLC 与变频器通信设备进行接线，通常其接线方式有 2 线式和 4 线式接线两种。

1）PLC 与三菱 FR-E700 系列变频器采用 PU 连接器接线，在 PLC 一侧使用内置切换开关设置 110Ω 的终端电阻，在最远端的变频器一侧设置 100Ω 的终端电阻，如图 6-71 和图 6-72 所示。

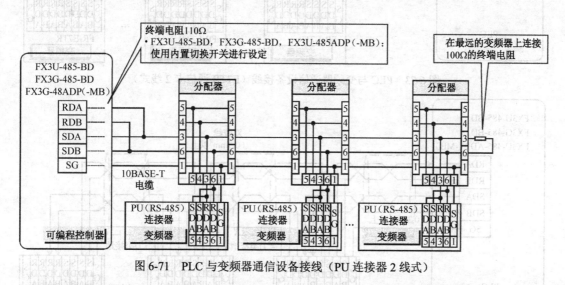

图 6-71　PLC 与变频器通信设备接线（PU 连接器 2 线式）

2）PLC 与三菱 FR-E700 系列变频器采用 E7TR 通信卡接线，PLC 一侧使用内置切换开关设置 110Ω 的终端电阻，最远端的变频器一侧设置 100Ω 的终端电阻，如图 6-73 和图 6-74 所示。

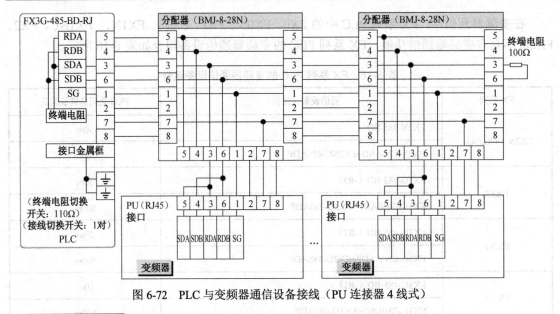

图 6-72　PLC 与变频器通信设备接线（PU 连接器 4 线式）

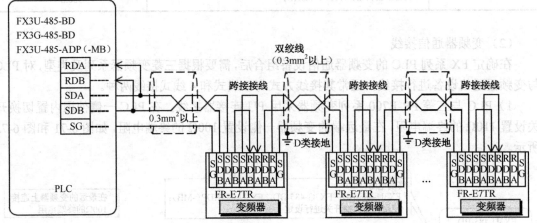

图 6-73　PLC 与变频器通信设备接线（E7TR 通信卡 2 线式）

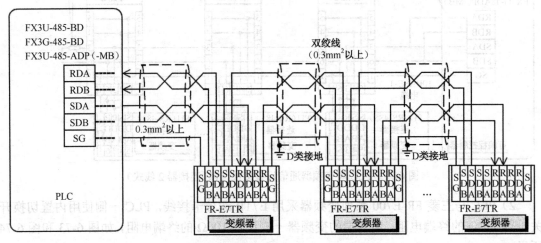

图 6-74　PLC 与变频器通信设备接线（E7TR 通信卡 4 线式）

3）PLC 与三菱 FR-A700/F700 系列变频器采用内置 RS-485 端子接线，在 PLC 一侧使用内置切换开关设置 110Ω 的终端电阻，在最远端的变频器一侧设置 100Ω 的终端电阻，如图 6-75 所示。

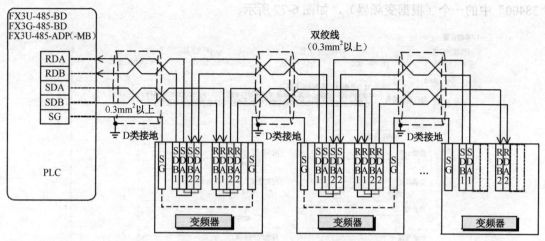

图 6-75　PLC 与变频器通信设备接线（内置 RS-485 端子）

（3）变频器通信设置

1）PLC 参数设置。

PLC 与变频器通信参数设置与并联通信参数设置类似。

①打开 GX Works2，新建项目后，在"工程"窗格中双击"PLC 参数"选项，弹出"FX 参数设置"对话框，如图 6-76 所示。

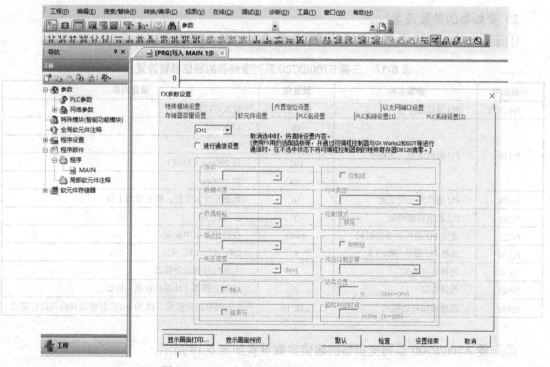

图 6-76　PLC 与变频器通信参数设置（一）

②单击"PLC 系统设置（2）"选项卡，勾选"进行通信设置"复选框，进行参数设置，将"协议"设置为"无顺序通信"，将"数据长度"设置为"7bit"，将"奇偶校验"设置为"偶数"，将"停止位"设置为"1bit"，将"传送速度"设置为"4800""9600""19200""38400"中的一个（根据变频器），如图 6-77 所示。

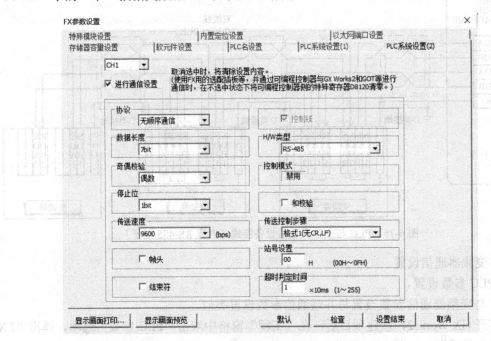

图 6-77　PLC 与变频器通信参数设置（二）

2）变频器的参数设置

①三菱 E700/D700 系列变频器的通信参数设置如表 6-17 所示。

表 6-17　三菱 E700/D700 系列变频器的通信参数设置

参数编号	参数名称	设置值	设置内容
Pr117	PU 通信站号	00～31	最多可以连接 8 台
Pr118	PU 通信速度（波特率）	48	4 800bps
		96	9 600bps
		192	19 200bps（标准）
		384	38 400bps
Pr119	PU 通信停止位长度	10	数据长度为 7 位，停止位为 1 位
Pr120	PU 通信奇偶校验	2	2：偶校验
Pr123	设定 PU 通信的等待时间	9 999	在通信数据中设定
Pr124	选择 PU 通信 CR、LF	1	CR：有，LF：无
Pr79	选择运行模式	0	上电时外部运行模式
Pr549	选择协议	0	三菱变频器（计算机链接）协议
Pr340	选择通信启动模式	1 或 10	1 为网络运行模式，10 为 PU 运行模式和网络运行模式

②三菱 A700/F700 系列变频器的通信参数设置如表 6-18 所示。

表 6-18　三菱 A700/F700 系列变频器的通信参数设置

参数编号	参数名称	设置值	设置内容
Pr331	RS-485 通信站号	00～31	最多可以连接 8 台
Pr332	RS-485 通信速度（波特率）	48	4800bps
		96	9600bps
		192	19 200bps（标准）
		384	38 400bps
Pr333	RS-485 通信停止位长度	10	数据长度为 7 位，停止位为 1 位
Pr334	RS-485 通信奇偶校验	2	2：偶校验
Pr336	RS-485 通信等待时间设定	9999	在通信数据中设定
Pr337	RS-485 通信检查时间间隔	9999	通信检查中止
Pr341	选择 RS-485 通信 CR、LF	1	CR：有，LF：无
Pr79	选择运行模式	0	上电时外部运行模式
Pr549	选择协议	0	三菱变频器（计算机链接）协议
Pr340	选择通信启动模式	1	计算机链接

（4）变频器通信指令及相关软元件

FX 系列 PLC 与三菱变频器进行变频器通信时，所使用的变频器通信指令及软元件都不同，FX 系列 PLC 对应的变频器通信指令如表 6-19 所示，变频器通信的相关特殊软元件如表 6-20 所示。

表 6-19　FX 系列 PLC 对应的变频器通信指令

FX 系列 PLC 功能名称	FX2N，FX2NC	FX3S，FX3G，FX3GC，FX3U，FX3UC
变频器的运行监视	EXTR（K10）	IVCK
变频器的运行控制	EXTR（K11）	IVDR
读出变频器的参数	EXTR（K12）	IVRD
写入变频器的参数	EXTR（K13）	IVWR
变频器参数的成批写入	—	IVBWR（仅支持 FX3U，FX3UC）
变频器的多个命令	—	IVMC

表 6-20　变频器通信的相关特殊软元件

FX 系列 PLC 功能名称	FX2N，FX2NC	FX3S，FX3G，FX3GC，FX3U，FX3UC	
		通道 1	通道 2
指令执行结束	M8029	M8029	M8029
通信错误	M8063	M8063	M8438
变频器通信中	M8155	M8151	M8156
变频器通信错误	M8156	M8152	M8157
变频器通信错误锁存	M8157	M8153	M8158
IVBWR 指令错误	—	M8154	M8159
错误代码	D8063	D8063	D8063
变频器通信的响应等待时间	D8154	D8150	D8155
变频器通信中的指令的步编号	D8155	D8151	D8156
动作方式显示	—	D8419	D8439

（5）变频器通信程序举例

FX 系列 PLC 与三菱变频器通信程序举例详见 6.3.2 节。

5. 无协议通信

（1）无协议通信的构成

无协议通信功能是实现 FX 系列 PLC 与打印机或条形码阅读器等设备的无协议数据通信，在 FX 系列 PLC 中，通过使用 RS 通信指令或 RS2 通信指令，可以使用无协议通信功能，通信传送符合 RS-485、RS-442 和 RS-232C 的规格，通信方式为半双工双向或全双工双向，通信的总延长距离：使用 485ADP 时最大可达到 500m，使用 485BD 时最大可达到 50m。打印机、条形码阅读器与 FX 系列 PLC 的无协议通信如图 6-78 所示。

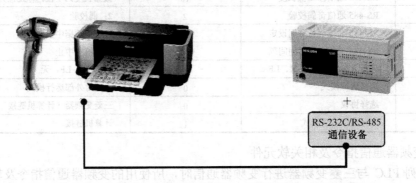

图 6-78　打印机、条形码阅读器与 FX 系列 PLC 无协议通信

打印机、条形码阅读器与 FX 系列 PLC 的无协议通信设备组合根据 FX 系列的不同，其对应的通信设备也有所不同，具体如表 6-21 所示。

表 6-21　打印机、条形码阅读器与 FX 系列 PLC 的无协议通信设备组合

FX 系列	通信设备（选件）	PLC 之间总延长距离
FX0N	FX2NC-232ADP/FX0N-232ADP	15m
	FX2NC-485ADP/FX0N-485ADP	500m
FX1S/FX1N	FX1N-232-BD	15m
	FX1N-CNV-BD+FX2NC-232ADP	15m
	FX1N-485-BD	50m
	FX1N-CNV-BD+FX2NC-485ADP	500m
FX2N	FX2N-232-BD	15m
	FX2N-CNV-BD+FX2NC-232ADP	15m
	FX2N-485-BD	50m
	FX2N-CNV-BD+FX2NC-485ADP	500m
FX3S	FX3G-232-BD	15m
	FX3S-CNV-ADP+FX3U-232ADP	15m
	FX3G-485-BD	50m
	FX3S-CNV-ADP+FX3U-485ADP	500m
FX3G	FX3G-232-BD	15m
	FX3G-CNV-ADP+FX3U-232ADP	15m
	FX3G-485-BD	50m
	FX3G-CNV-ADP+FX3U-485ADP	500m
FX3U	FX3U-232-BD	15m
	FX3U-CNV-BD+FX3U-232ADP	15m
	FX3U-485-BD	50m
	FX3U-CNV-BD+FX3U-485ADP	500m

（2）无协议通信接线

在确定打印机、条形码阅读器与 FX 系列 PLC 的无协议通信设备组合后，需要对打印机、条形码阅读器与 FX 系列 PLC 通信设备进行接线。

按 RS-232 通信规格方式进行接线，其接线如图 6-79 所示。

FX 系列 PLC 一侧					打印机、条形码阅读器一侧					
	FX3U-232-BD FX3G-232-BD FX2N-232-BD FX1N-232-BD FX3U-232ADP （-MB）	FX2NC-232 ADP	FX0N-232 ADP	FX-232ADP	名称	使用 CS，RS		名称	使用 DR，ER	
						D-SUB 9针	D-SUB 25针		D-SUB 9针	D-SUB 25针
FG		—		1	FG	—	1	FG	—	1
RD（RXD）	2		3		RD（RXD）	2	3	RD（RXD）	2	3
SD（TXD）	3		2		SD（TXD）	3	2	SD（TXD）	3	2
ER（DTR）	4		20		RS（RTS）	7	4	ER（DTR）	4	20
SG（GND）	5		7		SG（GND）	5	7	SG（GND）	5	7
DR（DSR）	6		6		CS（CTS）	8	5	DR（DSR）	6	6

图 6-79 打印机、条形码阅读器与 PLC 通信设备接线

按 RS-485 通信规格方式进行接线，通常其接线方式有 1 对通信接线和 2 对通信接线两种，如图 6-80 所示。

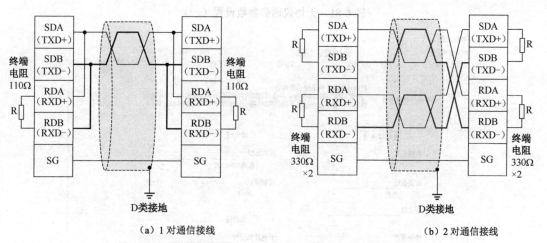

（a）1 对通信接线 　　　　　　　　（b）2 对通信接线

图 6-80 打印机、条形码阅读器与 PLC 通信设备接线

（3）无协议通信的设置

打印机、条形码阅读器与 FX 系列 PLC 的无协议通信参数设置。

1）打开 GX Works2，新建项目后，在"工程"窗格中双击"PLC 参数"选项，弹出"FX 参数设置"对话框，如图 6-81 所示。

2）单击"PLC 系统设置（2）"选项卡，勾选"进行通信设置"复选框，完成参数设置。如图 6-82 所示。

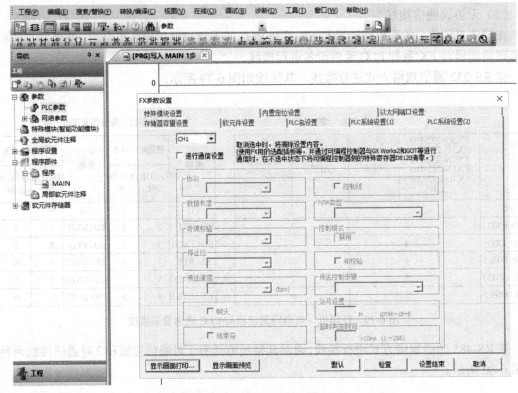

图 6-81　无协议通信参数设置（一）

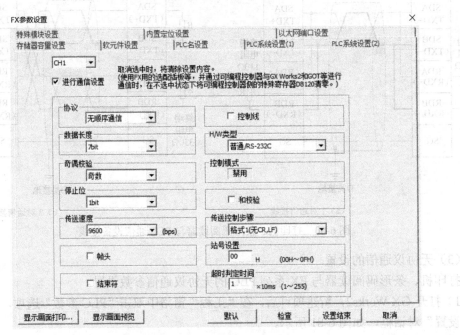

图 6-82　无协议通信参数设置（二）

（4）无协议通信指令及相关软元件

在 FX 系列 PLC 与打印机、条形码阅读器进行无协议通信时，使用 RS 通信指令或 RS2 通信指令进行数据的通信，指定从 FX 系列 PLC 发出的发送数据的起始软元件和数据点数，以及保存接受数据的起始软元件和可以接收的最大点数。RS 通信指令分为 8 位模式和 16 位模式，如图 6-83 和图 6-84 所示。在使用 RS 通信指令进行无协议通信时，其对应的特殊软元件详见附录 E。

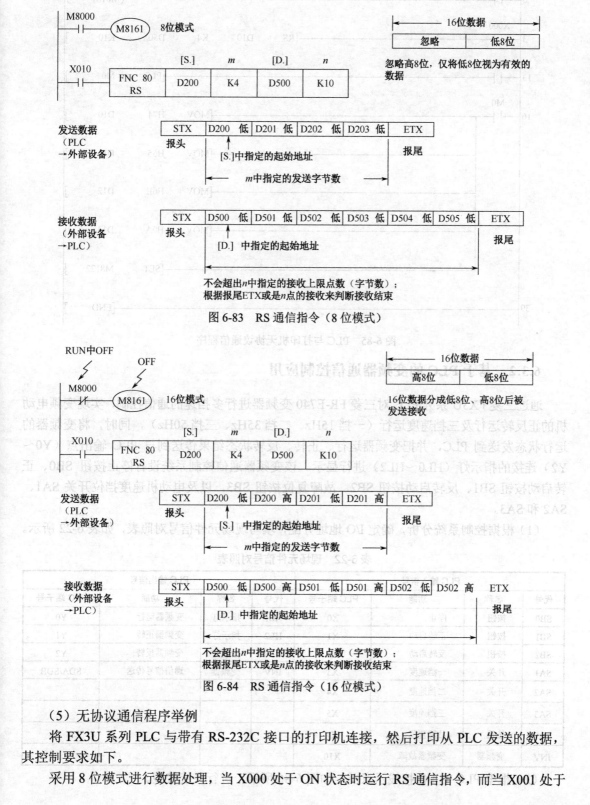

图 6-83　RS 通信指令（8 位模式）

图 6-84　RS 通信指令（16 位模式）

（5）无协议通信程序举例

将 FX3U 系列 PLC 与带有 RS-232C 接口的打印机连接，然后打印从 PLC 发送的数据，其控制要求如下。

采用 8 位模式进行数据处理，当 X000 处于 ON 状态时运行 RS 通信指令，而当 X001 处于

ON 状态时，D10～D13 的数据被发送给打印机。PLC 与打印机无协议通信程序如图 6-85 所示。

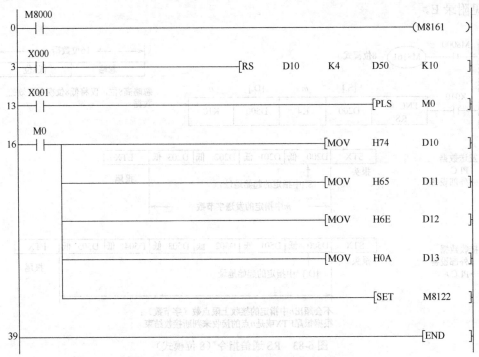

图 6-85　PLC 与打印机无协议通信程序

6.3.2　基于 PLC 的变频器通信控制应用

通过三菱 FX3U 系列 PLC 对三菱 FR-E740 变频器进行多挡速的通信控制，实现变频电动机的正反转运行及三挡速度运行（一挡 15Hz、二挡 35Hz、三挡 50Hz），同时，将变频器的运行状态发送到 PLC，并把变频器运行、正转、反转状态结果传送到与 PLC 输出点（Y0～Y2）连接的指示灯（HL0～HL2）进行显示。该变频器通信控制系统设有停止按钮 SB0、正转启动按钮 SB1、反转启动按钮 SB2、故障复位按钮 SB3，以及电动机速度挡位开关 SA1、SA2 和 SA3。

（1）根据控制系统分析，确定 I/O 地址分配，填写现场元件信号对照表，如表 6-22 所示。

表 6-22　现场元件信号对照表

PLC 输入信号				PLC 输出信号			
代号	名称	功能	PLC 端子号	代号	名称	功能	PLC 端子号
SB0	按钮	停止	X0	HL1	指示灯	变频器运行	Y0
SB1	按钮	正转启动	X1	HL2	指示灯	变频器正转	Y1
SB2	按钮	反转启动	X2	HL3	指示灯	变频器反转	Y2
SA1	开关	一挡速度	X3	INV	变频器	通信信号传送	SDA/SDB
SA2	开关	二挡速度	X4				
SA3	开关	三挡速度	X5				
SB3	按钮	故障复位	X7				
INV	变频器	变频器故障	X10				

（2）根据 PLC 的 I/O 接线示意图，如图 6-86 所示，进行系统接线。

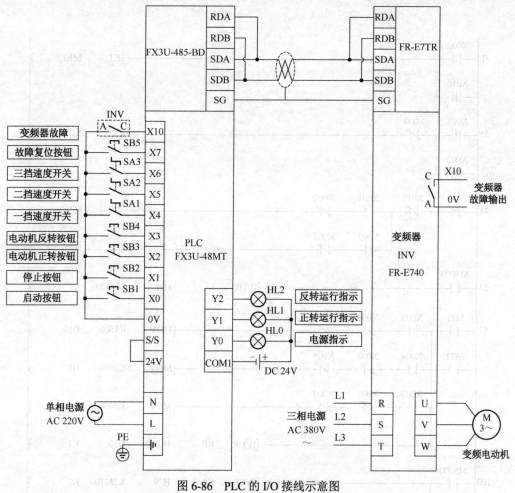

图 6-86　PLC 的 I/O 接线示意图

（3）设计 PLC 控制程序。变频器通信控制系统的控制程序如图 6-87 所示。

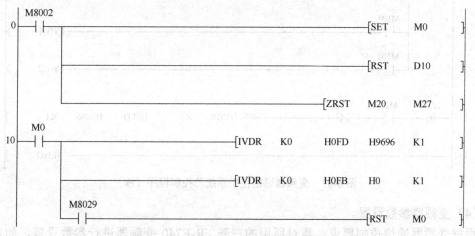

图 6-87　变频器通信控制系统的控制程序

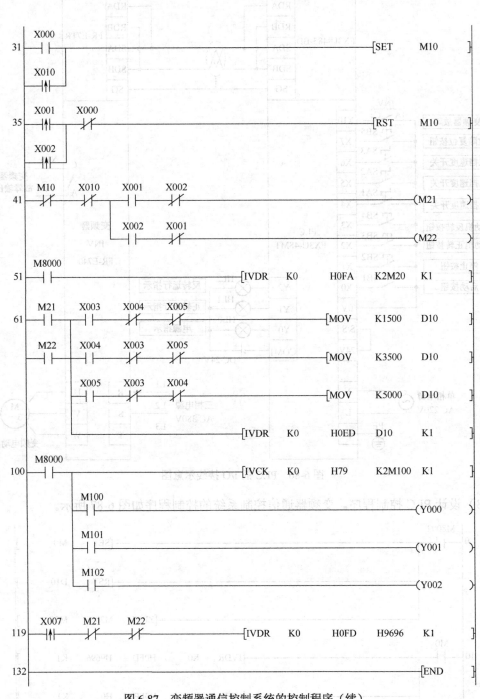

图 6-87 变频器通信控制系统的控制程序（续）

（4）变频器参数设置。

根据变频器通信控制要求，需对所用的三菱 FR-E740 变频器进行参数设置，如表 6-23 所示。

表 6-23　三菱 FR-E740 变频器参数设置

参数编号	参数名称	设置值	设置内容
Pr331	RS-485 通信站号	1	连接 1 台
Pr332	RS-485 通信速度（波特率）	192	19 200bps
Pr333	RS-485 通信停止位长度	10	数据长度为 7 位，停止位为 1 位
Pr334	RS-485 通信奇偶校验	2	2：偶校验
Pr336	RS-485 通信等待时间设定	9999	在通信数据中设定
Pr337	RS-485 通信检查时间间隔	9999	通信检查中止
Pr341	选择 RS-485 通信 CR、LF	1	CR：有，LF：无
Pr79	选择运行模式	0	上电时外部运行模式
Pr549	选择协议	0	三菱变频器（计算机链接）协议
Pr340	选择通信启动模式	1	计算机链接

附录 A 常用电气设备的基本文字符号

种类	中文名称	单字母	双字母
保护器件	具有瞬时动作的限流保护器件	F	FA
	具有延时动作的限流保护器件		FR
	具有延时动作和瞬时动作的限流保护器件		FS
	熔断器		FU
	限压保护器件		FV
发电机	同步发电机	G	GS
	异步发电机		GA
信号器件	指示灯	H	HL
接触器	接触器		KM
继电器	瞬时接触继电器	K	KA
	瞬时有或无继电器		
	交流继电器		
	延时有或无继电器		KT
电动机	电动机	M	M
	同步电动机		MS
	可作发电机或电动机的电机		MG
	力矩电动机		MT
电力电路的开关器件	断路器	Q	QF
	电动机保护开关		QM
	隔离开关		QS
控制、记忆、信号电路的开关器件	控制开关	S	SA
	选择开关		SA
	按钮开关		SB
	接近开关		SP
	行程开关		SQ
变压器	变压器	T	TC

附录 B　常用电气设备的结构和电气符号

器件名称	实物图	结构或工作原理	电气符号	定义及用途
隔离开关	三级刀开关	瓷柄　静触点　动触点　瓷底　胶盖　熔断丝接头　三级结构	QS （a）单极　QS （b）双极　QS （c）三极	隔离开关主要用于电路的隔离，有时也能分断负荷，其主要品种有开关板用刀开关、负荷开关及熔断器式刀开关
按钮开关		按钮帽　弹簧　动合触点　动断触点	SB　SB　SB	按钮开关是一种短时接通或断开小电流电路的手动低压控制电器，常用于控制电路中发出启动、停止、正转或反转等指令，通过控制继电器、接触器等动作控制主电路的通断
转换开关			向左　向右　SA	转换开关主要用于电源的切换，也可用于负荷通断或电路的切换
行程开关		未撞击　撞击　动作示意图	SQ　SQ　SQ （a）　（b）　（c）	行程开关又称限位开关或位置开关，其作用和原理与按钮开关相同，只是其触头的动作不是靠手动操作，而是利用生产机械某些运动部件的碰撞使其触头动作

器件名称	实物图	结构或工作原理	电气符号	定义及用途
接近开关		接近开关原理图	(a) (b)	当某物体与接近开关接近并达到一定距离时，接近开关会发出信号。它不需要外力施加，是一种无触点式的主令电器。它的用途已远远超出行程开关所具备的行程控制及限位保护
低压断路器			(a) 单极断路器 (b) 三极断路器	低压断路器又称自动空气开关。低压断路器主要在电路正常工作条件下作为线路的不频繁接通和分断用，并在电路发生过载、短路及失压时自动分断电路
交流接触器				交流接触器主要用于远距离频繁控制负荷，切断带负荷电路
中间继电器		结构和工作原理与交流接触器相同		当其他继电器的触点数或触点容量不够时，可借助中间继电器来扩大它们的触点数或触点容量，从而起到中间转换的作用
热继电器				热继电器主要用于电动机的过载保护、断相保护、三相电流不平衡运行保护及其他电气设备发热状态的控制

续表

器件名称	实物图	结构或工作原理	电气符号	定义及用途
时间继电器		进气孔 调节螺钉 衔铁 线圈 铁心	（a）延时吸合线圈　（b）延时释放线圈 KT　　KT　　　KT　　　KT 　　或　　　　　　或 （c）瞬时动作触点　（d）延时闭合常开触点 KT　　KT　　　　　　 　　或　　　　　　或 　　　　　　　　KT　　KT （e）延时断开常开触点　（f）延时断开常闭触点 　　或 KT　　KT （g）延时闭合常闭触点	时间继电器是一种用来实现触点延时接通或断开的控制电器，按其动作原理与构造分为电磁式、空气阻尼式、电动式和晶体管式等类型；按延时方式分为通电延时型和断电延时型
速度继电器		轴 转子 绕组 胶木摆杆 触头	KS 继电器转子 n　KS　　n　KS	速度继电器是根据电磁感应原理制成的，用于转速的检测
熔断器		熔断指示器 指示熔线 石英砂填料 触刀 熔体 盖板 管体 瓷座	FU	熔断器主要用于电路的过负荷保护、短路、欠电压、漏电压保护，也可用于不频繁接通和断开的电路

器件名称	实物图	结构或工作原理	电气符号	定义及用途
变压器				变压器是利用电磁感应原理，以相同频率在多个绕组之间实现变换交流电压、变换交流电流或变换阻抗的静止电气设备
三相异步电动机			（a）星形联结 （b）三角形联结	三相异步电动机是同时接入 380V 三相交流电源（相位差 120°）供电的一类电动机，其子程序调用与定子旋转磁场以相同的方向、不同的转速成旋转，三相异步电动机因存在转差率而得名

附录 C FX2N 和 FX3U 系列 PLC 基本指令

助记符	名称	功能	回路表示和对象软元件
LD	取	运算开始 a 接点	X、Y、M、S、T、C
LDI	取反	运算开始 b 接点	X、Y、M、S、T、C
LDP	取脉冲	上升沿检出运算开始	X、Y、M、S、T、C
LDF	取脉冲	下降沿检出运算开始	X、Y、M、S、T、C
AND	与	串联连接 a 接点	X、Y、M、S、T、C
ANI	与非	串联连接 b 接点	X、Y、M、S、T、C
ANDP	与脉冲	上升沿检出串联连接	X、Y、M、S、T、C
ANDF	与脉冲	下降沿检出串联连接	X、Y、M、S、T、C
OR	或	并联连接 a 接点	X、Y、M、S、T、C
ORI	或非	并联连接 b 接点	X、Y、M、S、T、C
ORP	或脉冲	上升沿检出并联连接	X、Y、M、S、T、C
ORF	或脉冲	下降沿检出并联连接	X、Y、M、S、T、C
ANB	回路块与	回路之间串联连接	
ORB	回路块或	回路块之间并联连接	
OUT	输出	线圈驱动指令	Y、M、S、T、C
SET	置位	线圈动作保持指令	Y、M、S
RST	复位	解除线圈动作保持指令	Y、M、S、T、C、D、V、Z
PLS	上升沿脉冲	线圈上升沿输出指令	
PLF	下降沿脉冲	线圈下降沿输出指令	
MC	主控	公共串联接点用线圈指令	
MCR	主控复位	公共串联接点解除指令	
MPS	进栈	运算存储	
MRD	读栈	存储读出	
MPP	出栈	存储读出和复位	
INV	反转	运算结果取反	
NOP	空操作	无动作	消除程序或留出空间
END	结束	程序结束	程序结束，返回到 0 步

附录 D FX2N 和 FX3U 系列 PLC 功能指令

序号	指令符号	指令功能			FX3U	FX2N
		程序流程				
00	CJ	条件跳转			√	√
01	ALL	子程序调用			√	√
02	SRET	子程序返回			√	√
03	IRET	中断返回			√	√
04	EI	允许中断			√	√
05	DI	禁止中断			√	√
06	FEND	主程序结束			√	√
07	WDT	看门狗定时器			√	√
08	FOR	循环范围的开始			√	√
09	NEXT	循环范围的结束			√	√
		传送与比较				
10	CMP	比较			√	√
11	ZCP	区间比较			√	√
12	MOV	传送			√	√
13	SMOV	移位			√	√
14	CML	反转传送			√	√
15	BMOV	成批传送			√	√
16	FMOV	多点传送			√	√
17	XCH	交换			√	√
18	BCD	BCD 转换			√	√
19	BIN	BIN 转换			√	√
		算术与逻辑运算				
20	ADD	BIN 加法运算			√	√
21	SUB	BIN 减法运算			√	√
22	MUL	BIN 乘法运算			√	√
23	DIV	BIN 除法运算			√	√
24	INC	BIN 加 1			√	√
25	DEC	BIN 减 1			√	√
26	WAND	逻辑与			√	√
27	WOR	逻辑或			√	√
28	WXOR	逻辑异或			√	√
29	NEG	求补码			√	√
		循环与移位				
30	ROR	循环右移			√	√
31	ROL	循环左移			√	√

序号	指令符号	指令功能	FX3U	FX2N
		循环与移位		
32	RCR	带进位循环右移	√	√
33	RCL	带进位循环左移	√	√
34	SFTR	位右移	√	√
35	SFTL	位左移	√	√
36	WSFR	字右移	√	√
37	WSFL	字左移	√	√
38	SFWR	移位写入（先入先出/先入后出控制用）	√	√
39	SFRD	移位读出（先入先出控制用）	√	√
		数据处理 1		
40	ZRST	成批复位	√	√
41	DECO	译码	√	√
42	ENCO	编码	√	√
43	SUM	ON 位数	√	√
44	BON	ON 位的判定	√	√
45	MEAN	平均值	√	√
46	ANS	信号报警器置位	√	√
47	ANR	信号报警器复位	√	√
48	SQR	BIN 开平方	√	√
49	FLT	BIN 整数→二进制浮点数转换	√	√
		高速处理 1		
50	REF	输入刷新、输出刷新	√	√
51	REFF	输入刷新（带滤波器设定）	√	√
52	MTR	矩阵输入	√	√
53	HSCS	比较置位（高速计数器用）	√	√
54	HSCR	比较复位（高速计数器用）	√	√
55	HSZ	区间比较（高速计数器用）	√	√
56	SPD	脉冲密度	√	√
57	PLSY	脉冲输出	√	√
58	PWM	脉宽调制	√	√
59	PLSR	带加减速的脉冲输出	√	√
		便捷指令		
60	IST	初始状态	√	√
61	SER	数据检索	√	√
62	ABSD	凸轮控制绝对方式	√	√
63	INCD	凸轮控制相对方式	√	√
64	TTMR	示教定时器	√	√
65	STMR	特殊定时器	√	√
66	ALT	交替输出	√	√
67	RAMP	斜坡信号	√	√
68	ROTC	旋转工作台控制	√	√
69	SORT	数据排列	√	√

序号	指令符号	指令功能	FX3U	FX2N
外围设备 I/O				
70	TKY	数字键输入	√	√
71	HKY	16 键输入	√	√
72	DSW	数字开关	√	√
73	SEGD	七段译码	√	√
74	SEGL	七段码时分显示	√	√
75	ARWS	箭头开关	√	√
76	ASC	ASCII 数据输入	√	√
77	PR	ASCII 码打印	√	√
78	FROM	特殊功能模块的读出	√	√
79	TO	特殊功能模块的写入	√	√
外围设备（选件设备）				
80	RS	串行数据的传送	√	√
81	PRUN	八进制位传送（八进制的）	√	√
82	ASCI	HEX→ASCII 的转换	√	√
83	HEX	ASCII→HEX 的转换	√	√
84	CCD	校验码	√	√
85	VRRD	电位器读出	√	√
86	VRSC	电位器刻度	√	√
87	RS2	串行数据的传送 2	√	—
88	PID	PID 运算	√	√
数据传送 2				
102	ZPUSH	变址寄存器的成批避让保存	√	—
103	ZPOP	变址寄存器的恢复	√	—
浮点数运算				
110	ECMP	二进制浮点数比较	√	√
111	EZCP	二进制浮点数区间比较	√	√
112	EMOV	二进制浮点数数据传送	√	—
116	ESTR	二进制浮点数→字符串的转换	√	—
117	EVAL	字符串→二进制浮点数的转换	√	—
118	EBCD	二进制浮点数→科学计数法的转换	√	√
119	EBIN	科学计数法→二进制浮点数的转换	√	√
120	EADD	二进制浮点数加法运算	√	√
121	ESUB	二进制浮点数减法运算	√	√
122	EMUL	二进制浮点数乘法运算	√	√
123	EDIV	二进制浮点数除法运算	√	√
124	EXP	二进制浮点数指数运算	√	—
125	LOGE	二进制浮点数自然对数运算	√	—
126	LOG10	二进制浮点数常用对数运算	√	—
127	ESQR	二进制浮点数开平方根	√	√
128	ENEG	二进制浮点数符号反转	√	—
129	INT	二进制浮点数→BIN 整数的转换	√	√
130	SIN	二进制浮点数 SIN 运算	√	√
131	COS	二进制浮点数 COS 运算	√	√

序号	指令符号	指令功能	FX3U	FX2N
		浮点数运算		
132	TAN	二进制浮点数 TAN 运算	√	√
133	ASIN	二进制浮点数 SIN^{-1} 运算	√	—
134	ACOS	二进制浮点数 COS^{-1} 运算	√	—
135	ATAN	二进制浮点数 TAN^{-1} 运算	√	—
136	RAD	二进制浮点数角度→弧度的转换	√	—
137	DEG	二进制浮点数弧度→角度的转换	√	—
		数据处理 2		
140	WSUM	算出数据合计值	√	—
141	WTOB	字节单位的数据分离	√	—
142	BTOW	字节单位的数据结合	√	—
143	UNI	16 位数据的 4 位结合	√	—
144	DIS	16 位数据的 4 位分离	√	—
147	SWAP	上下字节转换	√	√
149	SORT2	数据排列 2	√	—
		定位		
150	DSZR	带 DOG 搜索的原点回归	√	—
151	DVIT	中断定位	√	—
152	TBL	表格设定定位	√	—
155	ABS	读出 ABS 当前值	√	√
156	ZRN	原点回归	√	√
157	PLSV	可变速脉冲输出	√	√
158	DRVI	相对定位	√	√
159	DRVA	绝对定位	√	√
		时钟运算		
160	TCMP	时钟数据比较	√	√
161	TZCP	时钟数据区间比较	√	√
162	TADD	时钟数据加法运算	√	√
163	TSUB	时钟数据减法运算	√	√
164	HTOS	（小时）数据的秒转换	√	—
165	STOH	秒数据的（小时）转换	√	—
166	TRD	读出时钟数据	√	√
167	TWR	写入时钟数据	√	√
169	HOUR	计时表	√	√
		外部设备		
170	GRY	格雷码的转换	√	√
171	GBIN	格雷码的逆转换	√	√
176	RD3A	模拟量模块的读出	√	√
177	WR3A	模拟量模块的写入	√	√
		其他指令		
182	COMRD	读出软元件的注释数据	√	—
184	RND	产生随机数	√	—
186	DUTY	发出定时脉冲	√	—
188	CRC	CRC 运算	√	—
189	HCMOV	高速计数器传送	√	—

序号	指令符号	指令功能	FX3U	FX2N
		数据块的处理		
192	BK+	数据块加法运算	√	—
193	BK-	数据块减法运算	√	—
194	BKCMP=	数据块的比较 S1=S2	√	—
195	BKCMP>	数据块的比较 S1>S2	√	—
196	BKCMP<	数据块的比较 S1<S2	√	—
197	BKCMP<>	数据块的比较 S1≠S2	√	—
198	BKCMP<=	数据块的比较 S1≤S2	√	—
199	BKCMP>=	数据块的比较 S1≥S2	√	—
		字符串控制		
200	STR	BIN→字符串的转换	√	—
201	VAL	字符串→BIN 的转换	√	—
202	$+	字符串的合并	√	—
203	LEN	检测出字符串的长度	√	—
204	RIGHT	从字符串的右侧开始取出	√	—
205	LEFT	从字符串的左侧开始取出	√	—
206	MIDR	从字符串中任意选择	√	—
207	MIDW	字符串中的任意替换	√	—
208	INSTR	字符串的检索	√	—
209	$MOV	字符串的传送	√	—
		数据处理 3		
210	FDEL	数据表的数据删除	√	—
211	FINS	数据表的数据插入	√	—
212	POP	读取后入的数据（先入后出控制用）	√	—
213	SFR	16 位数据 n 位右移（带进位）	√	—
		触点比较		
224	LD=	触点比较 LD S1=S2	√	√
225	LD>	触点比较 LD S1>S2	√	√
226	LD<	触点比较 LD S1<S2	√	√
228	LD<>	触点比较 LD S1≠S2	√	√
229	LD<=	触点比较 LD S1≤S2	√	√
230	LD>=	触点比较 LD S1≥S2	√	√
232	AND=	触点比较 AND S1=S2	√	√
233	AND>	触点比较 AND S1>S2	√	√
234	AND<	触点比较 AND S1<S2	√	√
236	AND<>	触点比较 AND S1≠S2	√	√
237	AND<=	触点比较 AND S1≤S2	√	√
238	AND>=	触点比较 AND S1≧S2	√	√
240	OR=	触点比较 OR S1=S2	√	√
241	OR>	触点比较 OR S1>S2	√	√
242	OR<	触点比较 OR S1<S2	√	√
244	OR<>	触点比较 OR S1≠S2	√	√
245	OR<=	触点比较 OR S1≤S2	√	√
246	OR>=	触点比较 OR S1≥S2	√	√
214	SFL	16 位数据 n 位左移（带进位）	√	√

续表

序号	指令符号	指令功能	FX3U	FX2N
		数据表处理		
256	LIMIT	上下限限位控制	√	—
257	BAND	死区控制	√	—
258	ZONE	区域控制	√	—
259	SCL	量程（不同点坐标数据）	√	—
260	DABIN	十进制 ASCII→BIN 的转换	√	—
261	BINDA	BIN→十进制 ASCII 的转换	√	—
269	SCL2	量程 2（坐标数据）	√	—
		外部设备通信（变频器通信）		
270	IVCK	变频器的运转监视	√	—
271	IVDR	变频器的运行控制	√	—
272	IVRD	读取变频器的参数	√	—
273	IVWR	写入变频器的参数	√	—
274	IVBWR	变频器的参数成批写入	√	—
275	IVMC	变频器的多个命令	√	—
		数据传送 3		
278	RBFM	BFM 分割读出	√	—
279	WBFM	BFM 分割写入	√	—
		高速处理 2		
280	HSCT	高速计数器表比较	√	—
		扩展文件寄存器的控制		
290	LOADR	读出扩展文件寄存器	√	—
291	SAVER	扩展文件寄存器的成批写入	√	—
292	INITR	文件寄存器及扩展文件寄存器的初始化	√	—
293	LOGR	写入文件寄存器及扩展文件寄存器	√	—
294	RWER	扩展文件寄存器的重新写入	√	—
295	INITER	扩展文件寄存器的初始化	√	—

附录 E FX 系列 PLC 的特殊软元件

一、PLC 状态

软元件	内容
M8000	RUN 监控（a 接点）
M8001	RUN 监控（b 接点）
M8002	初始脉冲（a 接点）
M8003	初始脉冲（b 接点）
M8004	发生出错
M8005	电池电压下降
M8006	电池电压下降锁存
M8007	电源瞬停检测
M8008	停电检测
M8009	DC 24V 关断
D8001	PLC 型号及系统版本
D8002	存储器容量
D8003	存储器类型
D8004	出错 M 地址号
D8005	电池电压
D8006	电池电压下降检出电平
D8007	瞬停次数
D8008	停电检测时间
D8009	DC 24V 关断的单元编号

二、时钟

软元件	内容
M8011	震荡周期 10ms
M8012	震荡周期 100ms
M8013	震荡周期 1s
M8014	震荡周期 1min
M8015	计时停止及预置
M8016	时间读出时显示停止
M8017	±30s 的修正
M8018	检测 RTC 卡盒是否插入
M8019	实时时钟（RTC）出错
D8010	当前扫描时间
D8011	最小扫描时间
D8012	最大扫描时间

软元件	内容
D8013	秒
D8014	分
D8015	时
D8016	日
D8017	月
D8018	年
D8019	星期[0（星期日）~6（星期六）]

三、标志

软元件	内容
M8020	零（加减运算结果为 0 时置位）
M8021	借位
M8022	进位
M8023	小数点运算标志

四、通信

软元件	名称	内容	备注
M8038	参数设定	通信参数的标志位	
M8063	串行通信错误	发生通信错误时置 ON	
M8070	并联通信	主站驱动	
M8071	并联通信	从站驱动	
M8072	并联通信	运行时接通	
M8073	并联通信	M8070/M8071 设定错误时接通	
M8120	保持通信设定用	保持通信设定状态	RS 指令使用
M8121	等待发送标志位	等待发送状态时置 ON	RS 指令使用
M8122	发送请求	设置发送请求后，开始发送	RS 指令使用
M8123	接收结束标志位	接受结束时置 ON	RS 指令使用
M8124	载波检测标志位	与 CD 信号同步时置 ON	RS 指令使用
M8129	超时判定标志位	中断时间超过 D8129 设定时间时置 ON	RS 指令使用
M8161	8 位处理模式	ON：8 位模式，OFF：16 位模式	RS 指令使用
M8179	通道的设定	设定要使用的通信口的通道	
M8183	主站数据传送序列错误	数据错误时置 ON	
M8184	站号 1 数据传送序列错误	数据错误时置 ON	
M8185	站号 2 数据传送序列错误	数据错误时置 ON	
D8063	串行通信错误代码	保存错误代码	
D8120	通信格式设定	可以通信格式设定	RS 指令使用
D8122	发送数据的剩余点数	保存要发送的数据的剩余点数	RS 指令使用
D8123	接收点数的监控	保存已接收到的数据点数	RS 指令使用
D8124	报头	设定报头初始值	RS 指令使用
D8125	报尾	设定报尾初始值	RS 指令使用
D8129	超时时间设定	设定超时的时间	RS 指令使用
D8405	显示通信参数	保存在 PLC 中设定的通信参数	RS 指令使用

续表

软元件	名称	内容	备注
D8419	动作方式显示	保存正在执行的通信功能	RS 指令使用
D8120	通信格式设定	可以通信格式设定	RS 指令使用
D8173	相应站号的设定状态	用于确定站号	
D8174	通信从站的设定状态	用于确定从站台数	
D8175	刷新范围的设定状态	用于确定刷新范围	
D8176	相应站号的设定	用于设定站号	
D8177	从站站数的设定	用于设定要通信的从站台数	
D8178	刷新范围的设定	用于设定刷新范围	
D8179	重试次数	用于设定重试次数	
D8180	监视时间	用于设定无响应监视时间	

功能	参数编号	参数名称	初始值	设定范围		
基本功能	Pr.0	转矩提升	1%～6%（随频器容量而定）	0～30%		
	Pr.1	上限频率	60Hz	0～120Hz		
	Pr.2	下限频率	0Hz	0～120Hz		
	Pr.3	基本频率	50Hz	0～400Hz		
	Pr.4	多段速设定（高速）	50Hz	0～400Hz		
	Pr.5	多段速设定（中速）	50Hz	0～400Hz		
	Pr.6	多段速设定（低速）	50Hz	0～400Hz		
	Pr.7	加速时间	5s 或 15s（随变频器容量而定）	0～3600s 或 0～360s		
	Pr.8	减速时间	5 s 或 15s（随变频器容量而定）	0～3600s 或 0～360s		
	Pr.9	电子过电流保护	变频器额定电流（随变频器容量而定）	0～500A 或 0～3600A		
JOG 运行	Pr.15	点动频率	5Hz	0～400Hz		
	Pr.16	点动加减速时间	0.5s	0～3600s 或 0～360s		
多段速度设定	Pr.24 ～Pr.27	多段速设定（4～7 速）	9999	0～400Hz, 9999		

功能	参数编号	参数名称	初始值		端子 2	端子 1	端子 4
模拟量选择	Pr.73	模拟量输入选择	1	0	0～10V	-10～10V	AU/OFF
				1	0～5V	-10～10V	AU/OFF
				2	0～10V	-5～5V	AU/OFF
				3	0～5V	-5～5V	AU/OFF
				4	0～10V	-10～10V	AU/OFF
				5	0～5V	-5～5V	AU/OFF
				6	0～20mA	-10～10V	AU/OFF
				7	0～20mA	-5～5V	AU/OFF
				10	0～10V	-10～10V	AU/OFF
				11	0～5V	-10～10V	AU/OFF
				12	0～10V	-5～5V	AU/OFF
				13	0～5V	-5～5V	AU/OFF
				14	0～10V	-10～10V	AU/OFF
				15	0～5V	-5～5V	AU/OFF
				16	0～20mA	-10～10V	AU/OFF
				17	0～20mA	-5～5V	AU/OFF
				0		-10～10V	AU/ON
				1		-10～10V	AU/ON
				2		-5～5V	AU/ON
				3		-5～5V	AU/ON
				4	0～10V	—	AU/ON

功能	参数编号	参数名称	初始值	设定范围		
—	Pr.73	模拟量输入选择	1	5	0~5V		AU/ON

5	0~5V		AU/ON
6		-10~10V	AU/ON
7		-5~5V	AU/ON
10		-10~10V	AU/ON
11		-10~10V	AU/ON
12		-5~5V	AU/ON
13		-5~5V	AU/ON
14	0~10V		AU/ON
15	0~5V		AU/ON
16		-10~10V	AU/ON
17		-5~5V	AU/ON

功能	参数编号	参数名称	初始值	设定范围
运行模式选择	Pr.79	运行模式选择	0	0：外部/PU 切换模式，上电为外部模式 1：PU 运行模式固定 2：外部运行模式固定，可切换外部和网络运行模式 3：运行频率用 PU 设定或外部信号输入，启动信号外部信号给定 4：运行频率用外部信号输入，启动信号 PU 给定 6：切换模式，运行时可 PU 操作，切换外部和网络操作 7：外部运行模式（端子 12 置 ON 切换到 PU 运行模式，端子 12 置 OFF 则禁止切换到 PU 运行模式）
电动机常数	Pr.80	电动机容量	9999	0.4~55kW，0~360kW
	Pr.81	电动机极数	9999	2，4，6，8，10，12，14，16，18，20，112，122，9 999
	Pr.83	电动机额定电压	400V	0~1000V
	Pr.84	电动机额定频率	50Hz	10~120Hz
PU 接口通信	Pr.117	PU 通信站号	0	0~31
	Pr.118	PU 通信速率	192	48：4800bps 96：9600 bps 192：19 200 bps 384：38 400 bps

功能	参数编号	参数名称	初始值		停止位长	数据长
PU 接口通信	Pr.119	PU 通信停止位长	1	0	1 位	8 位
				1	2 位	
				10	1 位	7 位
				11	2 位	
	Pr.120	PU 通信奇偶校验	2	0：无奇偶校验 1：奇校验 2：偶校验		
	Pr.121	PU 通信再试次数	1	0~10，9999		

功能	参数编号	参数名称	初始值	设定范围
PU 接口 通信	Pr.122	PU 通信校验 时间间隔	9 999	0：PU 接口不通信 0.1～999.8s：设定通信检测的时间间隔 9999：不进行通信检测
	Pr.123	PU 通信等待时间设定	9999	0～150ms，9999
	Pr.124	PU 通信有无 CR/LF 选择	1	0：无 CR/LF 1：有 CR 2：有 CR/LF
输入端 子的功 能分配	Pr.178	STF 端子功能选择	60（正转指令）	0～20，22～28，37，42～44，60，62，64～71，74，9999
	Pr.179	STR 端子功能选择	61（反转指令）	0～20，22～28，37，42～44，61，62，64～71，74，9999
	Pr.180	RL 端子功能选择	0（低速运行指令）	0～20，22～28，37，42～44，62，64～71，74，9999
	Pr.181	RM 端子功能选择	1（中速运行指令）	
	Pr.182	RH 端子功能选择	2（高速运行指令）	
	Pr.183	RT 端子功能选择	3（第 2 功能选择）	
	Pr.184	AU 端子功能选择	4（端子 4 输入选择）	0～20，22～28，37，42～44，62～71，74，9999
	Pr.185	JOG 端子功能选择	5（点动运行频率）	0～20，22～28，37，42～44，62，64～71，74，9999
	Pr.186	CS 端子功能选择	6（瞬间停止再启动选择）	
	Pr.187	MRS 端子功能选择	24（输出停止）	
	Pr.188	STOP 端子功能选择	25（启动信号自保持选择）	
	Pr.189	RES 端子功能选择	62（变频器复位）	
RS-485 接口 通信	Pr.331	RS-485 通信站号	0	0～31
	Pr.332	RS-485 通信速率	192	48：4800bps 96：9600 bps 192：19 200 bps 384：38 400 bps
	Pr.333	RS-485 通信停止位长	1	停止位长 / 数据长 见下表
	Pr.334	RS-485 通信奇偶校验	2	0：无奇偶校验 1：奇校验 2：偶校验
	Pr.335	RS-485 通信再试次数	1	0～10，9 999
	Pr.336	RS-485 通信校验 时间间隔	9999	0：RS-485 不通信 0.1～999.8s：设定通信检测的时间间隔 9999：不进行通信检测
	Pr.337	RS-485 通信等待 时间设定	9999	0～150ms，9999

Pr.333 设定范围：

	停止位长	数据长
0	1 位	8 位
1	2 位	8 位
10	1 位	7 位
11	2 位	7 位

功能	参数编号	参数名称	初始值	设定范围
RS-485 接口通信	Pr.338	通信运行指令权	0	0：运行指令权通信 1：运行指令权外部
	Pr.339	通信速度指令权	0	0，1，2
	Pr.340	通信启动模式选择	0	0，1，2，10，12
	Pr.341	PRS-485 通信有无 CR/LF 选择	1	0：无 CR/LF 1：有 CR 2：有 CR/LF
	Pr.342	通信 EEPROM 写入选择	0	0，1
	Pr.343	通信错误计数	0	—
通信	Pr.549	协议选择	0	0：三菱变频器（计算机链接）协议 1：Modbus-RTU 协议
	Pr.550	网络模式操作权选择	9999	0：通信选件有效 1：RS-485 端子有效 9999：自动识别 RS-485 端子
	Pr.551	PU 模式操作选择	2	1：RS-485 端子 2：PU 接口 3：USB 接口

参 考 文 献

[1] 三菱电动机（中国）有限公司. 三菱 FX2N 系列微型可编程控制器编程手册，2007.
[2] 三菱电动机（中国）有限公司. FX3S·FX3G·FX3GC·FX3U·FX3UC 系列微型可编程控制器编程手册，2016.
[3] 三菱电动机（中国）有限公司. FX3U 系列微型可编程控制器硬件手册，2014.
[4] 三菱电动机（中国）有限公司. 三菱变频调速器 FR-E700 使用手册，2008.
[5] 三菱电动机（中国）有限公司. 三菱变频调速器 FR-A700 使用手册，2007.
[6] 尹秀妍，王宏玉. 可编程控制技术应用. 北京：电子工业出版社，2010.
[7] 俞国亮. PLC 原理与应用. 北京：清华大学出版社，2009.
[8] 戴一平. PLC 控制技术（基本篇）. 北京：清华大学出版社，2013.
[9] 江燕，周爱明. PLC 技术及应用（三菱 FX 系列）. 北京：中国铁道出版社，2013.
[10] 张文明，蒋正炎. 可编程控制器及网络控制技术（第 2 版）. 北京：中国铁道出版社，2015.
[11] 罗庚兴. PLC 应用技术（FX3U 系列）项目化教程. 北京：化学工业出版社，2017.

反侵权盗版声明

电子工业出版社依法对本作品享有专有出版权。任何未经权利人书面许可，复制、销售或通过信息网络传播本作品的行为；歪曲、篡改、剽窃本作品的行为，均违反《中华人民共和国著作权法》，其行为人应承担相应的民事责任和行政责任，构成犯罪的，将被依法追究刑事责任。

为了维护市场秩序，保护权利人的合法权益，我社将依法查处和打击侵权盗版的单位和个人。欢迎社会各界人士积极举报侵权盗版行为，本社将奖励举报有功人员，并保证举报人的信息不被泄露。

举报电话：（010）88254396；（010）88258888

传　　真：（010）88254397

E-mail：　dbqq@phei.com.cn

通信地址：北京市万寿路 173 信箱

　　　　　电子工业出版社总编办公室

邮　　编：100036